光盘导航

光盘界面

案例欣赏

案例欣赏

素材下载

第3章 →
 jq3-1
 jq3-2
 jq3-3
 jq3-4

第4章 →
jq4-1
jq4-2
jq4-3
jq4-4

第5章 →
 jq5-1
 jq5-2
 jq5-3
 jq5-4

第6章 →
jq6-1
jq6-2
jq6-3
jq6-4

第7章 →
jq7-1
jq7-2
jq7-3
jq7-4

第8章 →
jq8-1
jq8-2
jq8-3
jq8-4

视频文件

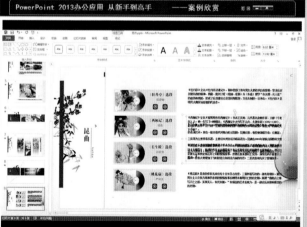

 1.flv
 2.flv
 3.flv
 4.flv
 5.flv
 6.flv
 7.flv
 8.flv
9.flv

10.flv
11.flv
12.flv
13.flv
14.flv
15.flv
16.flv

第9章 →
 jq9-1
 jq9-2
 jq9-3
 jq9-4

第10章 →
 jq10-1
jq10-2
 jq10-3
 jq10-4

第11章 →
 jq11-1
 jq11-2
 jq11-3

第12章 →
 jq12-1
 jq12-2
 jq12-3

第13章 →
 jq13-1
 jq13-2
 jq13-3
 jq13-4

U0319228

①

PPT培训教程

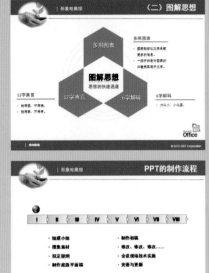

大学生心理健康讲座

苏州印象

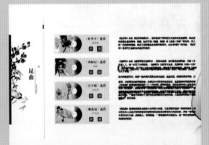

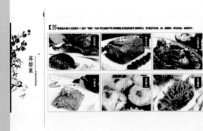

培训方案

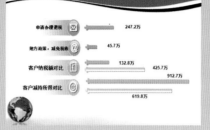

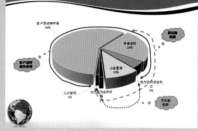

中国元素

社会保障概论

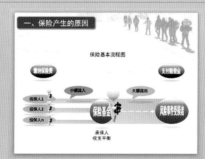

职业生涯与自我管理

风景相册音乐

企业改制方案

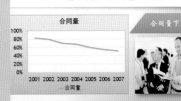

从新手到高手

PowerPoint 2013 办公应用
从新手到高手

□ 杨继萍 夏丽华 等编著

清华大学出版社
北　京

内 容 简 介

本书由浅入深地介绍了使用 PowerPoint 2013 制作演示文稿的方法和技巧。全书共 18 章，内容涉及 PowerPoint 的基本操作、文本的处理方式、幻灯片的主题、布局技术、插入图片、绘制形状、添加表格、插入图表、创建 SmartArt 图形、添加多媒体元素、显示对象动画、放映和制作交互式幻灯片、演示文稿的打印和输出、应用宏和文档面板，以及幻灯片的设计流程、布局设计、配色等知识。本书图文并茂、实例丰富，配书光盘提供了书中实例完整素材文件和配音教学视频文件。本书适合作为 PowerPoint 办公应用的自学读物和培训教材，也可以作为高职高专院校的教材。

图书在版编目（CIP）数据

PowerPoint 2013 办公应用从新手到高手/杨继萍等编著. —北京：清华大学出版社，2014
（从新手到高手）
ISBN 978-7-302-34948-8

Ⅰ．①P… Ⅱ．①杨… Ⅲ．①图形软件 Ⅳ．①TP391.41

中国版本图书馆 CIP 数据核字（2013）第 321315 号

责任编辑：冯志强
封面设计：吕单单
责任校对：胡伟民
责任印制：何 芊

出版发行：清华大学出版社
　　　　　网　　　址：http://www.tup.com.cn，http://www.wqbook.com
　　　　　地　　　址：北京清华大学学研大厦 A 座　　　　邮　　编：100084
　　　　　社 总 机：010-62770175　　　　　　　　　　邮　　购：010-62786544
　　　　　投稿与读者服务：010-62776969，c-service@tup.tsinghua.edu.cn
　　　　　质 量 反 馈：010-62772015，zhiliang@tup.tsinghua.edu.cn
印 刷 者：北京富博印刷有限公司
装 订 者：北京市密云县京文制本装订厂
经　　销：全国新华书店
开　　本：190mm×260mm　　印　张：25　插　页：2　　字　数：720 千字
　　　　　（附光盘 1 张）
版　　次：2014 年 9 月第 1 版　　　　　　　　　印　次：2014 年 9 月第 1 次印刷
印　　数：1～3500
定　　价：59.80 元

产品编号：056978-01

前　言

随着计算机技术的普及，大量数码设备迅速走进了各企事业单位和千家万户，越来越多的企事业单位购置了数字投影仪等多媒体设备，使用 PowerPoint 等软件来开发多媒体演示程序，用于培训教学、产品推介等用途。本书以 Microsoft PowerPoint 2013 为基本工具，详细介绍如何以其可视化操作来创建多媒体演示文稿，并应用各种多媒体元素。除此之外，本书还介绍平面构图、配色以及幻灯片的布局设计等基本理论。

1．本书内容

本书共分为 18 章，通过大量的实例全面介绍多媒体演示程序设计与制作过程中使用的各种专业技术，以及用户可能遇到的各种问题。

第 1 章为认识 PowerPoint 2013，包括 PowerPoint 的发展史、PowerPoint 2013 的新增功能，PowerPoint 的应用领域、多窗口操作、母版视图等内容；第 2 章介绍了 PowerPoint 基本操作，包括创建演示文稿、页面设置、保存演示文稿、操作幻灯片、操作幻灯片节等内容；第 3 章介绍了操作占位符，包括调整占位符、编辑占位符、美化占位符、输入文本和编辑文本等内容。

第 4 章介绍了设置文本格式，包括设置字体格式、设置段落格式、设置项目符号和编号、设置艺术字样式等内容；第 5 章介绍了设置版式及主题，包括设计幻灯片母版、设计讲义母版、设计备注母版、应用幻灯片主题等内容；第 6 章介绍了美化幻灯片，包括插入图片、调整图片、应用图片样式等内容。

第 7 章介绍了添加形状，包括绘制形状、编辑形状、排列形状和设置形状样式；第 8 章介绍了使用表格，包括应用表格样式、设置填充颜色、设置边框样式、设置表格效果灯内容；第 9 章介绍了使用图表，包括创建图表、编辑图表数据、设置图表布局和样式、设置数据系列格式等内容。

第 10 章介绍了使用 SmartArt 图形，包括创建 SmartArt 图形、设置布局和样式、设置 SmartArt 图形格式等内容；第 11 章介绍了制作多媒体幻灯片，包括插入音频、设置音频格式、插入视频、处理视频和设置视频格式等内容；第 12 章介绍了添加动画效果，包括添加动画、调整动作路径、设置动画选项、更改和添加动画效果、添加切换效果等内容。

第 13 章介绍了放映幻灯片，包括开始放映幻灯片、排列与录制、设置放映方式、审阅演示文稿等内容；第 14 章介绍了制作交互式幻灯片，包括创建超级链接、添加动作、插入 Microsoft 公式 3.0 等内容；第 15 章介绍了输出演示文稿，包括发布演示文稿、打包成 CD 或视频、创建 PDX/XPS 文档与讲义等内容；第 16 章介绍了 PowerPoint 高手进阶，包括使用控件、应用 VBA 脚本、修改文档面板等内容。

第 17 章和第 18 章介绍平面构图、配色以及幻灯片的设计流程、风格构图、布局设计等知识。

2．本书特色

本书是一本专门介绍 PowerPoint 多媒体演示程序设计与制作基础知识的教程，在编写过程中精心设计了丰富的案例，以帮助读者顺利学习本书的内容。

❑　**系统全面，超值实用**　本书针对各个章节不同的知识内容，提供多个不同内容的实例，除了详细介绍实例应用知识之外，还在侧栏中同步介绍相关知识要点。每章穿插大量的提示、注意和技巧，构筑面向实际的知识体系。另外，本书采用紧凑的体例和版式，相同内容下，篇幅缩减了 30% 以上，实例数量增加了 50%。

❑ **串珠逻辑，收放自如** 统一采用二级标题灵活安排全书内容，摆脱了普通培训教程按部就班讲解的窠白。同时，每章最后都对本章重点、难点知识进行分析总结，从而达到内容安排收放自如、方便读者学习本书内容的目的。

❑ **全程图解，快速上手** 各章内容分为基础知识、实例演示和高手答疑 3 个部分，全部采用图解方式，图像均做了大量的裁切、拼合、加工，信息丰富、效果精美，使读者翻开图书的第一感觉就获得强烈的视觉冲击。

❑ **书盘结合，相得益彰** 多媒体光盘中提供了本书实例完整的素材文件和全程配音教学视频文件，便于读者自学和跟踪练习本书内容。

❑ **新手进阶，加深印象** 全书提供了 60 多个基础实用案例，通过示例分析、设计应用全面加深 PowerPoint 的基础知识应用方法的讲解。在新手进阶部分，每个案例都提供了操作简图与操作说明，并在光盘中配以相应的基础文件，以帮助用户完全掌握案例的操作方法与技巧。

3．读者对象

本书内容详尽、讲解清晰，全书包含众多知识点，采用与实际范例相结合的方式进行讲解，并配以清晰、简洁的图文排版方式，使学习过程变得更加轻松和易于上手。因此，能够有效吸引读者进行学习。

本书不仅适用于多媒体设计与制作初学者、企事业单位办公人员，也适用于多媒体制作培训班学员等，还可以作为大中专院校相关专业师生的专业教材。

参与本书编写的人员除了封面署名人员之外，还有王翠敏、吕咏、常征、杨光文、夏丽华、冉洪艳、刘红娟、谢华、刘凌霞、王海峰、张瑞萍、吴东伟、王健、倪宝童、温玲娟、石玉慧、李志国、唐有明、王咏梅、杨光霞、李乃文、陶丽、王黎、连彩霞、毕小君、王兰兰、牛红惠等人。由于时间仓促，水平有限，疏漏之处在所难免，敬请读者朋友批评指正。

编　者

2013 年 4 月

目　　录

第 1 章

认识 PowerPoint 2013

随着计算机技术的逐渐发展，越来越多的企事业单位开始使用计算机作为各种多媒体发布、演示的平台。随之而来，出现了各种多媒体发布演示软件。微软公司开发的 PowerPoint 提供了丰富的多媒体元素，允许用户使用简单的可视化操作，创建复杂的多媒体演示程序。

本章将系统地介绍 PowerPoint 软件的简史，以及其最新版本 PowerPoint 2013 的新增功能、应用领域、主要界面，以及启动和退出 PowerPoint、PowerPoint 多窗口操作与视图等功能，为用户使用 PowerPoint 2013 打下基础。

1.1 PowerPoint 的发展史

PowerPoint 是微软公司开发的一款著名的多媒体演示设计与播放软件,其允许用户以可视化的操作,将文本、图像、动画、音频和视频集成到一个可重复编辑和播放的文档中,通过各种数码播放产品展示出来。

1. Macintosh 上的演示程序

在 20 世纪 80 年代初,计算机业界兴起了一股图形化浪潮,各种具有图形界面的操作系统,包括 Apple Macintosh、Microsoft Windows、Cloanto Amiga 等纷纷发布,越来越多的行业开始进行办公自动化和商务电子化,人们迫切需要一款软件,可以将各种多媒体数据展示给用户,进行商业推广和宣传。

基于以上需求,在 1984 年,美国加州伯克利大学的博士生鲍勃•加斯金（Bob Gaskins）加入了 Forethought 软件公司,和硅谷的软件工程师丹尼斯•奥斯汀（Dennis Austin）一起决定开发出一种可以展示文本和图像,并对文本和图像进行简单排版的软件。

在 1987 年,这款软件开发完成,鲍勃将之命名为 PowerPoint 1.0。PowerPoint 1.0 只能运行于苹果公司的 Macintosh 计算机上,支持黑白双色和透明投影,允许用户将文本和图形打包为演示程序,通过 Macintosh 计算机连接的投影仪进行播放。

2. 崭露头角的 PowerPoint

PowerPoint 软件在商业上的优异表现引起了软件巨头微软公司的注意。1987 年,微软公司斥资 1400 万美元收购了鲍勃•加斯金和丹尼斯•奥斯汀所在的 Forethought 公司和公司主要产品 PowerPoint。

一年后,同时可运行于 Macintosh 和 Microsoft Windows 的 PowerPoint 2.0 问世。相比之前版本的 PowerPoint,PowerPoint 2.0 支持 8 位彩色,为用户提供了更丰富的多媒体体验,受到了各种商业企业

的欢迎。

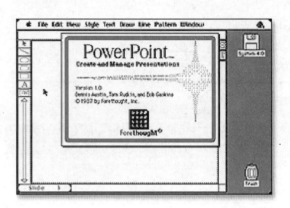

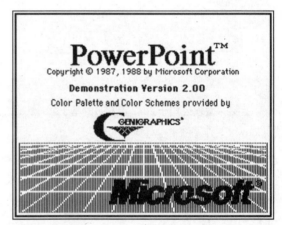

3. Office 家族成员

在 1992 年,微软公司将 PowerPoint 集成到了其开发的 Office 办公套件中,成为 Office 系列暨 Word、Excel 以外的又一重要成员,增强了 PowerPoint 与其他 Office 组件的集成性,允许用户将 Word 或 Excel 中的数据直接粘贴到 PowerPoint 中,这一版本被称作 PowerPoint 3.0。

在 PowerPoint 3.0 中,微软公司还将其界面进行了修改,使之更符合 Word 和 Excel 等 Office 其他组件的界面风格。值得注意的是,在这一版本的 PowerPoint 软件版权对话框中,第一次使用了彩色的 PowerPoint 标志。

是运行于 Windows 操作系统上的最新版 PowerPoint。

4．跨平台的演示程序

作为诞生于 Macintosh 计算机上的演示程序，虽然 PowerPoint 被微软公司收购，但从未放弃在 Macintosh 计算机上的应用。早期的 PowerPoint 往往同时发布基于 Windows 操作系统和 Macintosh 操作系统的版本。

目前，PowerPoint 除了拥有运行于微软公司 Windows 操作系统的 PowerPoint 之外，同样拥有运行于 MAC 操作系统的 PowerPoint for MAC。

上图为微软公司于 2008 年发布的基于 MAC 操作系统的 PowerPoint for MAC 2008，是基于 MAC 操作系统的最新版 PowerPoint。

上图即微软公司于2012年发布的基于Microsoft Windows 操作系统的 Microsoft PowerPoint 2013，

1.2 PowerPoint 2013 新增功能

PowerPoint 2013 具有全新的外观，其界面更加简洁，而且可以适合在平板电脑和手机上使用。另外，PowerPoint 2013 为用户提供了宽屏样式，可自动适应投影设置。其具体新增功能如下所述。

1．更多入门选项

PowerPoint 2013 向用户提供了许多种方式来使用模板、主题、最近的演示文稿、较旧的演示文稿或空白演示文稿来启动下一个演示文稿，而不是直接打开空白演示文稿。

2．新增和改进的演示者工具

演示者视图允许用户在当前的监视器上可以查看幻灯片中的笔记情况，而观众只能在播放监视器中查看到幻灯片。在以前的版本中，很难弄清谁

在哪个监视器上查看哪些内容。改进的演示者视图解决了这一难题，使用起来更加简单。

3．友好的宽屏

当前情况下，许多电视和视频都采用了宽屏和高清格式，为适应当前形式的需求，PowerPoint 也增加了宽屏功能。它具有 16∶9 版式，新主题旨在尽可能利用宽屏。

4．联机会议功能

在当今电器流行的时代，用户往往具有许多种方式通过 Web 共享 PowerPoint 演示文稿的机会。此时，可以运用 PowerPoint 2013 发送指向幻灯片的链接，或者启动完整的 Lync 会议，该会议可显示平台以及音频和 IM。而且，观众可以从任何位置的任何设备使用 Lync 或 Office Presentation Service 加入会议。

5．主题变体工具

PowerPoint 2013 与旧版本相比，增加了一个主题变体工具，例如不同的调色板和字体系列。此外，PowerPoint 2013 提供了新的宽屏主题以及标准大小。从启动屏幕或【设计】选项卡中，可以选择一个主题和变体。

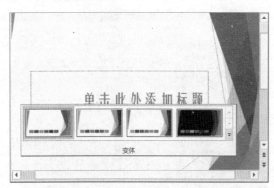

6．均匀的排列和隔开对象

在 PowerPoint 中，无须目测幻灯片上的对象以查看它们是否已对齐。当幻灯片中的对象（例如图片、形状等等）距离较近且均匀时，智能参考线会自动显示，并告诉用户对象的间隔均匀。

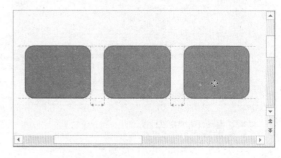

7．改进的动作路径

PowerPoint 2013 还提供了动作路径显现功能，当用户在创建动作路径时，PowerPoint 会自动显示对象的结束位置。此时，原始对象始终存在，而"虚影"图像会随着路径一起移动到终点。

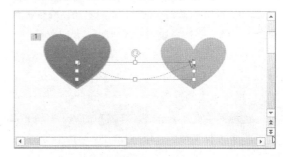

8．常见形状的合并功能

PowerPoint 2013 为用户提供了将所选形状合并到一个或多个新的几何形状的功能，该功能中包括联合、组合、拆分、相交和剪除等功能。

9．改进的视频和音频支持功能

PowerPoint 2013 支持更多的多媒体格式（例如，mp4 和 mov 与 H.264 视频和高级音频编码(AAC)音频）和更多高清晰度内容。另外，PowerPoint 2013 还包括更多内置编解码器，因此，用户不需要针对特定文件格式安装它们即可工作。

10．取色器功能

PowerPoint 2013 中还提供了取色器功能，可以帮助用户从屏幕上的对象中捕获精确的颜色，然后将其应用于任何形状。

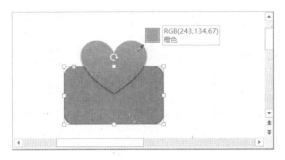

11．触控设备功能

在 PowerPoint 2013 中，几乎可在任何设备（包括 Windows 8 PC）上与 PowerPoint 进行交互。使用典型的触控手势，您可以在幻灯片上轻扫、点击、滚动、缩放和平移，真正地感受演示文稿。

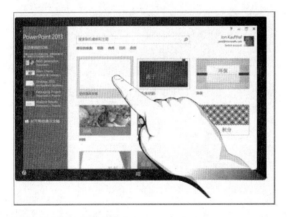

12．批注更改功能

PowerPoint 2013 为用户提供了批注反馈功能，

用户可以在新增的【批注】窗格中，提供批注有关内容的反馈，或者显示或隐藏批注和修订。

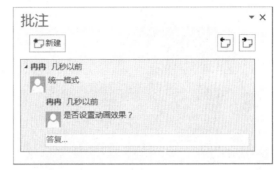

13．共享和保存

PowerPoint 2013 提供了云功能，该功能就相当于云端的文件存储。每当用户联机时，便可以访问云。现在，用户可以轻松地将 Office 文件保存到自己的 SkyDrive 或组织的网站中。在这些位置，可以轻松地访问和共享 PowerPoint 演示文稿和其他 Office 文件，甚至还可以与同事同时处理同一个文件。

PowerPoint
1.3　PowerPoint 的应用领域

PowerPoint 可以将各种媒体元素嵌入到同一文档中。同时，还具有超文本的特性，可以实现链接等诸多复杂的文档演示方式。目前 PowerPoint 主要有以下几种用途。

1．商业多媒体演示

最初开发 PowerPoint 软件的目的就是为各种

商业活动提供一个内容丰富的多媒体产品或服务演示的平台，帮助销售人员向终端用户演示产品或服务的优越性。

2．教学多媒体演示

随着笔记本计算机、幻灯机、投影仪等多媒体教学设备的普及，越来越多的教师开始使用这些数字化的设备向学生提供板书、讲义等内容,通过声、光、电等多种表现形式增强教学的趣味性,提高学生的学习兴趣。

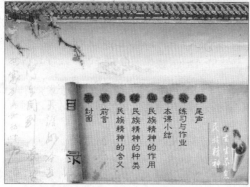

3. 个人简介演示

　　PowerPoint 是一种操作简单且功能十分强大的多媒体演示设计软件,因此,很多具有一定计算机基础知识的用户都可以方便地使用它。

　　目前很多求职者也通过 PowerPoint 来设计个人简历程序,以丰富的多媒体内容展示自我,向用人单位介绍自身情况。

4. 娱乐多媒体演示

　　由于 PowerPoint 支持文本、图像、动画、音频和视频等多种媒体内容的集成,因此,很多用户都使用 PowerPoint 来制作各种娱乐性质的演示文稿,例如各种漫画集、相册等,通过 PowerPoint 的丰富表现功能来展示多媒体娱乐内容。

1.4 PowerPoint 的界面简介

　　PowerPoint 2013 采用了全新的操作界面,以与 Office 2013 系列软件的界面风格保持一致。相比之前的版本,PowerPoint 2013 的界面更加整齐、简洁,也更便于操作。PowerPoint 2013 软件的基本界面如下。

1. 标题栏

　　【标题栏】是几乎所有 Windows 共有的一种工具栏。在该工具栏中,可显示窗口或应用程序的名称。除此之外,绝大多数 Windows 的【标题栏】还会提供 4 种窗口管理按钮,包括【最小化】按钮、【最大化】按钮、【向下还原】按钮以及【关闭】按钮。

　　在 PowerPoint 2013 的【标题栏】中,除了基本的窗口或应用程序名称和窗口管理按钮外,还提供了【PowerPoint 标志】P以及【快速访问工具】。

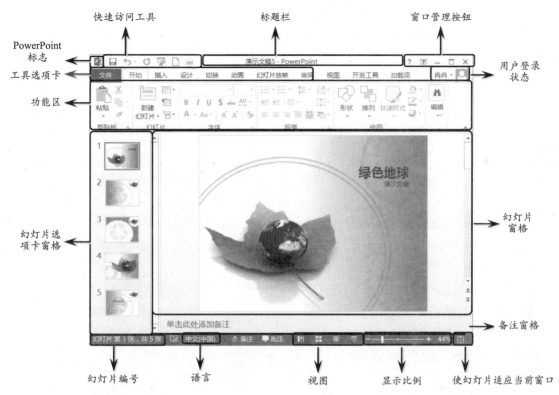

单击【PowerPoint 标志】P，将显示【还原】、【移动】、【大小】、【最小化】、【最大化】和【关闭】等窗口操作命令。

2．快速访问工具栏

【快速访问工具】是 PowerPoint 提供的一组快捷按钮，在默认情况下，其包含【保存】、【撤销】、【恢复】和【自定义快速访问工具栏】等工具。在单击【自定义快速访问工具栏】按钮后，用户可自定义【快速访问工具】中的按钮。

3．选项卡和选项组

在 PowerPoint 2013 中，选项卡替代了旧版本中的菜单，主要包括开始、插入、设计、切换、动画、幻灯片放映等选项卡。

另外，在 PowerPoint 中，以选项组的方式替代了旧版本菜单中的各级命令，直接单击选项组中的命令，可快速实现对 PowerPoint 2013 的各种操作。

4．幻灯片选项卡窗格

【幻灯片选项卡窗格】的作用是显示当前幻灯片演示程序中所有幻灯片的预览或标题，供用户选择以进行浏览或播放。另外，在该窗格中还可以实现新建、复制和删除幻灯片，以及新增节、删除节和重命名节等功能。

5．幻灯片窗格

幻灯片窗格是 PowerPoint 的【普通】视图中最主要的窗格。在该窗格中，用户既可以浏览幻灯片的内容，也可以选择【功能区】中的各种工具，对幻灯片的内容进行修改。

6．备注窗格

在设计幻灯片时，在某些情况下可能需要在幻灯片中标注一些提示信息。如不希望这些信息在幻灯片中显示，则可将其添加到【备注】窗格。

7．状态栏

【状态栏】是多数 Windows 程序或窗口共有的工具栏，其通常位于窗口的底部，显示各种说明信息，并提供一些辅助工具。

在 PowerPoint 2013 的状态栏中，可显示【幻灯片编号】、【备注】、【批注】以及幻灯片所使用的

【语言】状态。

除此之外，用户还可以通过【状态栏】中提供的【视图】工具栏切换 PowerPoint 的视图，以实现各种功能。

在【状态栏】中，用户可以单击当前幻灯片的【显示比例】数值，在弹出的【显示比例】对话框中选择预设的显示比例，或输入自定义的显示比例值。

在【状态栏】最右侧，提供了【使幻灯片适应当前窗口】按钮，单击该按钮后，PowerPoint 2013 将自动根据窗口的尺寸大小，对【幻灯片】窗格内的内容进行缩放。

1.5 演示文稿视图

PowerPoint 文稿视图包括普通视图、大纲视图、幻灯片浏览视图、备注页视图、阅读视图以及状态栏中的幻灯片放映视图 6 种视图方式。

1．普通视图

执行【视图】|【演示文稿视图】|【普通】命令，即可切换到普通视图中，该视图为 PowerPoint 的主要编辑视图，也是 PowerPoint 默认视图。在该视图中，可以编辑逐张幻灯片，并且可以使用普通视图导航缩略图。

2．大纲视图

执行【视图】|【演示文稿视图】|【大纲视图】命令，即可切换到大纲视图中。在该视图中，可以按由小到大的顺序和幻灯片的内容层次的关系，显示演示文稿内容。另外，用户还可以通过将 Word 文本粘贴到大纲中的方法，实现轻松创建整个演示文稿的效果。

3．幻灯片浏览视图

执行【视图】|【演示文稿视图】|【幻灯片浏览】命令，即可切换到幻灯片浏览视图中。该视图是以缩略图形式显示幻灯片内容的一种视图方式，便于用户查看与重新排列幻灯片。

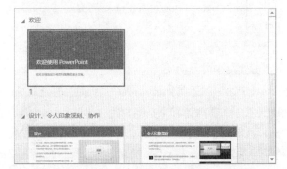

> **注意**
>
> 在幻灯片的状态栏中，单击【幻灯片浏览】按钮，可切换至幻灯片浏览视图中。

4．备注页视图

执行【视图】|【演示文稿视图】|【备注页】命令，即可切换到备注页视图中。该视图用于查看备注页，以及编辑演讲者的打印外观。另外，用户可以在位于"幻灯片窗格"下方的"备注窗格"中输入备注内容。

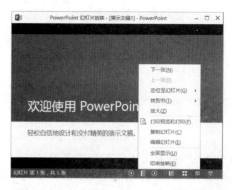

5. 阅读视图

执行【视图】|【演示文稿视图】|【阅读视图】命令，即可切换到备注页视图中。在该视图中，可以以放映幻灯片的方式显示幻灯片内容，以实现在无须切换到全屏状态下，查看动画和切换效果的目的。

在阅读视图中，用户可以通过单击鼠标来切换幻灯片，使幻灯片按照顺序显示，直至阅读完所有的幻灯片。另外，用户可在阅读视图中单击【状态栏】中的【菜单】按钮，来查看或操作幻灯片。

6. 幻灯片放映视图

单击状态栏中的【幻灯片放映】按钮，切换至【幻灯片放映视图】中，在该视图中用户可以看到演示文稿的演示效果。

在放映幻灯片的过程中，用户可通过按 Esc 键结束放映。另外，还可以在放映幻灯片中右击鼠标，执行【结束放映】命令，来结束幻灯片的放映操作。

1.6 母版视图

母版是模板的一部分，主要用来定义演示文稿中所有幻灯片的格式，其内容主要包括文本与对象在幻灯片中的位置、文本与对象占位符的大小、文本样式、效果、主题颜色、背景灯信息。其中，占位符是一种带有虚线或阴影线边缘的框，可以放置标题、正文、图片、表格、图表等对象。PowerPoint 主要提供了幻灯片母版、讲义母版与备注母版 3 种母版。

1. 幻灯片母版

执行【视图】|【演示文稿视图】|【幻灯片母版】命令，即可查看幻灯片母版。幻灯片母版是存储关于模板信息的设计模板的一个元素，这些模板信息包括字形、占位符大小和位置、背景设计和主题颜色。

另外，幻灯片母版主要用来控制下属所有幻灯片的格式，当用户更改母版格式时，所有幻灯片的格式也将同时被更改。在幻灯片母版中，可以设置主题类型、字体、颜色、效果及背景样式等格式。同时，还可以插入幻灯片母版、插入版本、设置幻灯片方向等。用户可通过【幻灯片母版】选项卡中的【编辑母版】选项组插入幻灯片母版、版本及删除、保留、重命名幻灯片母版。

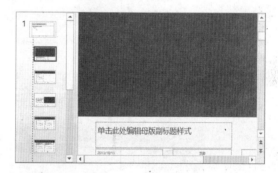

2. 讲义母版

执行【视图】|【演示文稿视图】|【讲义母版】命令，即可查看讲义母版。讲义可以使用户更容易理解演示文稿中的内容，在讲义母版中可添加幻灯片图像、讲义的页眉页脚和演讲者提供的其他信息。

3. 备注母版

执行【视图】|【演示文稿视图】|【备注母版】命令，即可查看备注母版。备注母版主要用来控制备注页的版本和格式。备注页由单个幻灯片的图像和下面的文本区域组成。

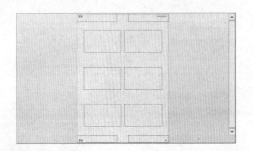
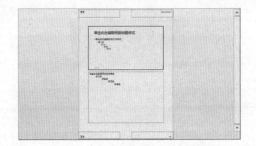

1.7 PowerPoint 的窗口操作

PowerPoint 2013 提供了多窗口模式，允许用户使用两个甚至更多的 PowerPoint 窗口，打开同一个演示文稿，以方便用户快速复制和粘贴同一文档中的内容，提高用户编辑文档的效率。

1. 新建窗口

创建窗口的作用是为 PowerPoint 创建一个与源窗口完全相同的窗口。执行【视图】|【窗口】|【新建窗口】命令，系统会自动创建一个与源文件相同的文档窗口，并以源文件加数字 2 的形式进行命名。

注意

新建的窗口与原来的窗口内容完全相同，只是窗口上的标题有所不同，依次以"文件名：1—Microsoft PowerPoint"、"文件名：2—Microsoft PowerPoint"等来区分。

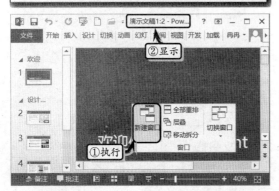

2. 切换窗口

如创建了多窗口，则执行【视图】|【窗口】|【切换窗口】命令，在其列表中选择窗口名称即可。

注意

【切换窗口】的窗口列表中，列表项目将随着创建窗口的数量增加而逐渐扩展。

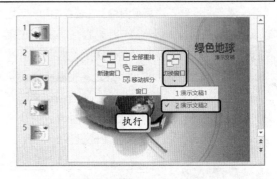

3. 重排与重叠窗口

同时打开两个演示文稿，执行【视图】|【窗口】|【全部重排】命令，并排查看两个文档窗口。

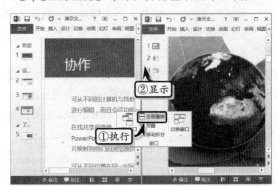

为了使窗口适应阅读习惯，可以执行【视图】|【窗口】|【层叠】命令，改变窗口的排列方式。

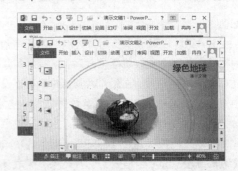

1.8 高手答疑

问题 1：如何设置屏幕的显示比例？

解答 1：本演示文稿中，单击【状态栏】中的【缩小】或【放大】按钮，或者单击【缩放级别】按钮，在弹出的【缩放比例】对话框中，设置缩放比例的具体数值，单击【确定】按钮即可。另外，执行【视图】|【显示比例】|【适应窗口大小】命令，即可使幻灯片充满整个窗口。

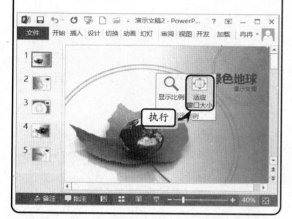

问题 2：如何显示或隐藏屏幕元素？

解答 2：本练习中，首先在【视图】选项卡【显示】选项组中，启用【网格线】复选框，在幻灯片中显示网格线。然后，在【显示】选项组中，继续启用【标尺】复选框，在幻灯片中显示水平和垂直标尺即可。

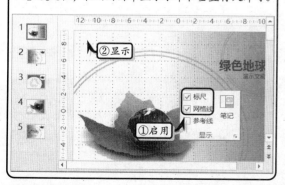

问题 3：如何设置演示文稿的背景色？

解答 3：本练习中，首先指向【文件】|【选项】命令，在弹出的【PowerPoint 选项】对话框中，激活【常规】选项卡。然后，单击【Office 背景】下拉按钮，在其下拉列表中选择一种背景色即可。

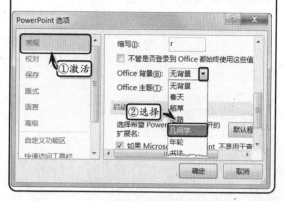

问题 4：快速访问指定的文档

解答 4：本练习中，首先指向【文件】|【选项】命令，在弹出的【PowerPoint 选项】对话框中，激活【高级】选项卡。然后，将【显示此数量的最近的演示文稿】选项设置为"3"，单击【确定】按钮即可。

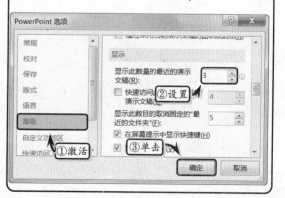

第 2 章

PowerPoint 基础操作

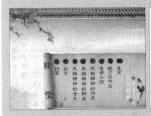   

　　PowerPoint 2013 的功能十分强大，而且设计起来较为灵活，利用 PowerPoint 可以创建各种多媒体演示文稿，并通过可视化的操作，对文档进行编辑和修改，从而可以制作出适应不同需求的演示文稿。本章将向用户介绍演示文稿的创建、演示页面的设置、演示文稿的简单操作及保存和播放等功能，使用户轻松掌握制作的基本方法和技巧，为今后制作具有专业水准的演示文稿打下坚实的基础。

2.1　创建演示文稿

在 PowerPoint 2013 中，用户不仅可以创建空白演示文稿，而且还可以创建 PowerPoint 自带的模板文档。

1. 创建空白演示文稿

PowerPoint 2013 为用户提供了多种创建空白演示文稿的方法，下面将详细介绍最常用的 3 种方法。

❏ 直接创建法

启动 PowerPoint 组件，系统自动弹出【新建】页面，在该页面中，选择【空白演示文稿】选项，即可创建一个空白演示文稿。

注意

对话框右上角的用户信息，只有在用户注册 Office 网站用户，并登录该用户时才可以显示。另外，用户可以单击【切换用户】链接，切换登录用户。

❏ 菜单命令法

如果用户已经进入到 PowerPoint 组件中，则需要执行【文件】|【新建】命令，打开【新建】页面，在该页面中选择【空白演示文稿】选项，创建空白演示文稿。

❏ 快捷命令法

用户也可以通过【快速访问工具栏】中的【新建】命令，来创建空白演示文稿。对于初次使用的 PowerPoint 2013 的用户来讲，需要单击【快速访问工具栏】右侧的下拉按钮，在其列表中选择【新建】选项，将【新建】命令添加到【快速访问工具栏】中。然后，直接单击【快速访问工具栏】中的【新建】按钮，即可创建空白演示文稿。

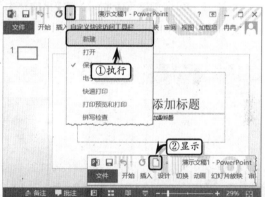

技巧

按 Ctrl+N 组合键，也可创建一个空白的演示文稿。

2. 创建模板演示文稿

PowerPoint 2013 有别于前面旧版本中的模板列表，用户可通过下列 3 种方法，来创建模板演示文稿。

❏ 创建常用模板演示文稿

执行【文件】|【新建】命令之后，系统只会

在该页面中显示固定的模板样式，以及最近使用的模板演示文稿样式。在该页面中，选择模板样式。

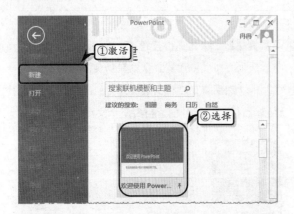

技巧

在新建模板列表中，单击模板名称后面的 ┅ 按钮，即可将该模板固定在列表中，便于下次使用。

然后，在弹出的创建页面中，预览模板文档内容，单击【创建】按钮即可。

技巧

在创建页面中，用户可以单击页面左右两侧的箭头 ◀ ，来选择【新建】模板页面中的模板类型。

❏ 创建 Office 网站模板

在【新建】页面中的【建议搜索】列表中，选择相应的搜索类型，即可新建该类型的相关演示文稿模板。例如，在此选择【商务】选项。

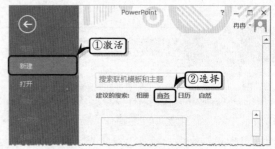

然后，在弹出的【商务】模板页面中，将显示联机搜索到的所有有关"商务"类型的演示文稿模板。用户只需在列表中选择模板类型，或者在右侧的【类别】窗口中选择模板类型，然后在列表中选择相应的演示文稿模板即可。

注意

在【商务】模板页面中，单击搜索框左侧的【主页】连接，即可将页面切换到【新建】页面中。

❏ 搜索模板

在【新建】页面中的搜索文本框中，输入需要搜索的模板类型。例如，输入"主题"文本。然后，单击搜索按钮，即可创建搜索后的模板文档。

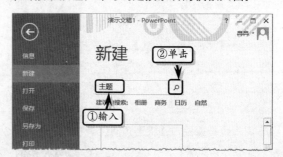

2.2　页面设置

PowerPoint 可以制作多种类型的演示文稿，由于每种类型的幻灯片的尺寸不尽相同，所以用户还需要通过 PowerPoint 的页面设置，对制作的演示文稿进行编辑，制作出符合播放设备尺寸的演示文稿。

1. 设置幻灯片的宽屏样式

在演示文稿中，执行【设计】|【自定义】|【幻灯片大小】|【宽屏】命令，将幻灯片的大小设置为 16：9 的宽屏样式，以适应播放时的电视和视频所采用的宽屏和高清格式。

2. 设置幻灯片的标准大小样式

将幻灯片的大小由"宽屏"样式更改为"标准"样式时，系统无法自动缩放内容的大小，此时会自动弹出提示对话框，提示用户对内容的缩放进行选择。

执行【设计】|【自定义】|【幻灯片大小】|【标准】命令，在弹出的【Microsoft PowerPoint】对话框中，选择【最大化】选项或单击【最大化】按钮即可。

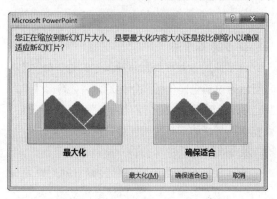

3. 自定义幻灯片的大小

执行【设计】|【自定义】|【幻灯片大小】|【自定义幻灯片大小】命令，在弹出的【幻灯片大小】对话框中，单击【幻灯片大小】下拉按钮，在其列表中选择一种样式即可。

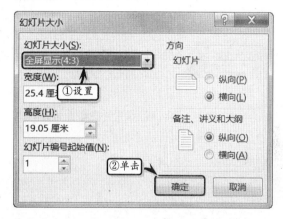

在【幻灯片大小】下拉列表中，主要包括下表中的 13 种样式。

预　　设	作　　用
全屏显示（4：3）	用于普通 CRT 显示器和标准 VGA 屏幕、幻灯机以及普通投影仪
全屏显示（16：9）	用于标准宽屏电视和宽屏投影仪
全屏显示（16：10）	用于非标准计算机宽屏显示器
信纸	用于标准 11 英寸信纸
分类账纸张	用于标准 17 英寸账簿纸
A3 纸张	用于 29.7cm×42.0cm 标准 A3 纸张
A4 纸张	用于 21.0cm×29.7cm 标准 A4 纸张
B4 纸张	用于 25.0cm×35.3cm 标准 B4 纸张
B5 纸张	用于 17.6cm×25.0cm 标准 B5 纸张
35mm 幻灯片	用于制作老式机械幻灯机的胶片
顶置	用于绝大多数 4：3 比例设备
横幅	用于横幅式幻灯片
宽屏	用于宽幅式幻灯片
自定义	输入宽度和高度，自定义尺寸

4．更改幻灯片的方向

执行【设计】|【自定义】|【幻灯片大小】|【自
定义幻灯片大小】命令，在弹出的【幻灯片大小】
对话框中的【方向】选项组中，设置幻灯片的显示
方向。

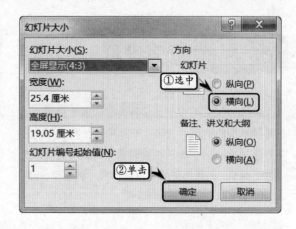

2.3 操作幻灯片

幻灯片是 PowerPoint 演示文稿中最重要的组
成部分，也是展示内容的重要载体。通常情况下，
一个演示文稿可以包含多张幻灯片，以供播放与展
示。

1．新建幻灯片

在 PowerPoint 2013 中，可以通过下列 3 种方
法，为演示文稿新建幻灯片。

❑ **选项组命令法**

执行【开始】|【幻灯片】|【新建幻灯片】命
令，在其菜单中选择一种幻灯片版式即可。

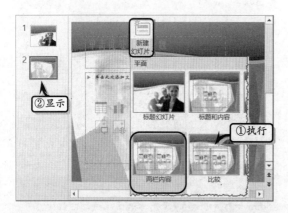

❑ **右击鼠标法**

选择【幻灯片选项卡】窗格中的幻灯片，右击
鼠标执行【新建幻灯片】命令，创建新的幻灯片。

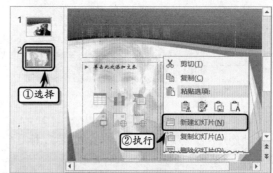

❑ **键盘新建法**

除了通过各种界面操作插入幻灯片以外，用户
也可以通过键盘操作插入新的幻灯片。选择【幻灯
片选项卡】窗格中的幻灯片，用户即可按 Enter 键，
直接插入与所选幻灯片相同版式的新幻灯片。

2．复制幻灯片

为了使新建的幻灯片与已经建立的幻灯片保
持相同的版式或设计风格，可以运用复制、粘贴来

实现。

❏ **选项组命令法**

在【幻灯片选项卡】窗格中，选择幻灯片，执行【开始】|【剪贴板】|【复制】命令，复制所选幻灯片。

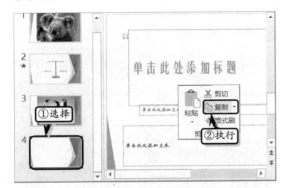

注意

选择幻灯片之后，用户可以按下 Ctrl+C 组合键，快速复制幻灯片。

然后，选择需要放置在其下方位置的幻灯片，执行【开始】|【剪贴板】|【粘贴】|【使用目标主题】命令，粘贴幻灯片。

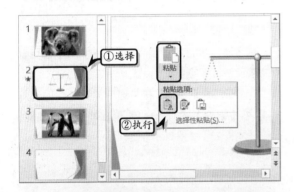

注意

选择幻灯片之后，用户可以按下 Ctrl+V 组合键，快速复制幻灯片。

❏ **右击鼠标法**

在【幻灯片选项卡】窗格中，选择幻灯片，右击执行【复制幻灯片】命令，即可复制与所选幻灯片版式和内容完全一致的幻灯片。

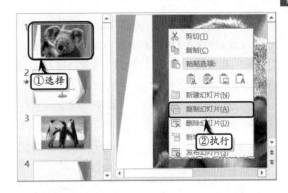

3．移动幻灯片

移动幻灯片可以调整一张或多张幻灯片的顺序，以使演示文稿更符合逻辑性。移动幻灯片，既可以在同一个演示文稿中移动，也可以在不同的演示文稿中移动。

❏ **同一篇演示文稿中移动**

在【幻灯片选项卡】窗格中，选择要移动的幻灯片，拖动至合适位置后，松开鼠标。

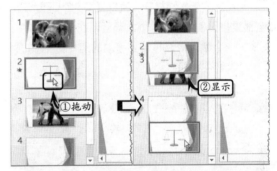

技巧

当用户需要同时移动多张幻灯片时，可以按住 Ctrl 键同时选择多张连续或不连续的幻灯片。

也可以执行【视图】|【演示文稿视图】|【幻灯片浏览】命令，切换至幻灯片浏览视图中。然后选择幻灯片，进行拖动。

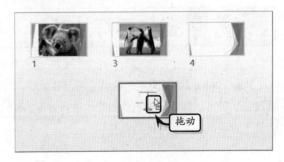

另外，还可以选择要移动的幻灯片，执行【开始】|【剪贴板】|【剪切】命令。然后选择要移动幻灯片的新位置，执行【开始】|【剪贴板】|【粘贴】命令，移动幻灯片。

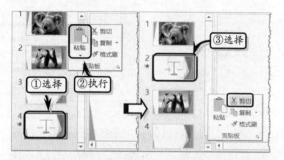

❏ 在不同演示文稿中移动幻灯片

将两篇演示文稿打开，执行【视图】|【窗口】|【全部重排】命令，将两个文稿显示在一个界面中。在其中一个窗口中选择需要移动的幻灯片，拖动到另一个文稿中即可。

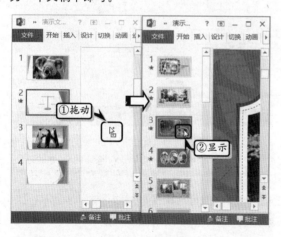

4．删除幻灯片

如创建的幻灯片过多，可将其删除。PowerPoint 允许用户通过两种方法删除幻灯片。

❏ 右击鼠标法

选择需要删除的幻灯片，右击鼠标执行【删除幻灯片】命令，即可删除所选幻灯片。

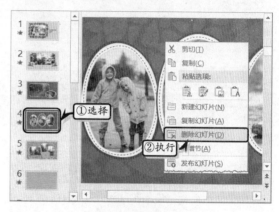

❏ 快捷键法

除了通过执行命令删除幻灯片外，用户也可以通过键盘快捷键删除幻灯片。

在【幻灯片选项卡】栏中选中需要删除的幻灯片，即可在键盘上按 Delete 键，直接将幻灯片删除。

2.4 操作幻灯片节

PowerPoint 2013 为用户提供了一个节功能，通过该功能可以将不同类别的幻灯片进行分组，从而便于管理演示文稿中的幻灯片。

1．新增节

在【幻灯片选项卡】窗格中，选择需要添加节的幻灯片，执行【开始】|【幻灯片】|【新增节】

命令，即可为幻灯片增加一个节。

另外，选择幻灯片，右击执行【新增节】命令，也可以为幻灯片添加新节。

2．重命名节

选择幻灯片中的节名称，执行【开始】|【幻灯片】|【节】|【重命名】命令，在弹出的【重命名节】对话框中，输入节名称，单击【确定】按钮即可。

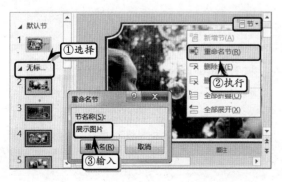

3．删除节

选择需要删除的节标题，执行【开始】|【幻灯片】|【节】|【删除】命令，即可删除所选的节。

另外，直接执行【开始】|【幻灯片】|【节】|【删除所有节】命令，即可删除幻灯片中的所有节。

2.5 打开演示文稿

一般情况下，用户可以直接双击演示文稿文件，在不启动 PowerPoint 组件的情况下，直接打开演示文稿。另外，当用户启动 PowerPoint 组件时，除了可以打开本机计算机中的演示文稿，还可以打开 SkyDrive 或其他位置中的演示文稿。

1. 打开本机演示文稿

在 PowerPoint 中，单击【快速访问工具栏】右侧的下拉按钮，在其下拉列表中选择【打开】命令，将该命令添加到【快速访问工具栏】中，然后单击【打开】按钮。

注意

用户也可以单击【快速访问工具栏】右侧的下拉按钮，在其列表中选择【其他命令】选项，在弹出的【PowerPoint 选项】对话框中，自定义【快速访问工具栏】中的命令。

此时，系统会自动展开【打开】列表，在该列表中选择【计算机】选项，并单击【浏览】按钮。

注意

用户执行【文件】|【打开】命令时，也可弹出【打开】列表。

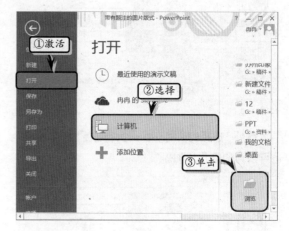

在弹出的【打开】对话框中，选择需要打开的演示文稿文档，单击【打开】按钮即可。

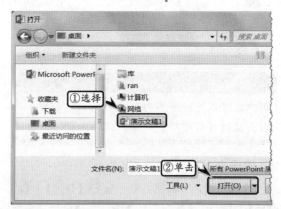

技巧

用户通过按下 Ctrl+O 组合框，可以快速打开【打开】列表。另外，按下 Ctrl+F12 组合键，则可以快速打开【打开】对话框。

2. 打开 SkyDrive 中的演示文稿

PowerPoint 2013 为用户提供了 SkyDrive 位置的功能，执行【文件】|【打开】命令，在【打开】列表中选择【**的 SkyDrive】选项，并单击【浏览】按钮。

注意

此处的【冉冉的 SkyDrive】选项中的"冉冉"是作者注册 Office 论坛中的昵称，如果用户没有注册论坛，则只会显示【SkyDrive】选项。

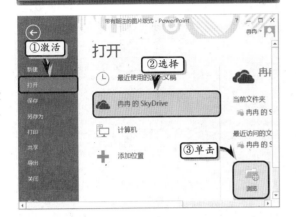

然后，在弹出的【打开】对话框中，选择网站中的演示文稿文件，单击【打开】按钮即可。

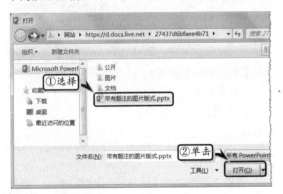

3．打开其他位置中的演示文稿

PowerPoint 2013 还为用户提供了【添加位置】功能，帮助用户打开 Office 365 SharePoin 或 SkyDrive 中的演示文稿。

用户只需执行【文件】|【打开】命令，在【打开】列表中选择【添加位置】选项，在其列表中选择一种位置，输入注册邮箱地址即可。

PowerPoint 2.6 保存和保护演示文稿

在对演示文稿进行编辑后，用户还需要将其保存为可播放的演示文稿格式，才能发布并供其他用户播放。另外，对于一些具有隐私内容的演示文稿，还需要通过为其加密的方法，达到保护的作用。

1．保存演示文稿

对于新建演示文稿，则需要执行【文件】|【保存】或【另存为】命令，在展开的【另存为】列表中，选择【计算机】选项，并单击【浏览】按钮。

技巧

在【另存为】列表右侧的【最近访问的文件夹】列表中，选择某个文件，右击执行【保存】命令，即可在弹出的【另存为】对话框中保存该文档。

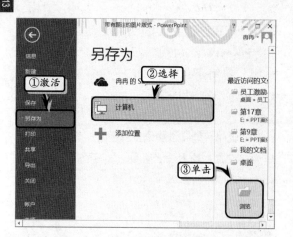

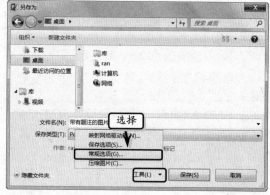

在弹出的【另存为】对话框中，选择保存位置，设置保存名称和类型，单击【保存】按钮即可。

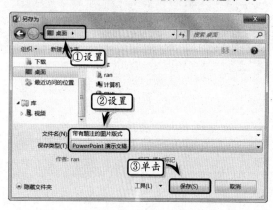

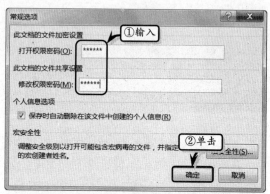

对于已保存过的演示文稿，用户可以直接单击【快速访问工具栏】中的【保存】按钮，直接保存演示文稿即可。

> **注意**
>
> 在 PowerPoint 2013 中，保存文件也可以像打开文件那样，将文件保存到 SkyDrive 和其他位置中。

> **注意**
>
> 在【常规选项】对话框中，可以通过单击【宏安全性】按钮，在弹出的【信任中心】对话框中的【宏设置】选项卡中，设置宏的安全性。

2. 密码保护演示文稿

执行【文件】|【另存为】命令，在展开的【另存为】列表中，选择【计算机】选项，并单击【浏览】按钮。然后，在弹出的【另存为】对话框中，单击【工具】下拉按钮，选择【常规选项】选项。

在弹出的【常规选项】对话框中，输入打开权限和修改权限密码，并单击【确定】按钮。

然后，在弹出的【确认密码】对话框中，重复输入打开权限和修改权限密码，即可使用密码保护演示文稿。

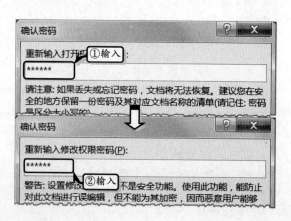

3. 设置演示文稿的权限

PowerPoint 2013 提供了文档的权限设置功能，允许用户限制文档的编辑和查看。

❏ **标记为最终状态**

执行【文件】|【信息】命令，在展开的列表中单击【保护演示文稿】下拉按钮，在其列表中选择【标记为最终状态】选项，在弹出的对话框中单击【确定】按钮，即可将演示文稿设置为只读，禁止用户编辑。

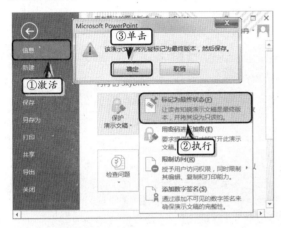

❏ **按人员限制权限**

除了通过密码限制对演示文稿的访问外，用户还可以通过 Windows Live 账户限制对演示文稿的访问。选中【按人员限制权限】后，即可在弹出的菜单中执行【管理凭据】命令，通过 Windows Live 账户定义对演示文稿的访问权限。

❏ **加密文档**

执行【文件】|【信息】命令，在展开的列表中单击【保护演示文稿】下拉按钮，在其列表中选择【用密码进行加密】选项。

在弹出的【加密文档】对话框中，输入加密密码，并单击【确定】按钮。然后，在弹出的【确认密码】对话框中，重复输入加密密码即可。

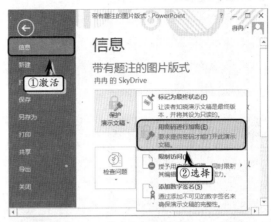

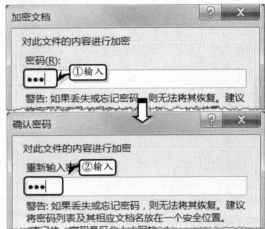

❏ **添加数字签名**

数字签名是一种特殊的加密数据，通过这种数据，可以为文档建立一种特殊的密钥属性，以验证文档的完整性。

在选择【添加数字签名】选项后，用户可通过微软的官方网站为演示文稿申请或自行建立一个数字签名。然后，所有查看该演示文稿的用户都可以通过数字签名验证文稿是否被第三方修改。

2.7 大学生心理健康讲座之一

当前，由于大学生面临的各种压力普遍加大，由此引发的心理问题不断增多。本案例结合大学生心理健康现状，并通过分析影响大学生心理健康的诸多因素，提出了建立大学生心理救援机制的建议。下面通过插入艺术字、创建表格、插入图表等功能，制作"大学生心

提示

用户可以根据自己不同的需要，从互联网上下载不同的主题样式。执行【文件】|【新建】命令，在展开的列表搜索文本框中输入"主题"，单击【搜索】按钮，在搜索结果中选择自己喜欢的主题，单击【创建】按钮即可。

技巧

选择标题占位符中的文字，在弹出的【浮动工具栏】中设置字体格式。

提示

选择副标题占位符中的文字，执行【开始】|【字体】|【字体】|【方正姚体】，同时执行【开始】|【字体】|【字号】|【32】命令，设置字体格式。

理健康讲座"演示文稿。

操作步骤 >>>>

STEP|01 新建模版文档。执行【文件】|【新建】命令，在展开的列表中选择【空白演示文稿】选项，新建一个空白演示文稿。然后，执行【设计】|【主题】|【其他】|【平面】命令，设置文档主题。

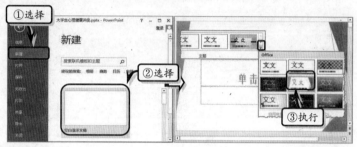

STEP|02 设置文本格式。在"单击此处添加标题"占位符中，输入"大学生心理健康讲座"文字，执行【开始】|【字体】|【字体】|【华文新魏】命令，同时执行【开始】|【字体】|【字号】|【66】命令。然后，执行【格式】|【艺术字样式】|【其他】|【填充－绿色，着色1，阴影】命令。

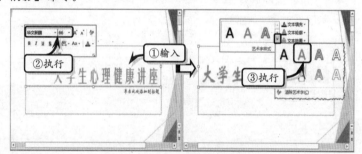

STEP|03 设置文本效果。在"单击此处添加副标题"占位符中，输入文字，并设置其字体格式。执行【格式】|【艺术字样式】|【其他】|【填充－绿色，着色1，阴影】命令；然后，执行【文字效果】|【映像】|【紧密映像，8pt 偏移量】命令，并设置文本右对齐。

STEP|04 新建幻灯片。执行【开始】|【幻灯片】|【新建幻灯片】|【两栏内容】命令，新建一张幻灯片。然后，在"单击此处添加标题"占位符中输入"大学生心理健康标准"文字，并设置文本居中对齐。

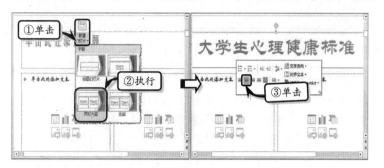

STEP|05 单击左边占位符中的【插入表格】图标，在弹出的【插入表格】对话框中，设置【列数】为"1"，【行数】为"7"，单击【确定】按钮。执行【设计】|【表格样式】|【其他】|【中度样式 2，强调 1】命令，设置表格样式。

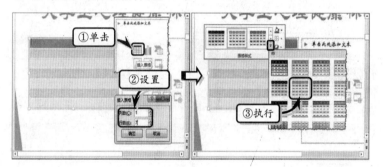

STEP|06 添加项目符号。在表格中输入文字，设置其字体格式。选择表格中的文字，执行【开始】|【段落】|【项目符号】|【项目符号和编号】命令。然后，在弹出的【项目符号和编号】对话框中，单击【图片】按钮。

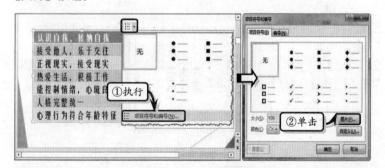

STEP|07 此时，弹出【插入图片】窗口，选择【Office.com 剪贴画】选项，并在文本框中输入"钻石"，并单击【搜索】按钮，在搜索结果中选择需要插入的图片，单击【插入】按钮，为文本添加自定义项目符号。

技巧

选择表格中的文字，右击执行【项目符号】|【项目符号和编号】命令，在打开的对话框中，选择喜欢的项目符号插入即可。

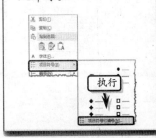

技巧

对形状进行填充的方法可以通过右击形状执行【填充】|【图片】命令，在打开的对话框中，选择图片插入即可。

提示

选择图片，执行【图片工具】|【格式】|【图片效果】|【柔化边缘】|【10 磅】命令，设置图片的边缘柔化效果。

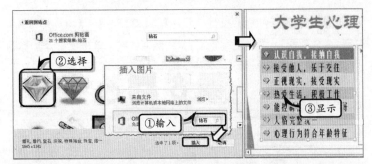

STEP|08 插入图片。将光标置于右边副标题占位符中，执行【插入】|【插图】|【形状】|【泪滴形】命令，绘制泪滴形的形状。执行【绘图工具】|【格式】|【形状样式】|【形状填充】|【图片】命令，在打开的对话框中选择一幅需要插入的图片即可。

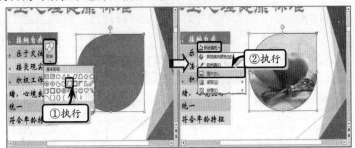

STEP|09 设置形状样式。执行【绘制工具】|【格式】|【形状样式】|【形状轮廓】|【无轮廓】命令，取消形状的轮廓。然后，执行【图片工具】|【格式】|【图片效果】|【映像】|【紧密映像，接触】命令。

STEP|10 新建幻灯片。执行【开始】|【幻灯片】|【新建幻灯片】|【两栏内容】命令，新建一张幻灯片。在标题占位符中输入文字，执行【开始】|【字体】|【字体】|【方正隶书】，同时执行【开始】|【字体】|【字号】|【66】命令，设置字体格式。

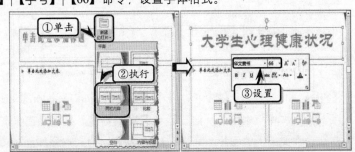

STEP|11 插入图表。将光标置于左边副标题占位符中，执行【插入】|【插图】|【图表】命令，在弹出的【插入图表】对话框中，执行【饼图】|【三维饼图】命令，单击【确定】按钮。在弹出的电子表格中输入数据内容后，关闭电子表格窗口。

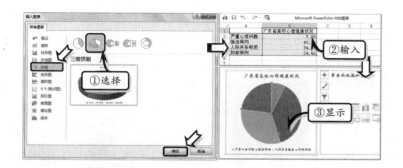

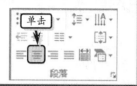

STEP|12 设置图标样式。选择图表，执行【格式】|【形状样式】|【其他】|【细微效果-绿色，强调颜色 1】命令，设置图表的背景颜色。然后，执行【设计】|【图标布局】|【添加图标元素】|【数据标签】|【最佳匹配】命令，再设置其字体格式。

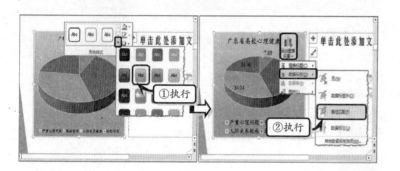

STEP|13 添加项目符号。在右侧占位符中输入文字，并设置其字体格式。然后，选中文字，执行【开始】|【段落】|【项目和符号】|【项目符号和符号】命令，在打开的【图片项目符号】对话框中，选择一种项目符号，单击【确定】按钮，将符号插入幻灯片中。

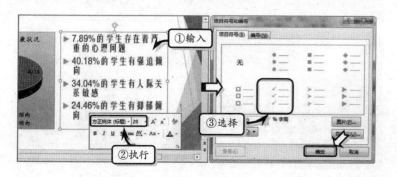

2.8 企业改制方案之一

练习要点

- 应用主题
- 插入艺术字
- 应用母版
- 插入文本框
- 插入图片

提示

PowerPoint 2013 有别于旧版本,当用户启动 PowerPoint 时,系统将自动显示【新建】列表。另外,【新建】列表右上角中的名称为注册用户名称,用户可通过微软网站进行注册使用。

提示

执行【文件】|【新建】命令,在展开的列表搜索文本框中输入"主题",单击【搜索】按钮,在搜索结果中选择自己喜欢的主题,单击【创建】按钮即可。

提示

尽量使用设计中的配色方案,使用经典的对比色,即反色。
根据经验来看,浅色背景更易配色。

企业改制方案又称为企业重组方案或企业改制重组方案。其制订和执行是整个公司改制、上市的重点。本案例运用插入图片、设置艺术字格式,及插入形状等功能,来制作"上海亚薪企业改制方案"的前四张幻灯片。

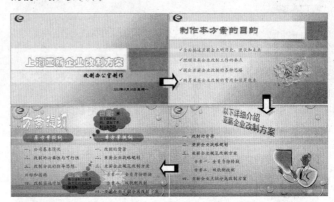

操作步骤 》》》

STEP|01 新建空白文档。执行【文件】|【新建】命令,在展开的【新建】列表中选择【空白演示文稿】选项,新建一张空白幻灯片。

STEP|02 设置主题。执行【设计】|【主题】|【其他】|【柏林】命令,设置幻灯片主题。然后,执行【设计】|【变体】|【其他】|【背景样式】|【样式 9】命令,设置主题背景样式。

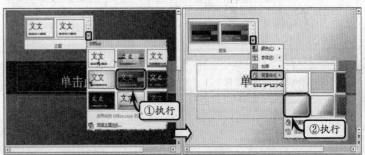

STEP|03 设置标题文本格式。将光标置于"单击此处添加标题"占位符中，输入"上海亚薪企业改制方案"文字。然后，执行【格式】|【艺术字样式】|【其他】|【填充-橙色，着色1，阴影】命令，设置文本样式。

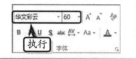

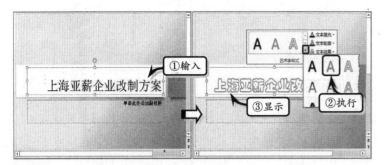

STEP|04 设置副标题文本格式。在副标题占位符中输入文字，执行【开始】|【字体】|【字体】|【华文行楷】命令，同时执行【开始】|【字体】|【字号】|【40】命令，设置字体格式。然后，执行【开始】|【字体】|【阴影】命令，为字体添加阴影效果。

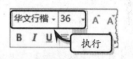

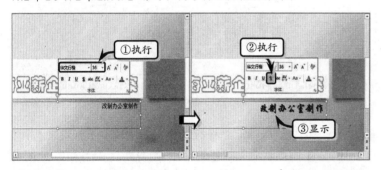

STEP|05 插入文本框。执行【插入】|【文本】|【文本框】|【横排文本框】命令，在副标题下方单击拖动鼠标绘制一个横排文本框。将光标置于文本框中，执行【格式】|【文本】|【日期和时间】命令，在打开的对话框中选择合适的日期格式，单击【确定】按钮，即可插入日期。

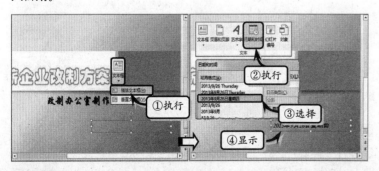

STEP|06 插入企业标志。执行【视图】|【母版视图】|【幻灯片母版】命令，进入母版视图。然后，执行【插入】|【图像】|【图片】

提示

打开母版视图之后，在界面左侧列表中选择第一个幻灯片母版，然后在右侧进行编辑。

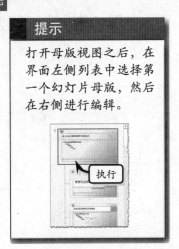

命令，在打开的对话框中选择标志插入之后调整标志的位置和大小。

STEP|07 新建幻灯片。执行【开始】|【幻灯片】|【新建幻灯片】|【标题和内容】命令。然后，在标题占位符中输入文字，执行【开始】|【字体】|【字体】|【华文隶书】命令，同时执行【开始】|【字体】|【字号】|【60】命令，设置字体格式。

提示

插入标志之后，执行【幻灯片母版】|【关闭】|【关闭母版视图】命令，切换到普通视图。

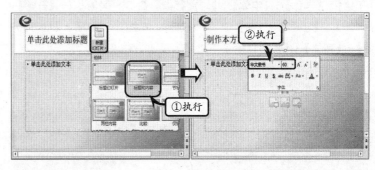

STEP|08 设置文字效果。选择标题文字，执行【格式】|【艺术字样式】|【其他】|【填充-淡紫，着色1，轮廓-背景1，清晰阴影-着色1】命令，为文本添加艺术字样式。然后，在文本占位符中输入相关内容，执行【开始】|【段落】|【行距】|【1.5】命令，调整文本之间的行距。

提示

选择文本占位符中的文字，执行【开始】|【字体】|【字体】|【华文楷体】命令，同时执行【开始】|【字体】|【字号】|【28】命令，设置文本格式。

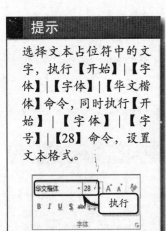

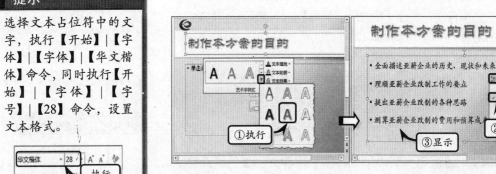

STEP|09 插入项目符号。选择文本占位符中的文字，执行【开始】|【段落】|【项目符号】|【项目符号和编号】命令，在【项目符号和编号】对话框中选择一种项目符号，单击【确定】按钮，为文本插入项目符号。

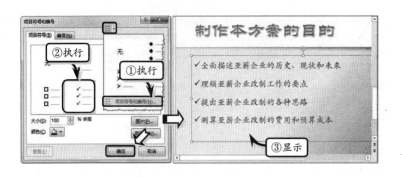

STEP|10 插入图片。执行【插入】|【图像】|【图片】命令，在打开的对话框中插入一幅图片，调整其位置和大小。选择该图片，将鼠标置于调整柄位置处，当光标变成"旋转箭头" ↻ 时，向左拖动，旋转图片。

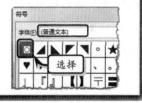

STEP|11 新建幻灯片。执行【开始】|【幻灯片】|【新建幻灯片】|【仅标题】命令，新建一张幻灯片。然后，执行【设计】|【主题】|【其他】命令，在打开的列表中右击【水滴】主题执行【应用于选定幻灯片】命令，则当前幻灯片的主题将被更改。

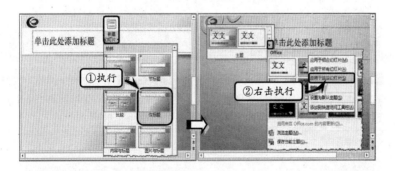

STEP|12 设置字体样式。在标题占位符中输入文字，执行【格式】|【艺术字样式】|【其他】|【填充-白色，轮廓-着色 1，阴影】命令；同时执行【格式】|【艺术字样式】|【文本效果】|【转换】|【朝鲜鼓】命令，设置文本效果。

PowerPoint 2013

提示

更改主题之后，执行【设计】|【变体】命令，在列表框中，选中一种背景样式，改变主题背景颜色。

提示

选择标题文字，执行【开始】|【字体】|【字体】|【华文隶书】命令，同时执行【开始】|【字体】|【字号】|【60】命令，设置字体格式。

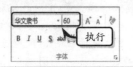

提示

选择绘制的形状，拖动调整柄，调整其形状的圆滑度。

技巧

右击绘制的形状，执行【编辑文字】命令，也可以在形状中输入文字。

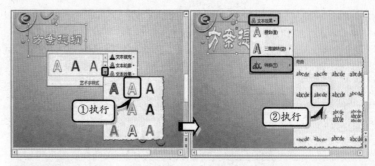

STEP|13 添加形状。执行【插入】|【插图】|【形状】|【圆角矩形】命令，单击拖动鼠标在文档中绘制该图形。然后，执行【格式】|【形状样式】|【其他】|【中等效果-青绿，强调颜色5】命令，设置形状样式。

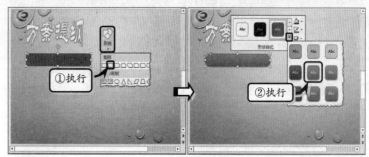

STEP|14 设置文本格式。选择文字，执行【开始】|【字体】|【字体】|【华文行楷】命令，同时执行【开始】|【字体】|【字号】|【36】命令，设置字体格式。然后，执行【格式】|【艺术字样式】|【文本效果】|【映像】|【紧密映像，4pt 偏移量】命令，设置文本映像效果。

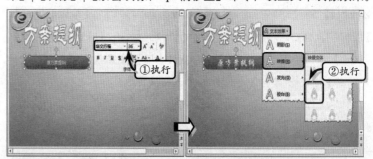

STEP|15 添加形状。选择"圆角矩形"形状，按住 Ctrl 键，水平向右拖动，复制一个相同的形状。然后，执行【格式】|【形状样式】|【其他】|【中等效果-淡紫，强调颜色6】命令，修改形状样式。

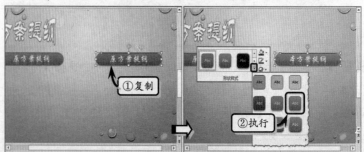

STEP|16 插入文本框。执行【插入】|【文本】|【文本框】|【横排文本框】命令，单击并拖动鼠标在原方案提纲形状下方绘制一个文本框，在文本框中输入相关内容。然后，用相同的方法在右侧添加一个文本框。

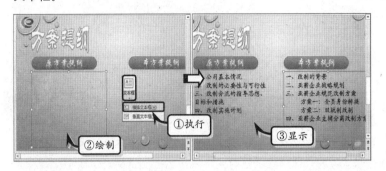

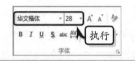

STEP|17 设置文本格式。分别选中左右两个文本框，执行【开始】|【段落】|【行距】|【1.5】命令，设置文本行距。然后，选择右侧文本框中的"方案一"文字，执行【开始】|【字体】|【颜色】|【红色，着色 1】命令，改变字体颜色。

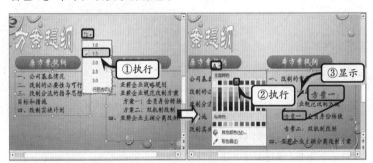

STEP|18 添加形状。执行【插入】|【插图】|【形状】|【爆炸形 1】命令，在"方案一"文字位置，绘制一个"爆炸形 1"的形状。然后，执行【格式】|【形状样式】|【其他】|【细微效果-淡紫，强调颜色 6】命令，改变形状样式。

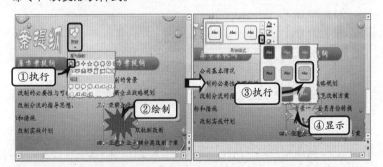

STEP|19 添加形状。执行【插入】|【插图】|【形状】|【云形标注】命令，在文档中下方位置，绘制一个"云形标注"的形状。然后，选择形状，执行【格式】|【形状样式】|【其他】|【强烈效果-红色，强

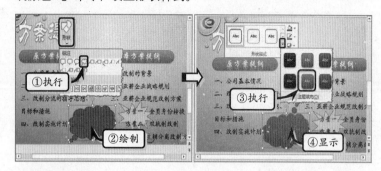

STEP|20 设置文本效果。在形状中输入文字，执行【开始】|【字体】|
【字体】|【华文彩云】命令，同时执行【开始】|【字体】|【字号】|【32】
命令，设置字体格式。然后，执行【格式】|【艺术字样式】|【文本
效果】|【映像】|【半映像，接触】命令，设置文字映像效果。

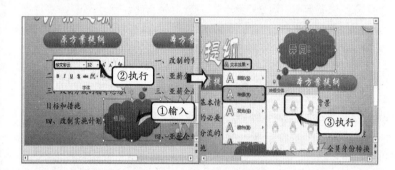

STEP|21 设置文本格式。在"相同："形状中输入相关内容，执行【开
始】|【字体】|【字体】|【黑体】命令，同时执行【开始】|【字
体】|【字号】|【20】命令，设置内容文本格式；然后，使用相同的
方法，在"异同："形状中输入文字。

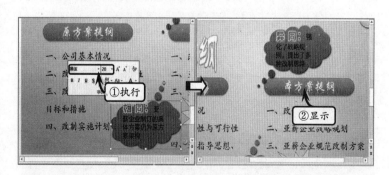

STEP|22 新建幻灯片。执行【开始】|【幻灯片】|【新建幻灯片】|
【仅标题】命令，新建一张幻灯片。在标题文本框中输入文字，执行
【开始】|【字体】|【字体】|【黑体】命令，同时执行【字体】|【字
体】|【字号】|【54】命令，设置字体格式。

提示

选择形状，右击形状执
行【置于底层】|【置于
底层】命令，将形状置
于文字下面。

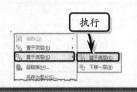

技巧

选择"云形标注"后，
拖动黄色控制块可以调
整标注的指向位置。

提示

选择"相同："文字，执
行【开始】|【字体】|
【加粗】命令，将字体加
粗。对"异同："文字使
用相同的设置方法。

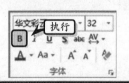

提示

选择标题占位符边框，
当光标变成"双向箭头"
↗时拖动，调整边框
大小。

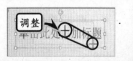

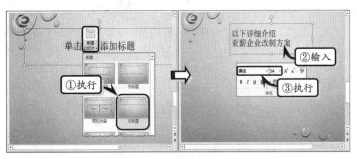

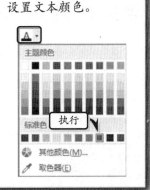
STEP|23 设置文本效果。选择标题占位符中的文字，执行【格式】|【艺术字样式】|【文本效果】|【阴影】|【左上对角透视】命令；同时执行【格式】|【艺术字样式】|【文本效果】|【三维旋转】|【极左极大透视】命令，设置文字三维旋转效果。

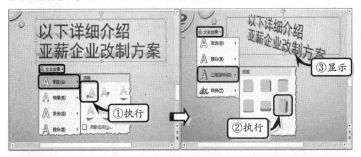

STEP|24 在文档中插入内容。选择第三张幻灯片右侧的文本框，执行【开始】|【剪贴板】|【复制】|【复制】命令，复制文本框。切换到第四张幻灯片，执行【开始】|【剪贴板】|【粘贴】|【使用目标主题】命令，并调整文本框的位置。

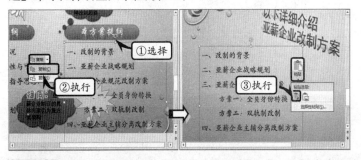

STEP|25 插入图片。执行【插入】|【图像】|【图片】命令，在打开的对话框中选择需要插入的图片，单击【插入】按钮。然后，调整图像的大小和位置即可。

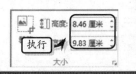

2.9 高手答疑

问题 1：如何更改幻灯片的版式？

解答 1：选择已有的幻灯片，执行【开始】|【幻灯片】|【版式】命令，在其列表中选择一种版式。

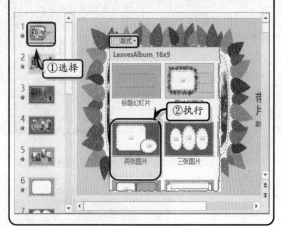

问题 2：如何移动幻灯片中的节？

解答 2：选择幻灯片中的节标题，右击执行【向上移动】或【向下移动】命令，即可移动幻灯片的节。

第 3 问题：如何保存一种 .ppsx 类型的演示文稿，使双击打开时即可播放？

解答 3：执行【文件】|【另存为】命令，在展开的【另存为】列表中选择【计算机】选项，单击【浏览】按钮。然后，在弹出的【另存为】对话框中，将【保存类型】设置为"PowerPoint 放映"选项。

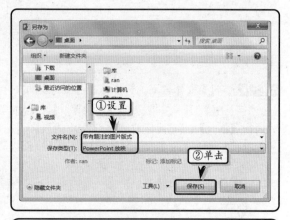

第 4 问题：如何确定 PowerPoint 2013 是否与以前版本的 PowerPoint 兼容？

解答 4：在 PowerPoint 2013 中执行【文件】|【信息】命令，单击【检查问题】下拉按钮，选择【检查兼容性】选项。

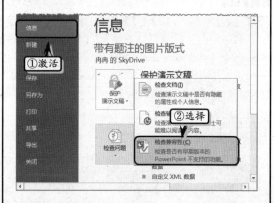

此时，PowerPoint 2013 会自动对演示文稿中的内容进行检查，并弹出【Microsoft PowerPoint 兼容性检查器】对话框，报告检查的结果。

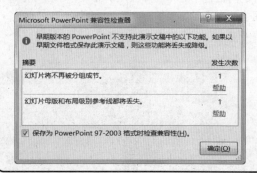

2.10　新手训练营

练习 1：创建模板文档

downloads\第 2 章\新手训练营\四季自然

提示：本练习中，启动 PowerPoint 组件，在【新建】列表中的搜索文本框中输入"四季自然"文本，并单击【搜索】按钮。然后，在列表中选择【四季自然演示文稿】选项，单击【创建】按钮，即可创建回顾模板文档。

练习 2：保存为放映格式

downloads\第 2 章\新手训练营\放映

提示：本练习中，首先执行【文件】|【另存为】命令，在展开的列表中选择【计算机】选项，同时单击【浏览】按钮。然后，在弹出的【另存为】对话框中，设置保存位置和名称，并将【保存类型】设置为"PowerPoint 放映"模式，单击【保存】按钮即可。

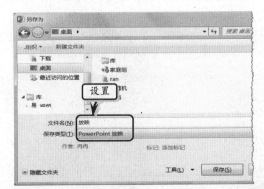

练习 3：为演示文稿添加节

downloads\第 2 章\新手训练营\节

提示：本练习中，打开"四季自然"颜色文稿。

选择第 2 张幻灯片，执行【开始】|【幻灯片】|【节】|【新增节】命令，在第 2 张幻灯片上方新增加一个节标题。选择该节标题，执行【开始】|【幻灯片】|【节】|【重命名节】命令，在弹出的对话框中输入节名称。使用同样的方法，分别在第 6 张和第 10 张幻灯片上方添加新节，并重命名节。最后，单击节标题前面的三角符号，折叠节。

练习 4：制作日历

downloads\第 2 章\新手训练营\日历

提示：本练习中，首先执行【文件】|【新建】命令，在展开的列表中选择【日历】选项。在【日历】列表中选择【2013 年照片日历】选项，并单击【创建】按钮。然后，选择第 2 张幻灯片，单击图片方框中的【图片】按钮，在弹出的【插入图片】对话框中，选择图片文件，单击【插入】按钮，为日历插入图片。最后，执行【保存】|【另存为】命令，在展开的列表中选择【计算机】选项，并单击【浏览】按钮，保存演示文稿。

第 3 章

操作占位符

　　占位符是一种带有虚线边缘的框，在该框内可以放置标题及正文，或者图表、表格和图片等对象，是幻灯片中编辑各种内容的一种容器。另外，占位符也是幻灯片中的一个对象，其功能类似于形状。用户在创建幻灯片时，往往会根据幻灯片的版式自动在幻灯片中创建占位符。在幻灯片中编辑和使用占位符，不仅可以控制文本和各种形状、图片等对象的位置，还可以达到美化幻灯片的目的。在本章中，将着重介绍使用 PowerPoint 2013 编辑、操作占位符，以及在占位符中编辑文本等基础知识和实用技巧。

PowerPoint

3.1　调整占位符

占位符是 PowerPoint 中一种重要的显示对象，其最大使用频率是输入和编辑文本，在使用占位符之前，需要先了解一下选择和调整占位符的操作方法。

1．选择占位符

在幻灯片上移动鼠标光标，将鼠标光标移动到占位符的边框位置后，当鼠标光标转换为带有"十字箭头"的光标后，单击鼠标即可选择占位符。

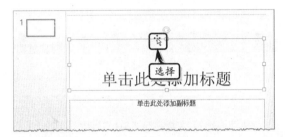

另外，执行【开始】|【编辑】|【选择】|【选择窗格】命令，在【选择和可见性】窗格中选择相应的占位符。

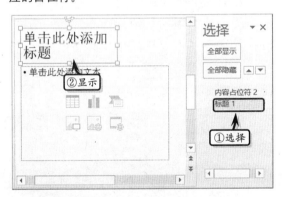

2．移动占位符

用户可以通过鼠标或键盘移动占位符，设置占位符所在的位置。首先，选择占位符。然后，将鼠标光标置于占位符的边框处，拖动鼠标即可移动占位符。

除了通过鼠标移动占位符以外，用户也可以通过键盘来移动占位符。在选中占位符之后，按键盘上的方向键 ←、↑、↓、→，即可控制占位符向指定的方向移动。

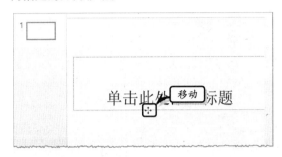

3．调整占位符的大小

选择占位符，并将光标移至占位符边框的控制点上，例如当光标变为"双向箭头"形状时，拖动鼠标调整占位符大小。

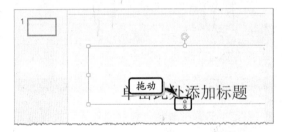

另外，选择占位符，在【格式】选项卡【大小】选项组中的【形状高度】或【形状宽度】文本框中，输入相应的数值，即可设置占位符大小。

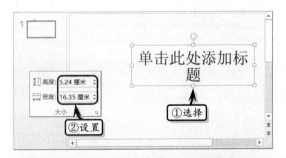

> **提示**
>
> 用户可以通过占位符中四个角中的控制点，来等比例调整占位符的大小。

PowerPoint 3.2 编辑占位符

在布局幻灯片中，往往需要进行占位符的编辑操作，包括复制、移动或删除幻灯片，以及对齐和旋转幻灯片等基础操作。

1．复制占位符

选择占位符，执行【开始】|【剪贴板】|【复制】命令，复制占位符。

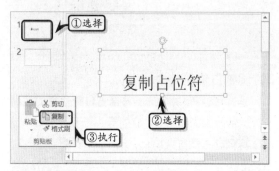

技巧

选择占位符，右击执行【复制】命令，或按下 Ctrl+C 组合键，可快速复制占位符。

然后，选择放置占位符的幻灯片，执行【开始】|【剪贴画】|【粘贴】命令，粘贴占位符。

技巧

选择占位符，右击执行【粘贴】命令，或按下 Ctrl+V 组合键，可快速粘贴占位符。

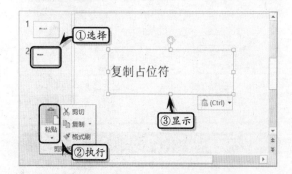

2．移动占位符

选择占位符，执行【开始】|【剪贴板】|【剪切】命令，剪切占位符。

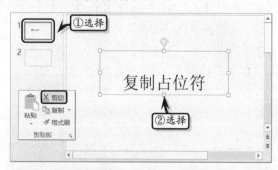

技巧

选择占位符，右击执行【剪切】命令，或按下 Ctrl+X 组合键，可快速复制占位符。

然后，选择放置占位符的幻灯片，执行【开始】|【剪贴画】|【粘贴】命令，粘贴占位符。

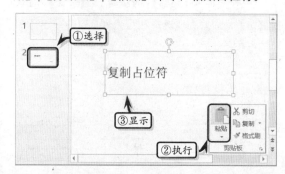

3．对齐占位符

选择幻灯片，执行【格式】|【排列】|【对齐】命令，在其级联菜单中选择相应的选项即可。

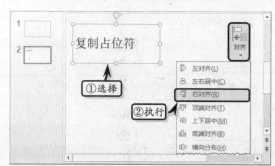

其中，在【对齐】命令中，主要包括下图中的选项。

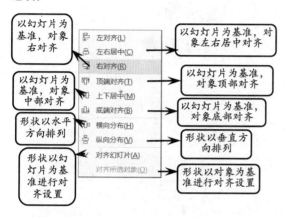

4．旋转占位符

选择占位符，将光标移至占位符的圆形控制点上，按住鼠标左键，当光标变为 🔁 形状时，旋转鼠标即可旋转占位符。

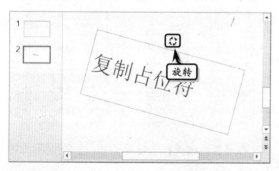

另外，用户可通过执行【格式】|【排列】|【旋转】命令，在其下拉列表中选择相应的选项的方法，按制定的角度旋转占位符。

其中，在【旋转】命令中，主要包括下列 4 种旋转角度：

❏ **向右旋转 90°** 选择该选项，可以将占位符向右方向旋转 90°。

❏ **向左旋转 90°** 选择该选项，可以将占位符向左方向旋转 90°。

❏ **垂直翻转** 选择该选项，可以将占位符进行垂直旋转。

❏ **水平翻转** 选择该选项，可以将占位符进行水平旋转。

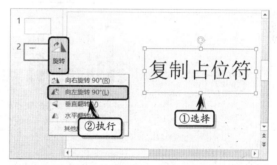

3.3 美化占位符

占位符属于幻灯片中的一个对象，类似于幻灯片中的形状对象，可以通过围棋设置形状样式、填充颜色和形状效果等方法，来增加占位符的美观性。

1．设置形状样式

PowerPoint 2013 为用户提供了内置的 42 种形状样式，其 42 种形状样式的具体颜色会随着演示文稿"主题"的改变而改变。

在幻灯片中选择占位符，执行【绘图工具】|【格式】|【形状样式】|【其他】命令，在其级联菜单中选择一种形状样式即可。

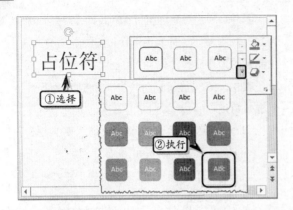

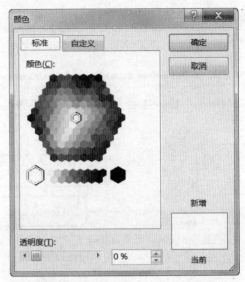

2. 设置纯色填充

选择占位符，执行【绘图工具】|【格式】|【形状样式】|【形状填充】|【红色】命令，设置纯色填充效果。

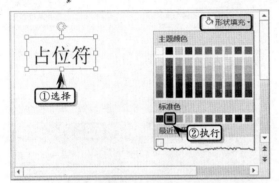

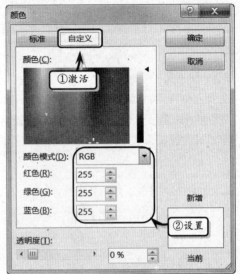

技巧

当用户为占位符设置填充颜色之后，系统会自动在【最近使用的颜色】列表中显示已使用的填充色。

当 PowerPoint 为用户提供的 70 种颜色无法满足用户需求时，则可以执行【格式】|【形状样式】|【形状填充】|【其他填充颜色】命令，在【标准】选项卡中，获取更多的填充颜色。

注意

在【颜色】对话框中的【标准】选项卡中，可以通过设置【透明度】值，来调整颜色的透明度。

另外，用户还可以在【颜色】对话框中的【自定义】选项组中，自定义填充颜色。

在【颜色模式】下拉列表中，主要包括 RGB 与 HSL 颜色模式：

❏ **RGB 颜色模式** 该模式主要基于红、绿、蓝 3 种基色，3 种基色均由 0~255 共 256 种颜色组成。用户只需单击【红色】、【绿色】和【蓝色】微调按钮，或在微调框中直接输入颜色值，即可设置字体颜色。

❏ **HSL 颜色模式** 主要基于色调、饱和度与亮度 3 种效果来调整颜色，其各数值的取值范围介于 0~255 之间。用户只需在【色调】、【饱和度】与【亮度】微调框中设置数值即可。

3．设置图片

选择占位符，执行【绘图工具】|【格式】|【形状样式】|【形状填充】|【图片】命令，在弹出的【插入图片】对话框中，选择【来自文件】选项。

然后，在弹出的【插入图片】对话框中，选择需要插入的图片文件，单击【插入】按钮即可。

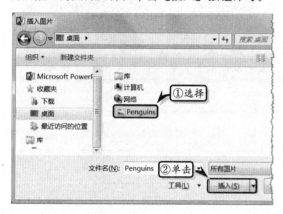

4．设置纹理和渐变填充

选择占位符，执行【绘图工具】|【形状样式】|【形状填充】|【纹理】命令，在级联菜单中选择一种样式即可。

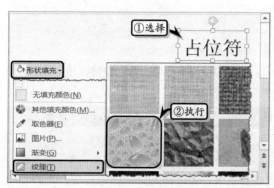

选择占位符，执行【绘图工具】|【形状样

式】|【形状填充】|【渐变】命令，在级联菜单中选择一种样式即可。

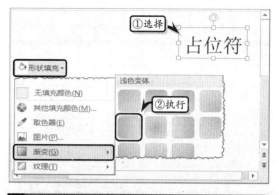

技巧

为占位符设置填充效果之后，可通过执行【形状样式】|【形状填充】|【无填充颜色】命令，取消填充效果。

5．设置轮廓样式

选择占位符，执行【绘图工具】|【形状样式】|【形状轮廓】命令，在其级联菜单中选择一种色块，即可设置占位符的轮廓颜色。

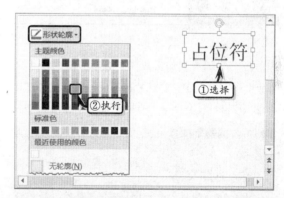

技巧

设置轮廓颜色之后，可通过执行【形状轮廓】|【无轮廓】命令，取消已设置的轮廓颜色或样式。

另外，执行【形状样式】|【形状轮廓】|【粗细】或【虚线】命令，在其级联菜单中选择相应的选项，即可设置占位符边框的粗细和虚线样式。

技巧

用户还可以执行【形状轮廓】|【粗细】或【虚线】|【其他线条】命令，在弹出的【设置形状格式】窗格中，自定义轮廓样式。

提供了 9 种预设效果供用户选择。

选择占位符，执行【绘图工具】|【形状样式】|【形状效果】|【阴影】命令，在其级联菜单中选择一种阴影样式。

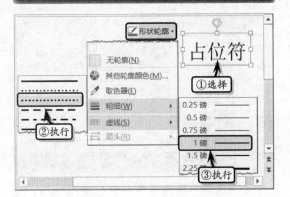

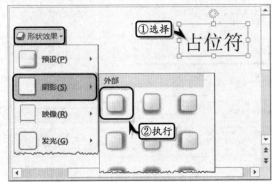

6．设置形状效果

形状效果的作用是为占位符或其他各种绘制图形设置一些特殊的效果。在 PowerPoint 2013 中，允许用户为占位符设置【阴影】、【映像】、【发光】、【棱台】、【三维旋转】和【转换】等多种特效，并

技巧

用户可以执行【形状样式】|【形状效果】|【阴影】|【阴影选项】命令，在展开的【设置形状格式】窗格中，自定义阴影参数。

3.4 输入文本

在一个优秀的幻灯片中，必不可缺的便是文本。由于文本内容是幻灯片的基础，所以在幻灯片中输入文本、编辑文本、设置文本格式等操作是制作幻灯片的基础操作，也是增加幻灯片美观度的方法之一。

1．输入标题文本

在创建的各种幻灯片中，绝大多数幻灯片都会有一个名为"标题"的占位符。例如，在"标题幻灯片"版式的幻灯片中，选择"单击此处添加标题"占位符，直接在占位符中输入标题文本即可。

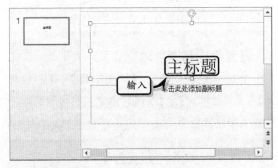

2．输入备注文本

在普通视图中，单击备注窗格区域，输入幻灯片备注信息即可。

技巧

在占位符中输入文本时，用户也可以直接单击占位符中间位置，将光标置于占位符中，即可直接输入文本。

注意

在幻灯片中，除了在占位符中输入文本之外，还可以执行【插入】|【文本】|【文本框】命令，通过插入文本框的方法，来输入文本。

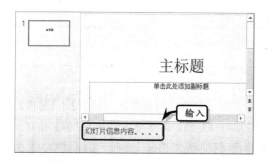

PowerPoint

3.5 编辑文本

为幻灯片输入文本之后，为了增加幻灯片的整齐性和美观性，还需要编辑幻灯片文本。

1. 选择文本

在占位符或【备注窗格】中，用户可将鼠标光标置于文本的起始位置或结束位置，然后按照文本流动的方向拖动鼠标，将这些文本选中，以备进行各种进阶的编辑操作。

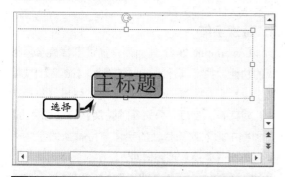

技巧

双击可选择一个词语；在文本的某个段落处连续单击 3 次可选择该段落；也可以使用快捷键 Ctrl+A 选择所选对象的整个文本。

2. 修改文本

输入文本之后，用户还需要根据幻灯片内容修改文本内容。首先单击需要修改文本的开始位置，拖动鼠标至文本结尾处即可选择文本。然后在选择的文本上直接输入新文本或按 Delete 键再输入文本即可。另外，用户还可以将光标放置于需要修改文本后，按 Backspace 键删除原有文本，输入新文

本即可。

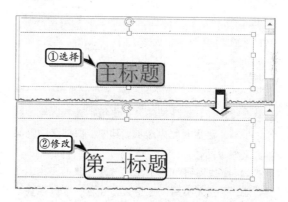

注意

用户也可以直接在占位符或文本框中，将光标放置在需要添加文本的文字后，然后输入文本。

3. 复制、移动或删除文本

在占位符或文本框中，用户还可以对文本进行复制、剪切、移动和删除等操作，具体方法如下。

操作	方　法
复制	选中文本后，执行【开始】|【剪贴板】|【粘贴】命令或按 Ctrl+C
剪切	执行【开始】|【剪贴板】|【剪切】命令或按 Ctrl+X
移动	将剪切的文本，在选定的区域执行【开始】|【剪贴板】|【粘贴】命令即可
删除	选中文本后，按 Backspace 键或 Delete 键

3.6 查找和替换文本

通过 PowerPoint 2013 提供的查找和替换功能，可以快速查找文稿中的特定词语或短句的具体位置，并快速替换查找内容。

1. 查找文本

查找文本是运用查找功能，查找指定的文本。用户只需执行【开始】|【编辑】|【查找】命令或按 Ctrl+F 快捷键，在弹出的【查找】对话框中输入所需查找的内容，单击【查找下一个】按钮即可。

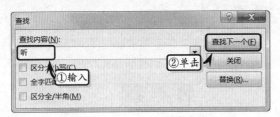

在【查找】对话框中，主要包括查找内容、区分大小写、全字匹配等选项。其中，每种选项的具体含义如下所述：

- □ **查找内容** 用于输入所需查找的文本。
- □ **区分大小写** 选中该复选框，可以在查找文本时区分大小写。
- □ **全字匹配** 选中该复选框，表示在查找英文时，只查找完全复合条件的英文单词。
- □ **区分全/半角** 选中该复选框，表示在查找英文字符时，区分全角和半角字符。
- □ **查找下一个** 单击该按钮，可以查找下一个指定的内容。
- □ **替换** 单击该按钮，可以转换到【替换】对话框中。

2. 替换文本

查找完需要的文本之后，便可以根据已查找的文本，使用指定的文本对其进行替换。

执行【开始】|【编辑】|【替换】|【替换】命令，或在【查找】对话框中单击【替换】按钮，即可弹出【替换】对话框。此时，在【替换为】文本框中输入替换文字，单击【替换】按钮或【全部替换】按钮。

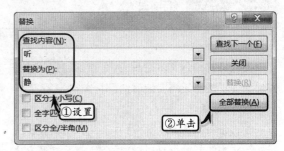

其中，单击【替换】按钮，可对文本进行依次替换；而单击【全部替换】按钮，则对符合条件的文本一次性全部替换。

3. 替换字体

PowerPoint 2013 还为用户提供了替换字体格式的功能，执行【开始】|【编辑】|【替换】|【替换字体】命令或按 Ctrl+H 组合键，弹出【替换字体】对话框。然后，分别在【替换】与【替换为】文本框中输入需要替换的字体与待替换的字体类型，单击【替换】按钮即可。

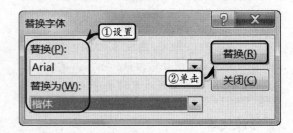

3.7 数学之美之一

美是人类创造性实践活动的产物，是人类本质力量的感性显现。

通常我们所说的美以自然美、社会美以及在此基础上的艺术美、科学美的形式存在。数学美是自然美的客观反映，是科学美的核心，它没有鲜艳的色彩，没有美妙的声音，没有动感的画面，它却是一种独特的数理美。在本练习中，将运用 PowerPoint 中的基础功能，介绍数学之美的第一部分内容。

操作步骤 >>>>

STEP|01 新建空白文档。启动 PowerPoint 组件，在展开的列表中选择【空白演示文稿】选项，创建空白文档。然后，执行【设计】|【自定义】|【幻灯片大小】|【标准】命令，设置演示文稿的大小样式。

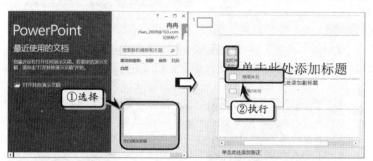

STEP|02 设置主题样式。执行【设计】|【主题】|【主题】|【石板】命令，设置演示文稿的主题样式。同时，执行【设计】|【变体】|【其他】|【背景样式】|【样式 4】命令，设置背景样式。

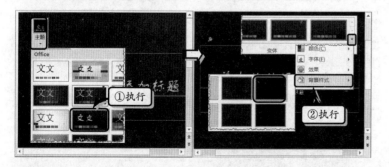

STEP|03 设置标题文本。在"单击此处添加标题"占位符中输入标题文本，并在【开始】选项卡【字体】选项组中，设置文本的字体样式、字体大小和字体颜色。使用同样的方法，添加其他文本。

练习要点

- 设置主题样式
- 设置背景样式
- 输入文本
- 设置文本格式
- 插入图片
- 添加动画效果

提示

在设置幻灯片的大小样式时，可通过执行【幻灯片大小】|【自定义幻灯片大小】命令，在弹出的【幻灯片大小】对话框中，自定义幻灯片的大小。

提示

为演示文稿应用主题样式之后，可通过执行【设计】|【主题】|【变体】|【其他】|【颜色】命令，在级联菜单中选择一种颜色样式，即可设置主题样式的颜色。

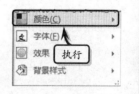

技巧

在设置文本颜色时，还可以选择文本，在弹出的【浮动工具栏】中，单击【字体颜色】下拉按钮，选择一种色块即可。

技巧

在设置字体颜色时，还可以执行【开始】|【字体】|【字体颜色】|【其他颜色】命令，在弹出的【颜色】对话框中的【自定义】选项卡中，自定义颜色。

技巧

在复制幻灯片时，可以选择第 2 张幻灯片，按下 Enter 键，快速复制相同版式的幻灯片。

提示

新建幻灯片之后，可以右击幻灯片，执行【版式】命令，在其级联菜单中选择一种版式即可更改当前幻灯片的版式。

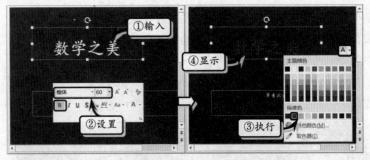

STEP|04 插入图片。执行【插入】|【图像】|【图片】命令，在弹出的【插入图片】对话框中，选择需要插入的图片文件，单击【插入】按钮。然后拖动图片，调整图片的位置和大小。

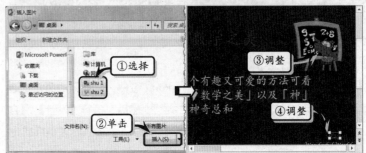

STEP|05 插入新幻灯片。执行【开始】|【幻灯片】|【新建幻灯片】|【标题和内容】命令，插入一个标题和内容版式的幻灯片。删除幻灯片中的标题占位符，选择第 2 张幻灯片，右击执行【复制幻灯片】命令，复制多张幻灯片。

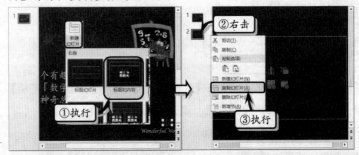

STEP|06 制作第 2 张幻灯片。选择第 2 张幻灯片，在占位符中输入文本内容，并设置文本的字体格式。然后，执行【插入】|【图像】|【图片】命令，选择图片文件，单击【插入】按钮，插入图片并调整图片的位置。

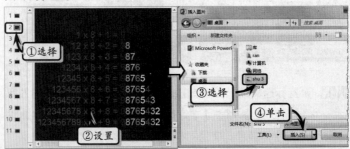

STEP|07 制作第 3 张幻灯片。选择第 3 张幻灯片，在占位符中输入文本内容，并设置文本的字体格式。然后，执行【插入】|【图像】|【图片】命令，选择图片文件，单击【插入】按钮，插入图片并调整图片的位置。

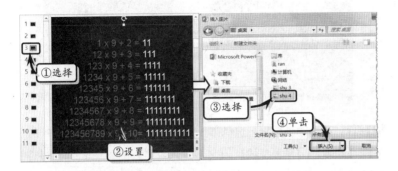

提示

为幻灯片插入图片之后，会发现图片位于文本占位符的上方，遮盖住了部分文本。此时，选择图片，右击执行【置于底层】|【置于底层】命令，将图片放置于占位符的下方。

STEP|08 制作第 4 张幻灯片。选择第 4 张幻灯片，在占位符中输入文本内容，并设置文本的字体格式。然后，复制占位符，更改占位符中的文本，并设置文本的字体格式。

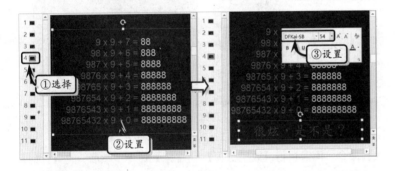

技巧

为文本设置格式之后，当用户不满足于当前的文本格式时，可执行【开始】|【字体】|【清除所有格式】命令，清除已设置的文本格式。

STEP|09 执行【插入】|【图像】|【图片】命令，选择图片文件，单击【插入】按钮，插入图片并调整图片的位置。复制插入的图片，选择复制图片，执行【图片工具】|【排列】|【旋转】|【其他旋转选项】命令，自定义旋转角度。

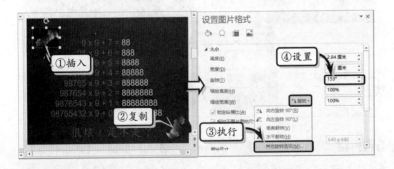

技巧

右击图片，执行【大小和位置】命令，也可打开【设置图片格式】任务窗格。

STEP|10 制作第 5 张幻灯片。复制第 4 张幻灯片中的所有内容，删

提示

在调整图片大小时，选择图片，在【格式】选项卡【大小】选项组中，输入图片的【高度】和【宽度】值即可。

除图片，更改占位符中的文本并设置文本的字体格式。然后，复制第2张幻灯片中的图片，并调整图片的位置和大小。

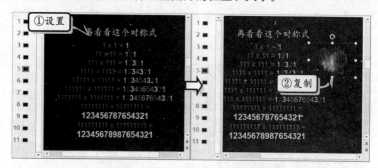

STEP|11 添加动画效果。选择第 1 张幻灯片中的大图片，执行【动画】|【动画】|【动画样式】|【更多进入效果】命令，选择【展开】选项。然后，在【计时】选项组中，将【开始】设置为"与上一动画同时"，并将【持续时间】设置为"02.00"。

提示

在设置动画效果时，可执行【动画】|【预览】|【预览】|【自动预览】命令，设置动画效果的自动预览功能。

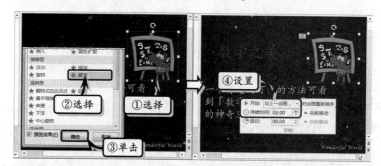

STEP|12 选择标题文本，执行【动画】|【动画】|【动画样式】|【浮入】命令，同时执行【效果选项】|【下浮】命令。然后，在【计时】选项组中，将【开始】设置为"上一动画之后"，并将【持续时间】设置为"02.00"。

提示

对于需要设置相同动画效果的多个对象来讲，首先设置一个对象的动画效果。然后，选择设置动画效果的对象，执行【动画】|【高级动画】|【动画刷】命令，拖动鼠标单击其他对象即可复制动画效果。

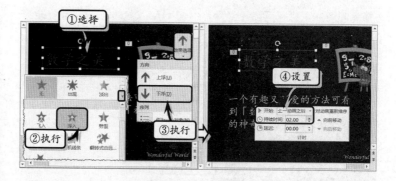

STEP|13 选择正文占位符，执行【动画】|【动画】|【动画样式】|【飞入】命令，为占位符添加动画效果。然后，在【计时】选项组中，将【开始】设置为"上一动画之后"，并将【持续时间】设置为"02.00"。

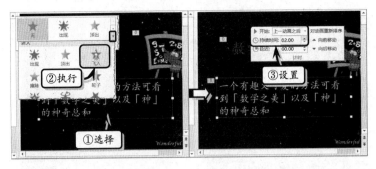

为对象添加动画效果之后，执行【动画】|【动画】|【其他】|【无】命令，即可取消动画效果。

STEP|14 选择右下角的文本占位符，执行【动画】|【动画】|【动画样式】|【飞入】命令，同时执行【效果选项】|【自右侧】命令。然后，在【计时】选项组中，将【开始】设置为"与上一动画同时"，并将【持续时间】设置为"02.00"。

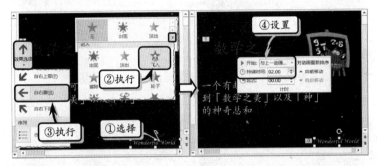

对于包含多个动画效果的幻灯片来讲，可以选择对象左上角的动画序号，在【计时】选项组中，单击【向前移动】或【向后移动】按钮，来调整动画的播放顺序。

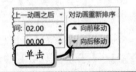

STEP|15 选择第 2 张幻灯片中的所有对象，执行【动画】|【动画】|【动画样式】|【更多进入效果】命令，选择【展开】选项。然后，在【计时】选项组中，将【开始】设置为"与上一动画同时"，并将【持续时间】设置为"02.00"。使用同样的方法，设置其他幻灯片中的动画效果。

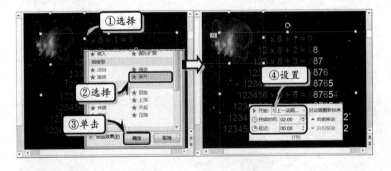

执行【动画】|【高级动画】|【动画窗格】命令，可在弹出的【动画】任务窗格中，设置动画效果的属性。

PowerPoint

3.8　大学生心理健康讲座之二

　　心理健康是人类健康不可分割的重要部分，它是指一个人的生理、心理与社会处于相互协调的和谐状态。下面我们来制作"大学生心理健康讲座"演示文稿中的"大学生常见心理问题——恐惧症状"

幻灯片。

练习要点

- 插入幻灯片
- 插入图片
- 插入 SmartArt 图形
- 插入形状
- 插入背景图片

技巧

选择第 12 张幻灯片，按下 Enter 键，也可新建一张幻灯片。

提示

选择标题文字，执行【开始】|【字体】|【字体】|【华文隶书】命令，同时执行【开始】|【字体】|【字号】|【48】命令，设置字体格式。

提示

选择图片，当光标变成"双向箭头" ↗ 时拖动，调整图片大小。

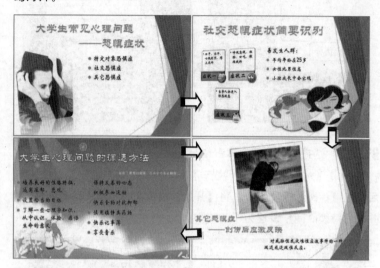

操作步骤 ▶▶▶▶

STEP|01 新建幻灯片。执行【开始】|【幻灯片】|【新建幻灯片】|【两栏内容】命令，新建一张幻灯片。然后，在"单击此处添加标题"占位符中输入相关的文字。

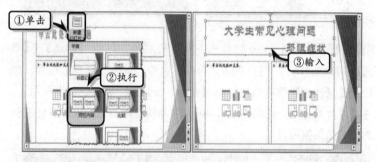

STEP|02 插入图片。单击左边占位符中的【图片】按钮，弹出【插入图片】对话框。在该对话框中，选择一张图片，然后调整图片的大小和位置。

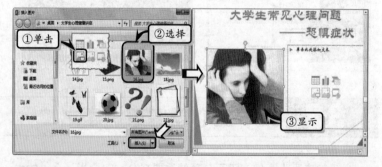

STEP|03 设置图片效果。选择图片，执行【格式】|【图片样式】|【其他】|【映像圆角矩形】命令。然后，执行【格式】|【图片样式】

|【图片效果】|【三维旋转】|【极右极大透视】命令。

STEP|04 设置字体格式。将光标置于右边的占位符中，输入文字，执行【开始】|【字体】|【字体】|【华文新魏】命令，同时执行【开始】|【字体】|【字号】|【28】命令。然后，选择右边占位符，当光标变成四向箭头时，向下拖动。

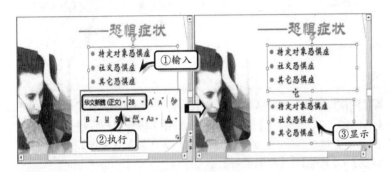

STEP|05 新建一个【两栏标题】的幻灯片。在标题占位符中，输入标题文字，执行【开始】|【字体】|【字体】|【华文新魏】，同时执行【开始】|【字体】|【字号】|【60】命令。然后执行【开始】|【段落】|【居中对齐】命令，设置文本居中对齐。

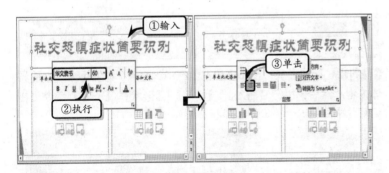

STEP|06 插入 SmartArt 图形。单击左侧占位符中【插入 SmartArt 图形】按钮，弹出【选择 SmartArt 图形】对话框。在该对话框中的【列表】栏中，选择【蛇形图片重点列表】选项，即可插入一个 SmartArt 图形。

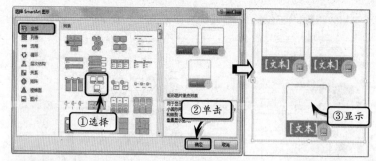

STEP|07 插入图片。在 SmartArt 图形中，输入相关文字，并设置"症状"文本内容的字体格式。然后，单击【图片】按钮，弹出【插入图片】对话框，选择相应的图片进行插入。运用相同的方法，插入其他两幅图片。

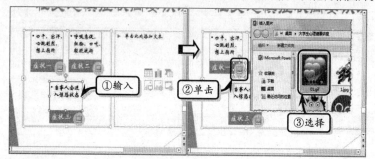

STEP|08 设置 SmartArt 图形样式。选择"SmartArt 图形"，执行【SMARTART 工具】|【设计】|【SmartArt 样式】|【更改颜色】|【彩色-着色】命令。然后，执行【SMARTATR 工具】|【设计】|【SmartArt 样式】|【其他】|【金属场景】命令。

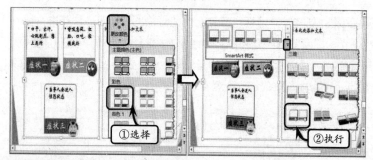

STEP|09 绘制形状。在右侧的占位符中，输入"易发生人群"的具体内容。然后，执行【插入】|【插图】|【形状】|【云形】命令，在幻灯片中绘制一个"云形"形状。

STEP|10 在形状中插入图片。选择"云形"形状，并旋转该形状。然后右击形状，执行【填充】|【图片】命令，弹出【插入图片】对话框，选择相应的图片插入即可。

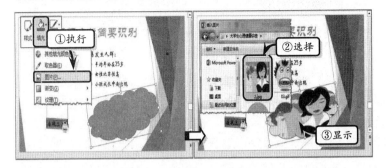

STEP|11 设置图片效果。选择图片，执行【图片工具】|【格式】|【图片样式】|【图片效果】|【发光】|【绿色，5pt 发光，着色 1】命令。然后，执行【图片工具】|【格式】|【图片样式】|【图片效果】|【棱台】|【棱纹】命令。

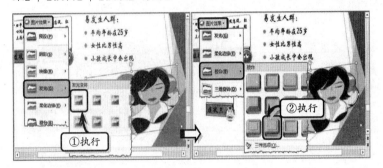

STEP|12 新建幻灯片。执行【开始】|【幻灯片】|【新建幻灯片】|【图片与标题】命令，新建一张幻灯片。然后，单击图片占位符中的【图片】按钮，插入一张图片后，执行【格式】|【图片样式】|【其他】|【旋转，白色】命令，并设置图片位置和大小。

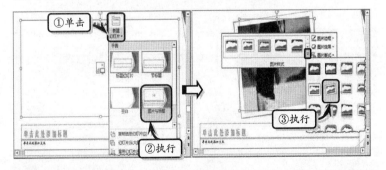

STEP|13 设置字体格式。在图片下方的占位符中，输入"其他恐惧症"和"创伤后应激反映"文字，并选择两行文字，设置字体格式。然后在最下方的占位符中，输入文字，并设置其字体格式。

提示

选择图片，将鼠标置于调整柄上，当光标变成"旋转箭头"时，旋转形状。

技巧

如果对绘制的形状不满意，可通过执行【绘图工具】|【编辑形状】|【更改形状】命令，在打开的列表菜单中，选择需要改变的形状即可。

技巧

选择图片占位符，执行【插入】|【图像】|【图片】命令，在打开对话框中选择要插入的图片即可。

提示

图片插入到图片占位符中时，会占满整个占位符，这时需要用鼠标变成双向箭头时，调整其大小。

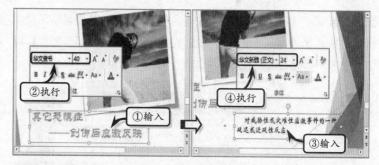

STEP|14 新建一张【两栏内容】的幻灯片。在标题占位符中，输入"大学生心理困扰的来源"文字，设置文本格式。然后在左侧的占位符中，输入相关的心理困扰来源的具体内容。

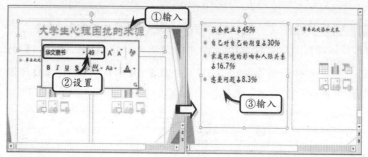

STEP|15 插入 SmartArt 图形。单击右侧占位符中的【插入 SmartArt 图形】按钮，弹出【选择 SmartArt 图形】对话框，在【棱椎图】栏中，选择【倒棱椎图】选项，单击【确定】按钮。

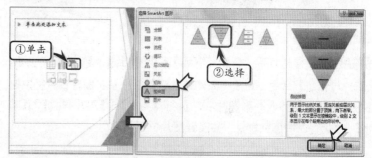

STEP|16 添加形状。在插入的"SmartArt 图形"中输入文字，选择该形状中的最后一个形状。执行【SMARTART 工具】|【创建图形】|【添加形状】|【在后面添加形状】命令，在添加的形状中输入文字。

STEP|17 设置 SmartArt 样式。选择"SmartArt 图形"形状，执行【SMARTART 工具】|【设计】|【SmartArt 样式】|【更改颜色】|【彩色范围-着色 2 至 3】命令。然后，执行【SMARTART 工具】|【设计】|【SmartArt 样式】|【其他】|【金属场景】命令。

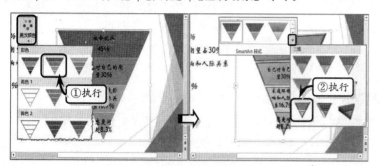

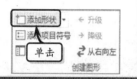
技巧

输入完第三个内容后，也可直接执行【SMAR-TART 工具】|【创建图形】|【添加形状】命令，可以在图形下方添加一个形状。

STEP|18 设置幻灯片背景。执行【开始】|【幻灯片】|【新建幻灯片】|【两栏内容】命令，新建一张幻灯片。执行【设计】|【自定义】|【设置背景格式】命令。打开【设置背景格式】任务窗格。

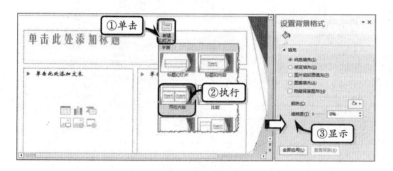

技巧

右击幻灯片空白处，执行【设置背景格式】命令。弹出【设置背景格式】对话框，也可为幻灯片添加背景。

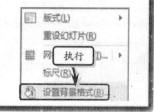

STEP|19 添加背景图片。选择【填充】选项卡，再选择【图片或纹理填充】选项，单击【文件】按钮。在弹出的【插入图片】对话框中，选择一张背景图片，进行插入。

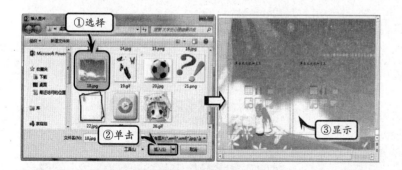

注意

插入背景图片之后，主题还应用在幻灯片中，取消幻灯片主题的话，需要在【填充】选项卡中，启用【隐藏背景图形】复选框。

STEP|20 设置文字格式。在标题占位符中输入"大学生心理问题的调试方法"文字，设置字体格式。执行【格式】|【艺术字样式】|【其他】|【填充-白色，轮廓-着色 1，阴影】命令。

提示

选择标题占位符中的文字，在弹出的【浮动工具栏】中单击【居中对齐】按钮，设置文本居中对齐。

提示

选择右侧位符中的文字，执行【开始】|【字体】|【字体】|【华文新魏】，同时执行【开始】|【字体】|【字号】|【28】命令，设置文本格式。

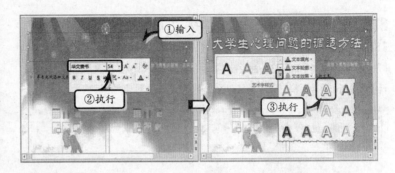

STEP|21 输入文本内容。在左两侧的占位符中输入内容文字，选中文本，执行【开始】|【字体】|【字体】|【华文新魏】，同时执行【开始】|【字体】|【字号】|【28】命令，设置其字体格式。

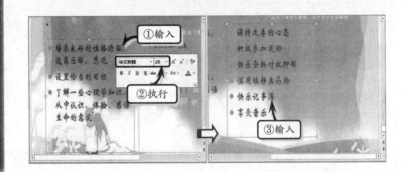

3.9 高手答疑

问题 1：如何精确旋转占位符？

解答 1：选择占位符，执行【绘图工具】|【排列】|【旋转】|【其他旋转选项】命令，展开【设置形状格式】窗格。激活【大小和属性】选项卡，在【旋转】微调框中输入角度值即可。

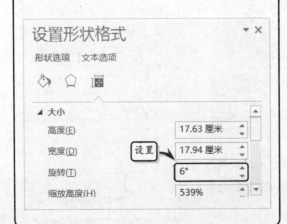

问题 2：如何设置占位符的显示层次？

解答 2：选择占位符，执行【绘图工具】|【排列】|【下移一层】|【置于底层】命令，即可将所选占位符放于所有对象的底层。

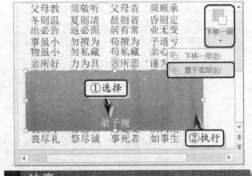

注意

选择占位符，右击执行【置于顶层】或【置于底层】命令，在级联菜单中选择一种选项，即可调整占位符的显示层次。

问题 3：如何使用【取色器】功能设置占位符的填充颜色？

解答 3：选择需要设置填充颜色的占位符，执行【绘图工具】|【形状样式】|【形状填充】|【取色器】命令。此时，鼠标将自动变成拾取器形状，单击包含颜色的形状即可。

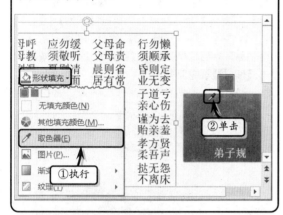

卡，并单击【自动更正选项】按钮。

在弹出的对话框中激活【键入时自动套用格式】选项卡，在"键入时应用"栏中，设置文本的自动调整功能。

问题 4：在占位符中，如何打开或关闭文本的自动调整功能？

解答 4：执行【文件】|【选项】命令，在弹出的【PowerPoint 选项】对话框中，激活【校对】选项

3.10 新手训练营

练习 1：设置占位符的渐变填充效果

🔵 downloads\第 3 章\新手训练营\渐变填充

　　提示：本练习中，首先选择占位符，右击占位符执行【设置形状格式】命令。选中【渐变填充】选项，将【角度】设置为"0°"，将【类型】设置为"路径"。然后，选择左侧的渐变光圈，单击【颜色】下拉按钮，选择【黄色】选项。选择中间的渐变光圈，将【颜色】设置为"橙色"。选择右侧的渐变光圈，将【颜色】设置为"黄色"。最后，关闭【设置形状格式】任务窗格即可。

练习 2：设置占位符的特殊效果

🔵 downloads\第 3 章\新手训练营\特殊效果

　　提示：本练习中，首先选择占位符，执行【绘图工具】|【格式】|【形状样式】|【其他】|【细微效果-橄榄色，强调颜色 2】命令，设置占位符的样式。然后，执行【形状样式】|【形状效果】|【映像】|【半映像,4pt 偏移量】命令。同时，执行【形状效果】|【棱台】|【艺术装饰】命令。最后，执行【形状样式】|【形状效果】|【三维转换】|【离轴 1 右】命令，设置三维转换效果。

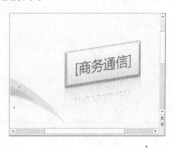

练习 3：美化占位符的边框

downloads\第 3 章\新手训练营\美化边框

提示：本练习中，首先右击占位符，执行【设置形状格式】命令。展开【线条】选项组，选中【渐变线】选项，将【角度】设置为 "0°"，将【类型】设置为 "射线"。将左侧和右侧渐变光圈的【颜色】设置为 "红色"，将中间渐变光圈的【颜色】设置为 "橙色"。然后，将【宽度】设置为 "11 磅"，并将【复合类型】设置为 "三线"。

练习 4：将占位符转为图片

downloads\第 3 章\新手训练营\图片占位符

提示：本练习中，打开 "美化边框" 演示文稿，选择占位符，执行【绘图工具】|【格式】|【形状样式】|【形状填充】|【纹理】|【水滴】命令，设置纹理填充效果。然后，选择占位符，执行【开始】|【剪贴板】|【复制】命令。然后，执行【开始】|【剪贴板】|【粘贴】|【选择性粘贴】命令。在弹出的【选择性粘贴】对话框中，选择【图片（JPEG）】选项，单击【确定】按钮即可。

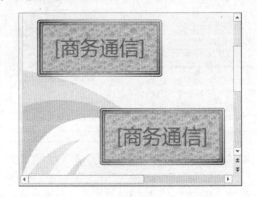

第4章

设置文本格式

　　文本内容是幻灯片的基础，一段简洁而富有感染力的文本是制作优秀演示文档的前提。在 PowerPoint 2013 中，不仅需要通过文本来展示幻灯片的内容，而且还需要通过设置文本与段落的字体格式，以及为文本添加项目符号与编号等操作，来达到丰富幻灯片内容的目的。本章将介绍文本的字体、段落、艺术字等属性的设置，以及定义文本格式的技巧。

4.1 设置字体格式

文本格式是指字体的字形、字体或字号等字体样式，以及上标、下标和删除线等一些特殊的字体特效。

1. 设置字体和字号

字体和字号是字体的基本格式。选择占位符或文本，执行【开始】|【字体】|【字体】命令，在其级联菜单中选择一种字体样式即可。

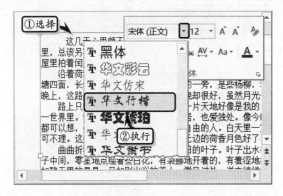

执行【开始】|【字体】|【字号】命令，在其级联菜单中选择一种字号即可。

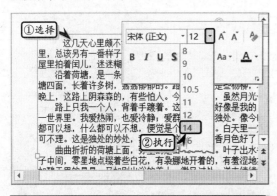

技巧

用户可以通过执行【开始】选项卡【字体】选项组【增大字号】和【减小字号】命令，来调整文本的字体大小。

另外，单击【开始】选项卡【字体】选项组中的【对话框启动器】按钮，可在弹出的【字体】对话框中的【字体】选项卡中，设置西文字体、中文字体和字号。

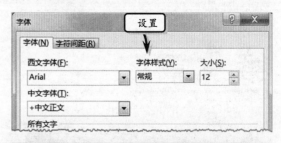

注意

用户也可以选择文本，在自动显示的PowerPoint 快捷工具栏中，设置文本的字体和字号格式。

2. 设置字体样式

在 PowerPoint 中既可以通过选项组中的命令来设置固定的字体样式，又可以通过【字体】对话框来设置更多的字体样式。

❑ 选项组命令法

PowerPoint 允许用户为字体设置 5 种样式，包括粗体、斜体、下划线、阴影以及删除线等。其提供了如下 5 个按钮。

按钮	作　用	按钮	作　用
B	加粗	**S**	文字阴影
I	倾斜	abc	删除线
U	下划线		

选择占位符或文本，执行【开始】|【字体】|【加粗】命令，即可设置字体样式。

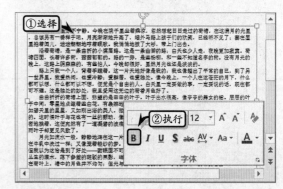

续表

格　式		作　用
效果	小型大写字母	将所有字母转换为大写，并缩小尺寸为原尺寸的25%
	全部大写	将所有字母转换为大写
	等高字符	设置所有字母的高度相同

技巧

用户可以通过按下 Ctrl+B 组合键、Ctrl+I 组合键和 Ctrl+U 组合键，快速设置文本的加粗、倾斜和下划线样式。

❑ 对话框法

单击【字体】选项组中的【对话框启动器】按钮，可在弹出的【字体】对话框中的【字体】选项卡中，设置删除、上标、下标、下划线线性和颜色等文本效果。

在【字体】对话框中的【字体】选项卡中，主要包括下表中的一些选项。

格　式		作　用
西文字体		设置文本内非中文字符的字体
中文字体		设置文本内中文字符的字体
字体样式	常规	默认值，定义字体不发生样式改变
	倾斜	设置字体倾斜
	加粗	设置字体加粗
	加粗倾斜	设置字体同时加粗和倾斜
大小		设置字体的字号
字体颜色		设置字体的前景颜色
下划线类型		单击右侧按钮可选择下划线的类型
下划线颜色		在选择下划线类型后，可在此设置下划线的颜色
效果	删除线	为字体添加删除线
	双删除线	为字体添加两条删除线
	上标	将字体缩小为原尺寸的25%，并设置其在原字体上方
	下标	将字体缩小为原尺寸的25%，并设置其在原字体下方
	偏移量	设置字体上标或下标的位置

3．设置字体颜色

在 PowerPont 中可通过下列 2 种方法，来设置文本的字体颜色。

选择占位符或文本，执行【开始】|【字体】|【字体颜色】命令，在其列表中选择一种色块，即可设置文本的字体颜色。

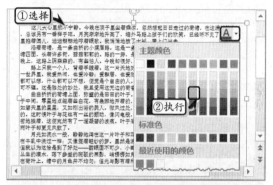

注意

选择文本，执行【开始】|【字体】|【字体颜色】|【其他颜色】命令，可自定义文本的字体颜色。另外，执行【字体】|【字体颜色】|【取色器】命令，则可以获取其他颜色的字体颜色。

4．更改大小写

选择占位符或文本，执行【开始】|【字体】|【更改大小写】命令，在其列表中选择一种选项，即可更改文本的大小写。

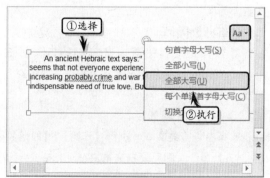

PowerPoint 2013

注意

单击【字体】选项组中的【对话框启动器】按钮，可在弹出的【字体】对话框中，设置文本的【小型大写字母】和【全部大写】文本效果。

在【更改大小写】命令的级联菜单中，主要包括下列 5 种选项。

命 令	作 用
句首字母大写	将每个语句第一个字母转换为大写
全部大写	将所有字母转换为大写
全部小写	将所有字母转换为小写
每个单词首字母大写	将每个单词第一个字母转换为大写
切换大小写	将所有大写字母转换为小写，同时将所有小写字母转换为大写

5．设置字符间距

选择占位符或文本，执行【开始】|【字体】|【字符间距】命令，在级联菜单中选择一种选项即可。

另外，执行【字体】|【字符间距】|【其他间距】命令，在弹出的【字体】对话框中的【字符间距】选项卡中，设置间距参数即可。

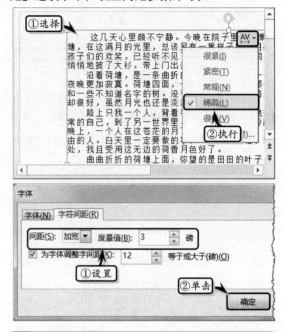

注意

为文本设置字体格式之后，可通过执行【开始】|【字体】|【清除所有格式】命令，清除已设置的字体格式。

4.2 设置段落格式

文本通常由字、词、句和段落组成，段落是文本的一种较大的单位，可以由一个或多个语句构成。在 PowerPoint 中，用户不仅可以设置字体的格式，还可以设置字体的段落格式，从而使文本内容更加美观。

1．设置对齐方式

对齐方式是指段落内容偏移的方向。在 PowerPoint 中，允许用户设置水平和垂直两种对齐方式。

❑ 设置水平对齐

选择占位符或文本，执行【开始】|【段落】|【左对齐】命令，即可设置文本的左对齐格式。

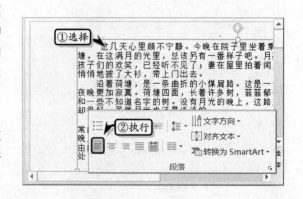

在【段落】选项组中，PowerPoint 为用户提供了下列 5 种对齐方式。

按钮	作　用	按钮	作　用
≡	左对齐	≡	居中对齐
≡	右对齐	≡	两端对齐
≣	分散对齐		

其中，【分散对齐】按钮≣的作用是将当前行的所有字符打散，平均分配到行的长度中。

技巧

选择文本之后，可通过按下 Ctrl+L 组合键、Ctrl+E 组合键、Ctrl+R 组合键设置文本的左对齐、居中对齐和右对齐方式。

另外，单击【段落】选项组中的【对话框启动器】按钮，可在弹出的【段落】对话框中的【缩进和间距】选项卡中，设置文本的对齐方式。

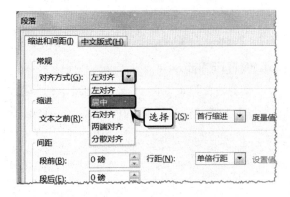

❑ 设置垂直对齐

选择占位符或文本，执行【开始】|【段落】|【对齐文本】|【中部对齐】命令，设置文本以占位符或文本框为基础的垂直中部对齐方式。

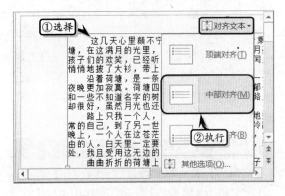

另外，执行【对齐文本】|【其他选项】命令，在展开的【设置形状格式】窗格中的【文本选项】

选项卡中，也可设置文本的垂直对齐方式。

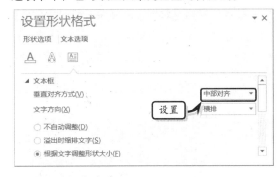

2. 设置文字方向

选择占位符或文本，执行【开始】|【段落】|【文字方向】命令，在级联菜单中选择一种选项即可。

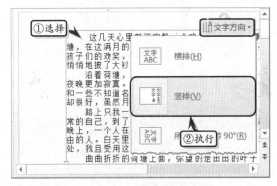

在【文字方向】命令的级联菜单中，主要包括下列 5 种选项。

命　令	作　用
横排	该命令为默认值，定义文本内容以默认的流动方向显示
竖排	定义文本以从上到下的方向流动，且字体按照原角度显示
所有文字旋转 90°	定义文本以从上到下的方向流动，同时所有字符旋转 90°
所有文字旋转 270°	定义文本以从下到上的方向流动，同时所有字符旋转 270°
堆积	定义文本以从上到下和自右至左的方向流动，且字体按照原角度显示（仿中国古代的汉字书写方式）

注意

执行【文字方向】|【其他选项】命令，也可在弹出的【设置形状格式】窗格中的【文本选项】选项卡中，设置文本的显示方向。

3．设置分栏

分栏的作用是将文本段落按照两列或更多列的方式排列。选择占位符或文本，执行【开始】|【段落】|【分栏】命令，在级联菜单中选择一种选项即可。

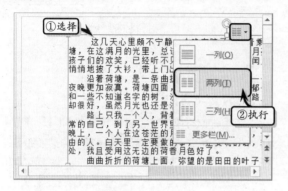

另外，执行【段落】|【分栏】|【更多栏】命令，在弹出的【分栏】对话框中，设置分栏数量和间距值。

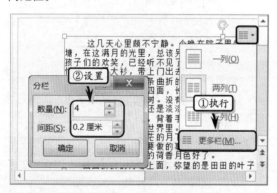

4．设置缩进

将光标定位在文本中，执行【开始】|【段落】|【提高列表级别】命令，设置文本之前的缩进距离，也就是左侧文本的缩进距离。

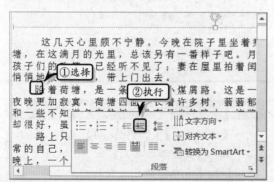

同样方法，用户也可以通过执行【段落】|【降低列表级别】命令，来减小文本之前的缩进距离。

另外，单击【段落】选项组中的【对话框启动器】按钮，可在弹出的【段落】对话框中的【缩进和间距】选项卡中，设置文本的缩进距离。

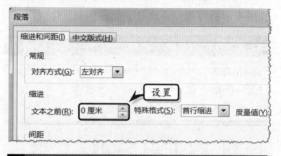

注意

在【缩进和间距】选项卡中，还可以设置文本的特殊格式，例如首行缩进、悬挂缩进等格式。

5．设置行间距

选择占位符或文本，执行【开始】|【段落】|【行距】命令，在级联菜单中选择一种行距选项即可。

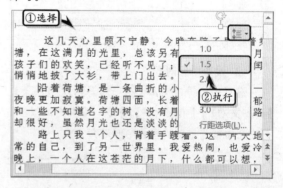

另外，执行【开始】|【段落】|【行距】|【行距选项】命令，在弹出的【段落】对话框中的【缩进和间距】选项卡中，设置行距和段前、段后间距值即可。

技巧

在【段落】对话框中的【缩进和间距】选项卡中，单击【制表位】按钮，可在弹出的【制表位】对话框中，设置幻灯片的制表位。

在【缩进和间距】选项卡中，主要包括下列各种选项。

属 性		作 用
对齐方式		设置段落文本的水平对齐方式
文本之前		设置段落文本与左侧边框的距离
特殊格式	首行缩进	设置段落第一行的缩进距离
	悬挂缩进	设置项目列表的缩进距离
度量值		在设置特殊格式后，即可设置其缩进的距离值
段前		设置段落与上一段落之间的距离
段后		设置段落与下一段落之间的距离
行距		设置段落中行间的距离倍数
设置值		设置段落行间的距离数值

6. 设置中文版式

在【开始】选项卡【段落】选项组中，单击【对话框启动器】按钮，在弹出的【段落】对话框中，激活【中文版式】选项卡，设置常规和首尾字符样式。

在【中文版式】选项卡中，包括下表中的选项。

属 性		作 用
按中文习惯控制首尾字符		禁止在行首出现标点字符，将这些标点字符移到上一行行末
允许西文在单词中间换行		将行内无法显示完全的英文单词拆开为两行显示
允许标点溢出边界		将行末无法显示的标点显示在行边界外
文本对齐方式	自动	默认值，定义段落以普通方式垂直对齐
	顶部	定义段落向边框顶部对齐
	居中	定义段落在容器中部对齐
	基线对齐	定义段落以容器的基线为准对齐
	底部	定义段落在容器的底部对齐
首尾字符		单击【选项】按钮，定义首尾可显示的字符类型

注意

根据汉语语法的习惯，只有引号""、书名号《》、各种小括号（）、中括号［］和大括号｛｝等符号的前半部分可以在行首和段首显示，而其他的各种标点符号必须书写到上一行的末尾。

PowerPoint 4.3 设置项目符号和编号

项目符号和编号又称为列表，是一种特殊格式的文本，其可以将多条并列的内容以竖排的形式展示。PowerPoint 为用户提供了默认的项目符号和编号，除此之外用户还可以自定义项目符号和编号。

1. 设置项目符号

选择文本或占位符或文本，执行【开始】|【段落】|【项目符号】命令，在其级联菜单中选择一种符号样式。

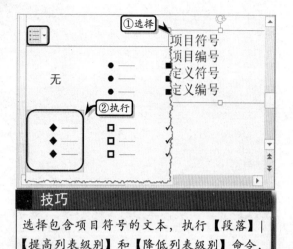

技巧

选择包含项目符号的文本，执行【段落】|【提高列表级别】和【降低列表级别】命令，可调整列表的级别。

2. 自定义项目符号

执行【开始】|【段落】|【项目符号】|【项目符号和编号】命令，弹出【项目符号和编号】对话框，激活【项目符号】选项卡，即可自定义项目符号。

❑ 设置大小和颜色

在【项目符号】选项卡中，选择列表中的一种样式，单击【大小】微调按钮，即可设置符号的大小。同样，单击【颜色】下拉按钮，在其列表中选择一种色块，即可设置符号颜色。

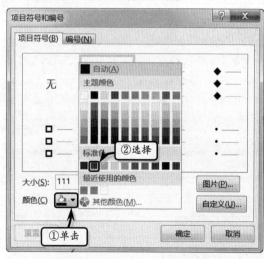

❑ 自定义图片符号

在【项目符号】选项卡中，单击【图片】按钮，在弹出的【插入图片】对话框中，选择【来自文件】选项。

然后，在弹出的【插入文件】对话框中，选择需要插入的图片文件，单击【插入】按钮。

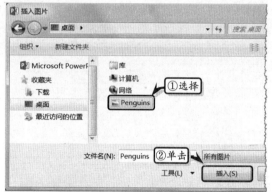

❑ 自定义特殊符号

在【项目符号】选项卡中，单击【自定义】按钮，在弹出的【符号】对话框中，选择一种符号，并单击【确定】按钮。

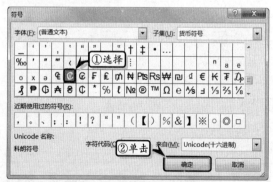

注意

自定义项目符号之后，自定义的项目符号将会显示在【项目符号】列表中，便于再次使用。但是，当用户重新启动 PowerPoint 后，所定义的项目符号将自动消失。

3．设置项目编号

选择文本或占位符或文本，执行【开始】|【段落】|【项目编号】命令，在其级联菜单中选择一种符号样式。

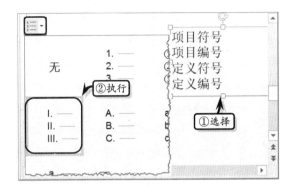

4．自定义项目编号

执行【开始】|【段落】|【项目编号】|【项目符号和编号】命令，弹出【项目符号和编号】对话框，激活【编号】选项卡。在其列表中选择一种编号样式，自定义该编号的大小、颜色和起始编号即可。

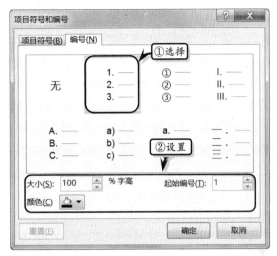

PowerPoint 4.4 设置艺术字样式

艺术字样式是 PowerPoint 为用户提供了一种具有艺术字效果的文本样式，应用该样式可以快速设置文本的阴影、发光、棱台等效果。除此之外，用户还可以自定义文本的填充、轮廓和效果。

注意

在【艺术字样式】选项组中，单击【下移】按钮或【其他】按钮，可选择其他艺术字样式。

1．应用艺术字样式

选择占位符或文本，执行【绘图工具】|【格式】|【艺术字样式】|【填充-橙色，着色 2，轮廓-着色 2】命令，应用艺术字样式。

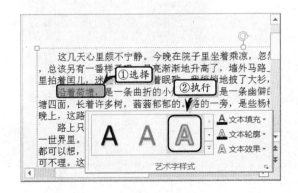

2．设置文本填充效果

选择文本或选择应用艺术字样式的文本，执行【绘图工具】|【格式】|【艺术字样式】|【文本填充】命令，在级联菜单中选择一种填充颜色即可。

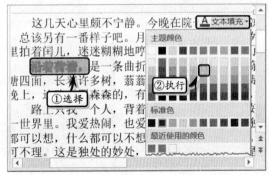

注意

用户还可以执行【绘图工具】|【格式】|【艺术字样式】|【文本填充】|【图片】、【渐变】和【纹理】命令，设置文本填充的图片效果、渐变和纹理效果。

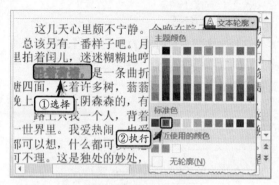

3. 设置文本轮廓效果

选择文本或选择应用艺术字样式的文本，执行【绘图工具】|【格式】|【艺术字样式】|【文本轮廓】命令，在级联菜单中选择一种填充颜色即可。

注意

用户还可以执行【绘图工具】|【格式】|【艺术字样式】|【文本轮廓】|【粗细】和【虚线】命令，设置轮廓颜色的宽度和线条样式。

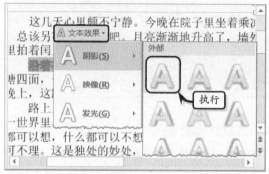

4. 设置文本效果

选择占位符或文本，执行【绘图工具】|【格式】|【艺术字样式】|【文本效果】|【阴影】|【右下斜偏移】命令，设置文本的阴影效果。

注意

在【文本效果】级联菜单中，还包映像、发光、棱台、三维旋转和转换等6种文字效果。

4.5 职业生涯与自我管理之一

练习要点

- 自定义幻灯片大小
- 插入图片
- 使用形状
- 设置形状格式
- 设置图片样式

提示

在【幻灯片大小】对话框中，单击【确定】按钮之后，系统将自动弹出提示对话框，让用户选择更改模式，选择【确保合适】模式即可。

如何认识自我并做好职业生涯规划，如何在特定的企业背景下进行自我管理，无论对职业人士，还是企业都具有同等重要的意义。而对于人力资源部职员而讲，其职业生涯与自我管理课程的培训，是所有培训课程中最重要的课程。在本练习中，将详细介绍使用PowerPoint制作职业生涯与自我管理课件的操作方法和步骤。

操作步骤 》》》》

STEP|01 自定义幻灯片大小。新建空白演示文稿，执行【设计】|【自定义】|【幻灯片大小】|【自定义幻灯片大小】命令，设置幻灯片的高度和宽度。

STEP|02 制作矩形形状。执行【插入】|【插图】|【形状】|【矩形】命令，绘制一个矩形形状，并调整形状的大小。右击形状执行【设置形状格式】命令，选中【渐变填充】选项，并将【角度】设置为"180°"。

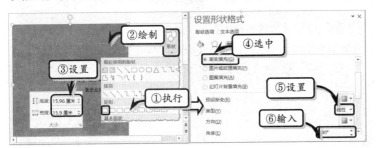

STEP|03 删除多余的渐变光圈，选择左侧的渐变光圈，单击【颜色】下拉按钮，选择【其他颜色】选项，自定义填充颜色，并将【透明度】设置为"100%"。选择右侧的渐变光圈，单击【颜色】下拉按钮，选择【其他颜色】选项，自定义填充颜色。

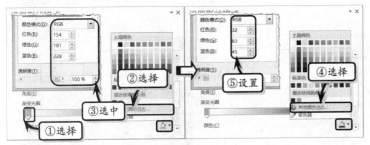

STEP|04 制作直线形状。执行【插入】|【插图】|【形状】|【直线】命令，绘制直线形状，并调整形状的高度。然后，右击形状执行【设置形状格式】命令，选中【实线】选项，并设置线条的颜色、宽度和复合类型。

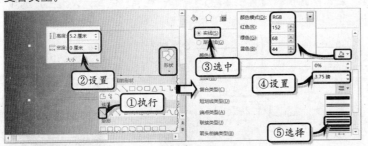

STEP|05 制作标题文本。在标题占位符中输入数字"1"，并在【开

在设置文本的填充颜色时，也可执行【开始】|【字体】|【字体颜色】命令，在其列表中选择一种字体颜色即可。

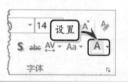

始】选项卡【字体】选项组中设置字体格式。然后，执行【绘图工具】|【格式】|【艺术字样式】|【文本填充】|【其他填充颜色】命令，自定义填充色。

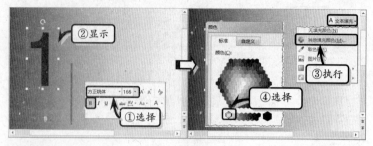

STEP|06 执行【艺术字样式】|【文本效果】|【棱台】|【圆】命令，设置其棱台效果。同时，执行【艺术字样式】|【文本效果】|【阴影】|【阴影选项】命令，自定义阴影效果。

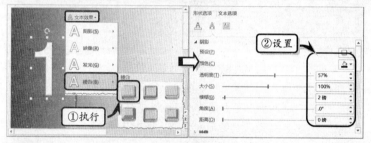

为文本设置完棱台效果之后，可通过执行【文本效果】|【棱台】|【无】命令，取消棱台效果。

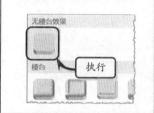

STEP|07 在副标题占位符中输入文本内容，并设置文本的字体格式。然后，复制两个副标题占位符，输入文本内容，并设置文本的字体格式。

在复制占位符时，选择占位符，按下 Ctrl+C 组合键复制占位符，同时按下 Ctrl+V 组合键即可粘贴占位符。另外，按住 Ctrl 键，使用鼠标拖动占位符，也可复制占位符。

STEP|08 插入图片。执行【插入】|【图像】|【图片】命令，选择图片文件，单击【插入】按钮，插入图片。然后，调整图片的显示位置，右击图片执行【置于底层】|【置于底层】命令，设置图片的显示层次。

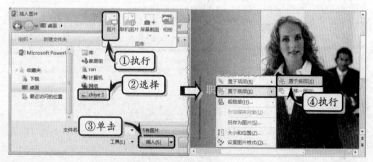

STEP|09 设置背景填充色。执行【开始】|【幻灯片】|【新建幻灯片】|【仅标题】命令，新建幻灯片。执行【设计】|【自定义】|【背景格式】命令，选中【纯色填充】选项，单击【颜色】下拉按钮，选择【其他颜色】选项，自定义背景色。

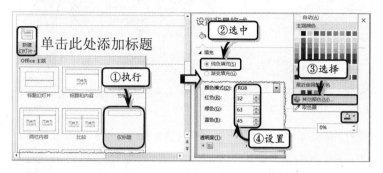

提示

选择图片，执行【图片工具】|【格式】|【排列】|【下移一层】|【置于底层】命令，也可调整图片的显示层次。

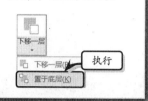

STEP|10 制作椭圆形形状。执行【插入】|【插图】|【形状】|【椭圆形】命令，绘制椭圆形形状，并设置形状的大小。右击形状执行【设置形状格式】命令，选中【渐变填充】选项，并将【类型】设置为"路径"。

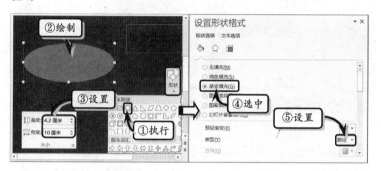

提示

选择已有的幻灯片，执行【开始】|【幻灯片】|【版式】命令，在其级联菜单中选择一种版式，即可更改当前幻灯片的版式。

STEP|11 删除多余的渐变光圈，选择左侧的渐变光圈，单击【颜色】下拉按钮，选择【其他颜色】选项，自定义填充颜色。选择右侧的渐变光圈，单击【颜色】下拉按钮，选择【其他颜色】选项，自定义填充颜色。

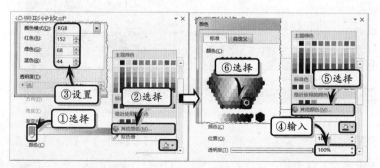

提示

执行【设计】|【变体】|【其他】|【背景样式】命令，也可设置幻灯片的背景样式。

STEP|12 选择椭圆形形状，执行【绘图工具】|【格式】|【形状样式】|【形状轮廓】|【无轮廓】命令，取消轮廓颜色。同时，执行【格

式】|【排列】|【旋转】|【向右旋转】命令，旋转形状。

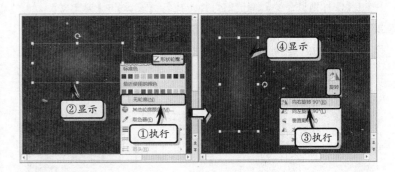

STEP|13 制作矩形组合形状。执行【插入】|【插图】|【形状】|【矩形】命令，绘制两个矩形形状。同时选择两个矩形形状，执行【绘图工具】|【格式】|【形状样式】|【形状填充】|【其他填充颜色】命令，自定义填充色。

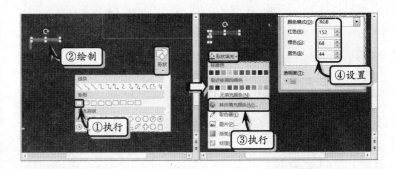

STEP|14 然后，执行【形状样式】|【形状轮廓】|【无轮廓】命令，取消轮廓颜色。并执行【格式】|【排列】|【组合】|【组合】命令，组合矩形形状。

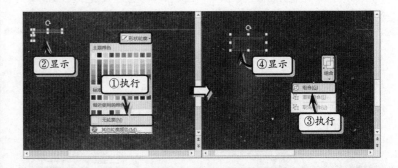

STEP|15 制作直线组合形状。执行【插入】|【插图】|【形状】|【直线】命令，绘制两个直线形状。同时选择两个直线形状，执行【绘图工具】|【格式】|【形状样式】|【形状轮廓】|【其他轮廓颜色】命令，并组合直线形状。

提示

在设置椭圆形形状的渐变颜色的【类型】时，需要先确定其【角度】值为"0"，然后再将【类型】设置为"路径"。

提示

在设置椭圆形的轮廓样式时，可在【设置形状格式】任务窗格中，展开【线条】选项组，选中【无线条】选项，取消轮廓颜色。

技巧

在旋转形状时，可将鼠标移至形状上方的控制点处，当鼠标变成 ↻ 形状时，拖动鼠标即可旋转形状。

技巧

选择多个对象，右击执行【组合】|【组合】命令，也可组合对象。

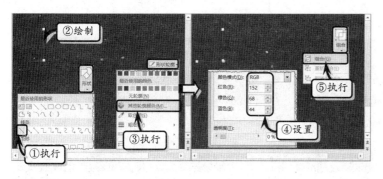

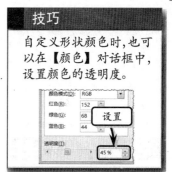

技巧

自定义形状颜色时，也可以在【颜色】对话框中，设置颜色的透明度。

STEP|16 插入图片。执行【插入】|【图像】|【图片】命令，选择图片文件，单击【插入】按钮，插入并排列图片。选择所有的图片，执行【图片工具】|【格式】|【大小】|【裁剪】|【裁剪为形状】|【椭圆】命令，裁剪图片。

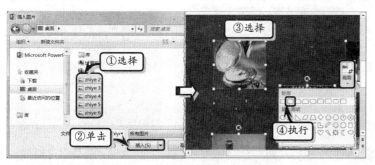

提示

在将图片剪裁成圆角矩形形状之后，还需要拖动圆角形状左上角的控制点，调整圆角矩形形状的角度弧度。

STEP|17 选择所有图片，执行【图片工具】|【格式】|【图片样式】|【图片效果】|【映像】|【映像选项】命令，自定义映像效果。在标题占位符中输入文本内容，设置文本格式。复制占位符，修改文本内容并修改字体格式。

提示

为图片设置映像效果之后，可通过执行【图片样式】|【图片效果】|【映像】|【无映像】命令，取消映像效果。

4.6　数学之美之二

　　数学之美中的美在于其严谨性，在本练习中将继续让用户解释数学之美第二部分的制作方法。在第二部分中，主要介绍了数学之美的观点，通过本部分幻灯片的制作，不仅可以帮助用户了解数学之美的美丽点，而且还可以掌握 PowerPoint 中插入图片、设置文本格式，

PowerPoint 2013

练习要点

- 插入图片
- 设置文本格式
- 添加动画效果
- 设置动画属性

提示

选择占位符，单击【开始】选项卡【字体】选项组中的【对话框启动器】按钮，可在弹出的【字体】对话框中设置文本的字体格式。

提示

在【插入图片】对话框中，单击【插入】下拉按钮，在其下拉列表中选择【插入和链接】选项，即可插入图片并保持图片的链接状态。

提示

在制作第 7 张幻灯片中的文本时，选择占位符，执行【开始】|【段落】|【居中】命令，设置文本的居中对齐格式。

以及添加动画效果等基础操作方法和技巧。

操作步骤 》》》》

STEP|01 制作观点幻灯片。打开名为"数学之美之一"的演示文稿，选择第 6 张幻灯片，在占位符中输入文本，设置文本的字体格式。然后复制占位符，更改文本并设置文本的字体格式。

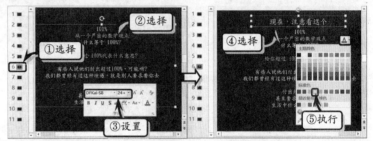

STEP|02 执行【插入】|【图像】|【图片】命令，在弹出的【插入图片】对话框中，选择图片文件，单击【插入】按钮，插入图片。然后，调整图片的显示位置与大小。

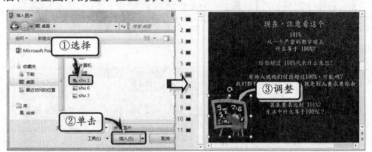

STEP|03 制作观点过度幻灯片。选择第 7 张幻灯片，在占位符中输入文本内容，并设置文本的字体格式。然后，执行【插入】|【图像】|【图片】命令，选择图片文件，单击【插入】按钮，插入并复制图片。

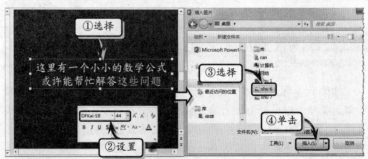

STEP|04 制作数字与字母对应幻灯片。选择第 8 张幻灯片，在占位符中输入字母与数字对应文本，并设置文本的字体格式。然后，执行【插入】|【图像】|【图片】命令，选择图片文件，单击【插入】按钮，插入图片。

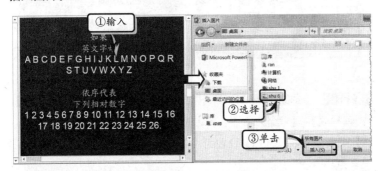

STEP|05 制作解答幻灯片。复制第 8 张幻灯片中的所有内容到第 9 张幻灯片中，更改占位符中的文本，并设置文本的字体格式。使用同样的方法，制作其他幻灯片。

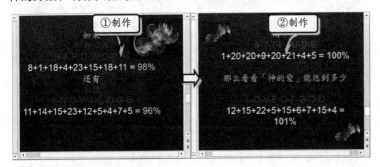

STEP|06 添加动画效果。选择第 6 张幻灯片，从上到下依次选择所有对象，执行【动画】|【动画】|【动画样式】|【飞入】命令。然后，选择最上方的文本占位符，执行【动画】|【动画】|【效果选项】|【自顶部】命令，并将【开始】设置为"上一动画之后"。

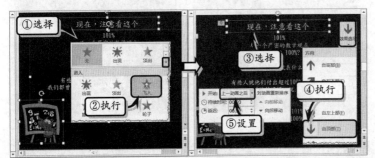

STEP|07 选择中间的文本占位符，执行【动画】|【动画】|【效果选项】|【自左侧】命令，并将【开始】设置为"上一动画之后"。选择图片，执行【效果选项】|【自左侧】命令，并将【开始】设置为"与上一动画同时"。

技巧

选择图片，执行【图片工具】|【图片样式】|【其他】命令，可以在级联菜单中设置图片的样式，以增加图片的美观性。

提示

当幻灯片中存在多个对象时，为了便于选择某个对象，可以执行【开始】|【编辑】|【选择】|【选择窗格】命令，在展开的【选择】任务窗格中，选择某个对象。

提示

在为对象添加动画效果时，可通过执行【动画】|【动画】|【其他】命令，在级联菜单中的【动作路径】栏中，为对象添加动作路径动画效果。

PowerPoint 2013

提示

在设置动画效果的效果选项时，单击【动画】选项组中的【对话框启动器】按钮，可在弹出的对话框中设置动画效果的属性。

提示

执行【动画】|【高级动画】|【添加动画】命令，在展开的级联菜单中选择一种动画效果，即可为同一个对象添加多个动画效果。

提示

当用户为幻灯片添加动画效果之后，可执行【幻灯片放映】|【开始放映幻灯片】|【从头开始】命令，查看幻灯片中的动画效果。

提示

在设置动画效果的【开始】方式时，可在【动画窗格】任务窗格中，单击动画效果后面的下拉按钮，在其下拉列表中选择一种开始方式即可。

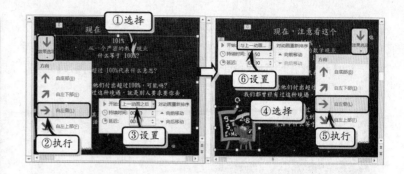

STEP|08 选择第 7 张幻灯片中的占位符，执行【动画】|【动画】|【动画样式】|【劈裂】命令，为占位符添加动画效果。然后，在【计时】选项组中将【开始】设置为"上一动画之后"，并将【持续时间】设置为"01.00"。

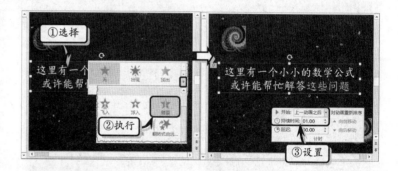

STEP|09 同时选择第 8 张幻灯片的图片和占位符，执行【动画】|【动画】|【动画样式】|【更多进入效果】命令，选择【展开】选项，并单击【确定】按钮。然后，选择占位符，执行【动画】|【效果选项】|【按段落】命令。

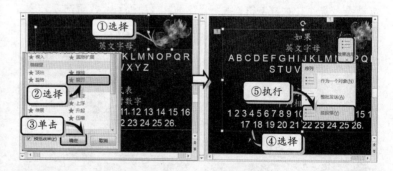

STEP|10 执行【动画】|【高级动画】|【动画窗格】命令，在【动画窗格】任务窗格中选择第 1 个动画效果，将【开始】设置为"与上一动画同时"，将【持续时间】设置为"02.00"。选择第 2 个动画效果，将【开始】设置为"与上一动画同时"。

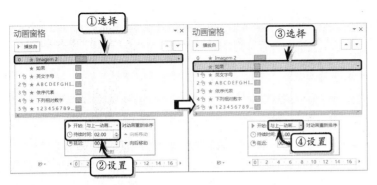

STEP|11 选择第 3 个动画效果，将【开始】设置为"上一动画之后"。选择第 4 个动画效果，将【开始】设置为"与上一动画同时"。

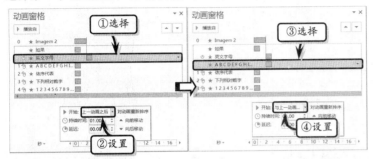

STEP|12 选择第 5 个动画效果，将【开始】设置为"上一动画之后"。同时选择第 6 个和第 7 个动画效果，将【开始】设置为"与上一动画同时"。使用同样的方法，分别添加其他幻灯片中的动画效果。

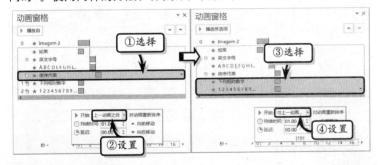

4.7 高手答疑

问题 1：如何清除字体格式？

解答 1： 选择设置字体格式的占位符或文本，执行【开始】|【字体】|【清除所有格式】命令，即可清除字体格式。

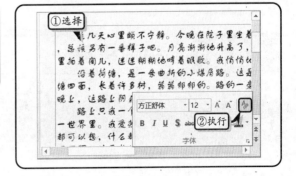

问题 2：如何将文本转换为 SmartArt?

解答 2： PowerPoint 2013 为用户提供了将文本转换 SmartArt 图形的功能,用户只需选择占位符或文本,执行【开始】|【段落】|【转换为 SmartArt】命令,在其级联菜单中选择一种图形样式即可。

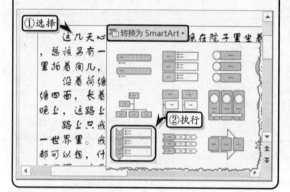

问题 3：如何自定义字体颜色?

解答 3： 选择占位符或文本,执行【开始】|【字体】|【字体颜色】|【其他颜色】命令。在弹出的【颜色】对话框中,激活【自定义】选项卡,将【颜色模式】设置为 "RGB",并输入各种颜色值。

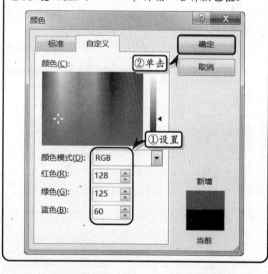

问题 4：如何设置文本的转换效果?

解答 4： 选择占位符或文本,执行【绘图工具】|【格式】|【艺术字样式】|【文本效果】|【转换】|【弯曲】|【倒 V 形】命令,设置文本的转换效果。

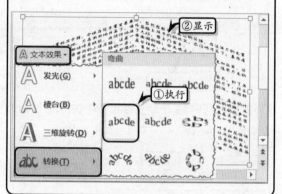

问题 5：如何清除艺术字样式?

解答 5： 选择设置艺术字样式的文本或占位符,执行【绘图工具】|【格式】|【艺术字样式】|【其他】|【清除艺术字】命令即可。

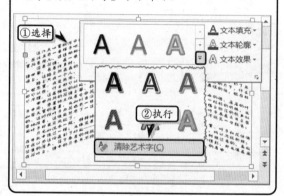

4.8 新手训练营

练习 1：设置分栏格式

⊙downloads\第 4 章\新手训练营\分栏格式

提示:本练习中,首先在占位符中输入文本段,

选择占位符,在【开始】选项卡【字体】选项组中,设置文本的字体格式。然后,执行【段落】|【左对齐】命令,并执行【文本对齐】|【中部对齐】命令。同时,

执行【开始】|【段落】|【行距】|【1.5】命令，设置文本的行距。最后，执行【开始】|【段落】|【分栏】|【更多栏】命令，将【数量】设置为"2"，将【间距】设置为"1厘米"，单击【确定】按钮即可。

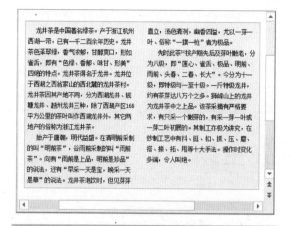

练习 2：制作化学方程式

提示：本练习中，首先将光标定位在占位符中，执行【插入】|【符号】|【公式】|【插入新公式】命令，在弹出的公式文本框中，输入方程式中的基础公式。将光标定位在字母 n 后面，执行【公式工具】|【设计】|【结构】|【上下标】|【下标】命令。然后，将光标移至第 1 个方框处，输入字母 O，然后将光标移至第 2 个方框处，输入下标。使用同样的方法，输入其他包含下标的方程式。同时，将光标定位在 MnO_2 后面，执行【设计】|【结构】|【运算符】|【Delta 等于】命令。最后，将光标定位在最后一个加号前面，执行【设计】|【符号】|【上箭头】命令。

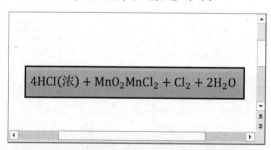

练习 3：制作版权所有符号

提示：本练习中，首先打开"分栏格式"演示文稿，执行【插入】|【文本】|【文本框】|【横排文本框】命令，插入文本框，输入文本，并设置文本的字

体格式。然后，执行【插入】|【符号】|【符号】命令，在弹出的【符号】对话框中，将【字体】设置为"Arial"选项，选择相应的符号。最后，选择符号，单击【字体】选项组中的【对话框启动器】按钮，启用【下标】复选框，并将【偏移量】设置为"−18%"。

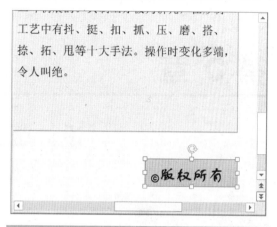

练习 4：制作艺术字标题

提示：本练习中，首先执行【插入】|【文本】|【艺术字】|【填充-橙色,着色 2,轮廓-着色 2】命令，输入艺术字文本，并在【开始】选项卡【字体】选项组中，设置文本的字体格式。然后，执行【插入】|【文本】|【艺术字】|【填充-白色,轮廓-着色 1,发光-着色 1】命令，输入艺术字文本并设置文本的字体格式。选择艺术字，执行【绘图工具】|【格式】|【艺术字样式】|【文本填充】|【白色,背景 1】命令，同时执行【艺术字样式】|【文本轮廓】|【其他轮廓颜色】命令，自定义轮廓颜色。最后，右击艺术字执行【设置形状格式】命令，在【形状选项】中的【效果】选项卡中，设置其阴影效果参数。

第 5 章

设计版式及主题

  在设计演示文稿时，可通过设计幻灯片的版式和主题等操作，来保持演示文稿中所有的幻灯片风格外观一致，以增加演示文稿的可视性、实用性与美观性。PowerPoint 提供了丰富的主题颜色和幻灯片版式，方便用户对幻灯片进行设计，使其具有更精彩的视觉效果。本章将主要介绍幻灯片母版，以及幻灯片的主题和背景等知识，帮助用户了解设计幻灯片的技巧。

PowerPoint

5.1　设计幻灯片布局

幻灯片的布局格式也称为幻灯片版式，通过幻灯片版式的应用，使幻灯片的制作更加整齐、简洁。

1. 应用幻灯片版式

创建演示文稿之后，用户会发现所有新创建的幻灯片的版式，都被默认为"标题幻灯片"版式。为了丰富幻灯片内容，体现幻灯片的实用性，需要设置幻灯片的版式。PowerPoint 主要为用户提供了"标题和内容"、"比较"、"内容与标题"、"图片与标题"等 11 种版式。

版 式 名 称	包 含 内 容
标题幻灯片	标题占位符和副标题占位符
标题和内容	标题占位符和正文占位符
节标题	文本占位符和标题占位符
两栏内容	标题占位符和 2 个正文占位符
比较	标题占位符、2 个文本占位符和 2 个正文占位符
仅标题	仅标题占位符
空白	空白幻灯片
内容与标题	标题占位符、文本占位符和正文占位符
图片与标题	图片占位符、标题占位符和文本占位符
标题和竖排文字	标题占位符和竖排文本占位符
垂直排列标题与文本	竖排标题占位符和竖排文本占位符

下面以"两栏内容"版式为例，介绍幻灯片版式的应用方法。应用幻灯片版式的方法主要有 3 种。

❑ **通过【新建幻灯片】命令应用**

选择需要在其下方新建幻灯片的幻灯片，然后执行【开始】|【幻灯片】|【新建幻灯片】|【两栏内容】命令，即可创建新版式的幻灯片。

> **注意**
>
> 通过【新建幻灯片】命令应用版式时，PowerPoint 会在原有幻灯片的下方插入新幻灯片。

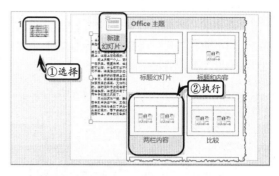

❑ **通过【版式】命令应用**

选择需要应用版式的幻灯片，执行【开始】|【幻灯片】|【版式】|【两栏内容】命令，即可将现有幻灯片的版式应用于"两栏内容"的版式。

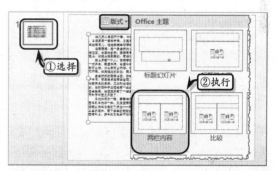

> **注意**
>
> 通过【版式】命令应用版式，可以直接在所选的幻灯片中更改其版式。

❑ **通过鼠标右击应用**

在【幻灯片】窗格中，选择幻灯片，右击执行【版式】|【两栏内容】命令，即可将现有幻灯片的版式应用于"两栏内容"的版式。

2. 插入幻灯片版式

在 PowerPoint 中，用户可以通过复制、重用和从大纲插入的方法插入特殊的幻灯片版式。

❑ 复制幻灯片

选择需要复制的幻灯片，执行【开始】|【幻灯片】|【新建幻灯片】|【复制所选幻灯片】命令，在所选幻灯片下方插入一张相同的幻灯片。

注意

选择幻灯片，右击执行【隐藏幻灯片】命令，即可隐藏所选幻灯片。

❑ 重用幻灯片

执行【开始】|【幻灯片】|【新建幻灯片】|【重用幻灯片】命令，弹出【重用幻灯片】任务窗格，单击【浏览】按钮，在其列表中选择【浏览文件】选项。

注意

在【重用幻灯片】任务窗格中，单击【浏览】按钮，选择【浏览幻灯片库】选项，在弹出的【选择幻灯片库】对话框中选择演示文稿文件即可。

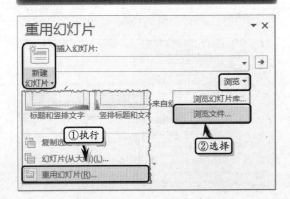

在弹出的【浏览】对话框中选择一个幻灯片演示文件，单击【打开】按钮。

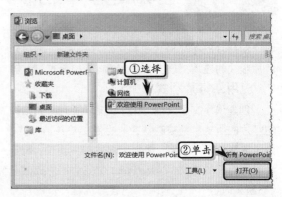

此时，系统会自动在【重用幻灯片】任务窗格中显示所打开演示文稿中的幻灯片，在其列表中选择一种幻灯片，即可将所选幻灯片插入到当前演示文稿中。

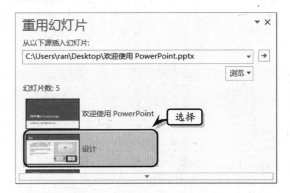

❑ 从大纲中插入幻灯片

执行【开始】|【新建幻灯片】|【幻灯片（从大纲）】命令，在弹出的【插入大纲】对话框中，选择大纲文件，并单击【插入】按钮。

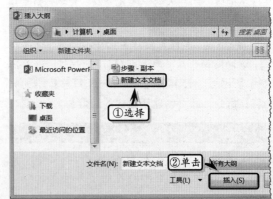

5.2　设计幻灯片母版

幻灯片母版是存储关于模板信息的设计模板的一个元素，这些模板信息包括字形、占位符大小和位置、背景设计和主题颜色。一份演示文稿通常是用许多张幻灯片来描述一个主题，用户可以通过设置幻灯片的格式、背景和页眉页脚来修改幻灯片母版。

1. 插入幻灯片母版

执行【视图】|【母版视图】|【幻灯片母版】命令，将视图切换到"幻灯片母版"视图中。同时，执行【幻灯片母版】|【编辑母版】|【插入幻灯片母版】命令，即可在母版视图中插入新的幻灯片母版。

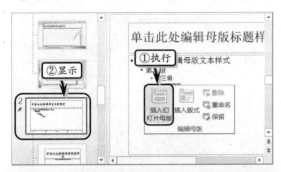

技巧

在【幻灯片选项卡】窗格中，选择任意一个幻灯片，右击执行【插入幻灯片母版】命令，即可插入一个新的幻灯片母版。

对于新插入的幻灯片母版，系统会根据母版个数自动以数字进行命名。例如，插入第一个幻灯片母版后，系统自动命名为 2；继续插入第二个幻灯片母版后，系统会自动命名为 3，依此类推。

2. 插入幻灯片版式

在幻灯片母版中，系统为用户准备了 14 个幻

灯片版式，该版式与普通幻灯片中的版式一样。当母版中的版式无法满足工作需求时，选择幻灯片的位置，执行【幻灯片母版】|【编辑母版】|【插入版式】命令，便可以在选择的幻灯片下面插入一个标题幻灯片。

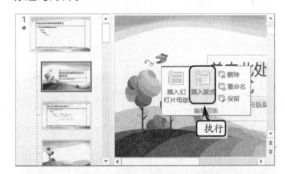

注意

如果用户选择第一张幻灯片，执行【插入版式】命令后系统将自动在整个母版的末尾处插入一个新版式。

3. 重命名灯片母版

插入新的母版与版式之后，为了区分每个版式与母版的用途与内容，可以设置母版与版式的名称，即重命名幻灯片母版与版式。

在幻灯片母版中，选择第一个幻灯片，执行【幻灯片母版】|【编辑母版】|【重命名】命令，在弹出的对话框中输入母版名称，即可以重命名幻灯片母版。

注意

在幻灯片母版中选择其中一个版式，执行【重命名】命令，即可重命名版式。

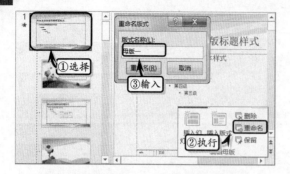

4．编辑母版版式

PowerPoint 为用户提供了编辑母版版式的功能，以帮助用户实现隐藏或显示幻灯片母版中元素的目的。选择幻灯片母版中的第一张幻灯片，执行【幻灯片母版】|【母版版式】|【母版版式】命令，在弹出的【母版版式】对话框中，禁用或启用相应选项即可。

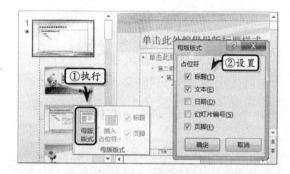

技巧

选择母版中的第一张幻灯片，右击【母版版式】命令，也可弹出【母版版式】对话框。

5．插入占位符

PowerPoint 为用户提供了内容、文本、图表、图片、表格、媒体、剪贴画、SmartArt 等 10 种占位符，用户可根据具体需求在幻灯片中插入新的占位符。

选择除第一张幻灯片之外的任意一个幻灯片，执行【幻灯片母版】|【母版版式】|【插入占位符】命令，在其级联菜单中选择一种占位符的类型，并拖动鼠标放置占位符。

6．设置页脚和标题

在幻灯片母版中，系统默认的版式显示了标题与页脚，用户可通过启用或禁用【母版版式】选项卡中的【标题】或【页脚】复选框，来隐藏标题与页脚。例如，禁用【页脚】复选框，将会隐藏幻灯片中页脚显示。同样，启用【页脚】复选框便可以显示幻灯片中的页脚。

注意

在设置页眉和标题时，幻灯片母版中的第一张幻灯片将不会被更改。

5.3　设计讲义母版

讲义母版通常用于教学备课工作中，其可以显示多个幻灯片的内容，便于用户对幻灯片进行打印和快速浏览。

1．设置讲义方向

首先，执行【视图】|【母版视图】|【讲义母版】命令，切换到"讲义母版"视图中。然后，执行【讲义母版】|【页面设置】|【讲义方向】命令，在其级联菜单中选择一种显示方向即可。

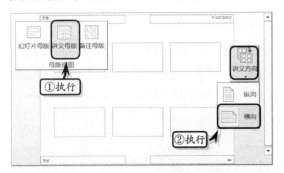

> **注意**
>
> 执行【讲义母版】|【页面设置】|【幻灯片大小】命令，即可设置幻灯片的标准和宽屏样式。

2．设置每页幻灯片的数量

执行【讲义母版】|【页面设置】|【每页幻灯片数量】命令，在其级联菜单中选择一种选项，即可更改每页讲义母版所显示的幻灯片的数量。

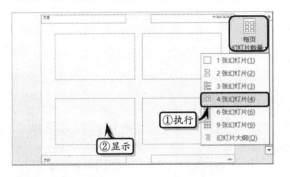

3．编辑母版版式

讲义母版与幻灯片母版一样，也可以通过自定义占位符的方法，实现编辑母版版式的目的。在讲义母版视图中，用户只需启用或禁用【讲义母版】选项卡【占位符】选项组中相应的复选框，即可隐藏或显示占位符。

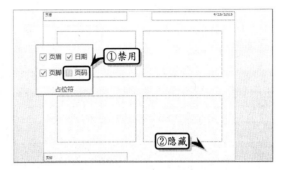

另外，右击讲义母版，执行【讲义母版版式】命令，可在弹出的【讲义母版版式】对话框中，通过设置母版占位符的方法，来编辑讲义母版。

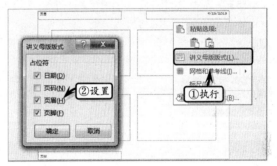

PowerPoint 5.4　设计备注母版

备注母版也常用于教学备课中，其作用是演示文稿中各幻灯片的备注和参考信息，由幻灯片缩略图和页眉、页脚、日期、正文码等占位符组成。

1．设置备注页方向

首先，执行【视图】|【母版视图】|【备注母版】命令，切换到"备注母版"视图中。然后，执

行【备注母版】|【页面设置】|【备注页方向】命令，在其级联菜单中选择一种显示方向即可。

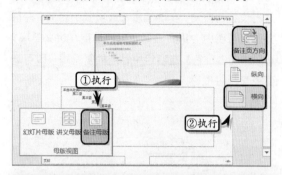

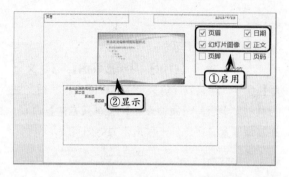

2. 编辑母版版式

在备注母版视图中，用户只需启用或禁用【备注母版】选项卡【占位符】选项组中相应的复选框，即可通过隐藏或显示占位符的方法，来实现编辑母版版式的目的。

另外，右击备注母版，执行【备注母版版式】命令，可在弹出的【备注母版版式】对话框中，通过设置母版占位符的方法来编辑讲义母版。

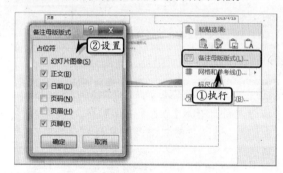

5.5 应用幻灯片主题

幻灯片主题是应用于整个演示文稿的各种样式的集合，包括颜色、字体和效果三大类。PowerPoint 预置了多种主题供用户选择，除此之外还可以通过自定义主题样式，来弥补自带主题样式的不足。

1. 应用主题

在演示文稿中更改主题样式时，默认情况下会同时更改所有幻灯片的主题。用户只需执行【设计】|【主题】|【环保】命令，即可将"环保"主题应用到整个演示文稿中。

另外，对于具有一定针对性的幻灯片，用户也可以单独应用某种主题。选择幻灯片，在【主题】列表中选择一种主题，右击执行【应用于选定幻灯片】命令即可。

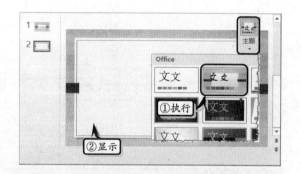

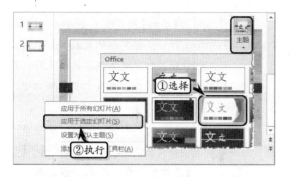

2．应用变体效果

PowerPoint 2013 为用户提供了"变体"样式，该样式会随着主题的更改而自动更换。在【设计】选项卡【变体】选项组中，系统会自动提供 4 种不同背景颜色的变体效果，用户只需选择一种样式进行应用。

注意

右击变体效果，执行【应用于所选幻灯片】命令，即可将变体效果只应用到当前幻灯片中。

3．自定义主题颜色

PowerPoint 2013 为用户准备了 24 种主题颜色，用户可根据幻灯片的内容，执行【设计】|【变体】|【其他】|【颜色】命令，在其级联菜单中选择一种主题颜色。

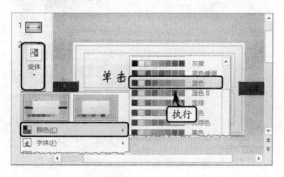

除了上述 24 种主题颜色之外，用户还可以创建自定义主题颜色。执行【设计】|【变体】|【其他】|【颜色】|【自定义颜色】命令，自定义主题颜色。

注意

当用户不满意新创建的主题颜色，单击【重设】按钮，可重新设置主题颜色。

4．自定义主题字体

PowerPoint 2013 为用户准备了 26 种主题字体，用户可根据幻灯片的内容，执行【设计】|【变体】|【其他】|【字体】命令，在其级联菜单中选择一种主题字体。

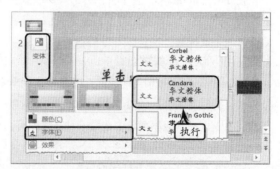

除了上述 26 种主题颜色之外，用户还可以创建自定义主题颜色。执行【设计】|【变体】|【其他】|【字体】|【自定义字体】命令，自定义主题

颜色。

该对话框中主要包括下列几项选项：

- □ **西文** 主要是设置幻灯片中的英文、字母等字体的显示类别。在【西文】选项组中单击【标题字体（西文）】或【正文字体（西文）】下三角按钮，在下拉列表中选择需要设置的字体类型。同时，用户可根据【西文】选项组右侧的【示例】列表框来查看设置效果。
- □ **中文** 在【中文】选项组中单击【标题字体（中文）】或【正文字体（中文）】下三角按钮，在下拉列表中选择需要设置的字体类型。同时，用户可根据【中文】选项

组右侧的【示例】列表框来查看设置效果。

- □ **名称与保存** 设置完字体之后，在【名称】文本框中输入自定义主题字体的名称，并单击【保存】按钮保存自定义主题字体。

5．自定义主题效果

PowerPoint 2013 为用户提供了 16 种主题效果，用户可根据幻灯片的内容，执行【设计】|【变体】|【其他】|【效果】命令，在其级联菜单中选择一种主题效果。

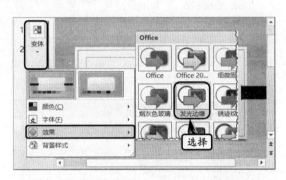

注意

自定义主题样式之后，可通过执行【设计】|【主题】|【其他】|【保存当前主题】命令，保存自定义主题。

5.6 设置幻灯片背景

在 PowerPoint 中，除了可以为幻灯片设置主题效果之外，还可以根据幻灯片的整体风格，设置幻灯片的背景样式。

1．应用默认背景样式

PowerPoint 2013 为用户提供了 12 种默认的背景样式，执行【设计】|【变体】|【其他】|【背景样式】命令，在其级联菜单中选择一种样式即可。

2．设置纯色填充效果

除了使用内置的背景样式设置幻灯片的背景格式之外，还可以自定义其纯色填充效果。执行【设计】|【自定义】|【设置背景格式】命令，打开【设置背景格式】任务窗格。选中【纯色填充】选项，

单击【颜色】按钮，在其级联菜单中选择一种色块。

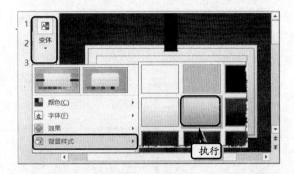

选择色块之后，单击【全部应用】按钮即可将纯色填充效果应用到所有幻灯片中。另外，用户还可以通过设置透明度值的方法，来增加背景颜色的

透明效果。

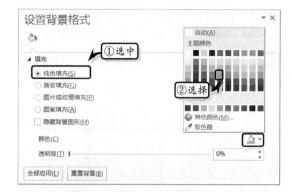

注意

当【颜色】级联菜单中的色块无法满足用户需求时，可以执行【其他颜色】命令，在弹出的【颜色】对话框中自定义填充颜色。

3. 设置渐变填充效果

渐变填充效果是一种颜色向另外一种颜色过度的效果，渐变填充效果往往包含两种以上的颜色，通常为多种颜色并存。

在【设置背景格式】任务窗格中，选中【渐变填充】选项，单击【预设渐变】按钮，在其级联菜单中选择一种预设渐变效果，应用内置的渐变效果。

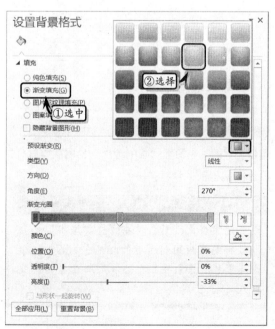

在【渐变效果】列表中，除了应用系统提供的 30 种预设渐变填充效果之外，还可以自定义渐变填充效果。每种选项的具体含义和使用方法，如下表所示。

属　　性		作　　用
类型	线性	渐变色彩以直线为流动方向，包括 8 种不同的流动方向
	射线	渐变色彩以一个中心点向四周发散，包括 5 种颜色方向
	矩形	渐变色彩以矩形的形状向四周发散，包括 5 种不同的颜色方向
	路径	渐变色彩向四角发散，不包含颜色显示方向
	标题的阴影	渐变色彩从标题占位符向四周发散，不包含颜色显示方向
方向		定义渐变色彩发散的方向，包括右下角、左下角、中心、右上角和左上角等方向，该属性仅可应用于线性、射线和矩形 3 种类型的渐变，并且会随着类型的改变而自动改变
角度		用于设置渐变色彩的倾斜角度，其取值范围介于 $0\sim359.9°$ 之间
渐变光圈		用于设置渐变颜色的种类，一个渐变光圈代表一种颜色，可通过后面的【增加渐变光圈】和【删除渐变光圈】按钮，增加或删除渐变光圈
颜色		用于设置渐变光圈的颜色，选中色条中的渐变光圈，即可在此设置光圈的颜色
位置		用于设置渐变光圈的显示位置，选择色条中的渐变光圈，在该文本框中输入位置数值即可
透明度		用于设置渐变光圈的透明度，选中色条中的渐变光圈，即可在此设置光圈的颜色透明度
亮度		用于设置渐变光圈的亮度，选中色条中的渐变光圈，即可在此设置光圈的颜色亮度
与形状一起旋转		启用该复选框，表示所设置的渐变颜色将随着形状一起旋转

4. 设置图片或纹理填充效果

图片或纹理背景是一种更加复杂的背景样式，其可以将 PowerPoint 内置的纹理图案、外部图像、剪贴板图像以及 Office 预置的剪贴画设置为幻灯片的背景。

在【设置背景格式】任务窗格中，选中【图片或纹理填充】选项，单击【文件】按钮，在弹出的【插入图片】对话框中选择图片文件即可。

注意

用户也可以通过单击【剪贴画】和【联机】按钮，插入剪贴画或网络中的图片。

另外，单击【纹理】按钮，在展开的级联菜单中选择一种纹理效果，即可设置纹理背景格式。

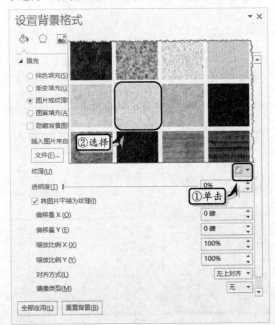

技巧

设置图片或纹理填充之后，可通过拖动【透明度】滑块或在微调框中输入数值，来设置图片或纹理的透明效果。

在使用图片或纹理背景时，用户不仅可以选择背景的内容，还可以设置背景的平铺和透明等属性，其属性值如下所示。

属 性		作 用
偏移量 X		定义纹理、图像的水平偏移量
偏移量 Y		定义纹理、图像的垂直偏移量
缩放比例 X		定义纹理、图像在水平方向的缩放比例
缩放比例 Y		定义纹理、图像在垂直方向的缩放比例
对齐方式		定义纹理或图像与幻灯片的对齐方式
镜像类型	无	如果纹理或图像小于幻灯片尺寸，则不重复显示
	水平	如果纹理或图像小于幻灯片尺寸，则仅在水平方向重复显示
	垂直	如果纹理或图像小于幻灯片尺寸，则仅在垂直方向重复显示
	两者	如果纹理或图像小于幻灯片尺寸，则重复显示
透明度		定义纹理、图像的透明度

5. 设置图案填充效果

图案背景也是比较常见的一种幻灯片背景，在【设置背景格式】任务窗格中，选中【图案填充】选项。然后，在图案列表中选择一种图案样式，并设置图案的前景和背景颜色。

技巧

设置图案样式之后，单击【全部应用】按钮即可将图案应用到所有幻灯片中。另外，单击【重置背景】按钮，可取消所设置的图案样式。

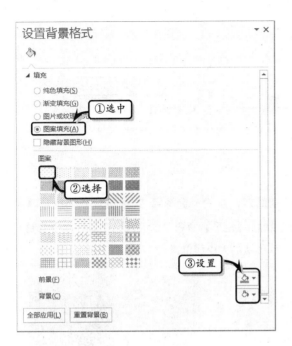

5.7 欢迎使用 PowerPoint 之一

PowerPoint 2013 是微软最新发布的 Office 组件之一，它以一些突出的、新颖的功能吸引众多用户的眼球。在本案例中，将以 PowerPoint 2013 自带的模板为基础，详细介绍制作 PowerPoint 欢迎演示文稿母版的操作方法和使用技巧。

练习要点

- 新建演示文稿
- 插入形状
- 设置形状格式
- 设置幻灯片母版
- 设置字体格式
- 排列形状

提示

PowerPoint 2013 有别于以前版本，当用户启动 PowerPoint 时，系统将自动显示【新建】列表。另外，【新建】列表右上角中的名称为注册用户名称，用户可通过微软网站进行注册使用。

操作步骤 〉〉〉〉

STEP|01 新建空白文档。执行【文件】|【新建】命令，在展开的【新建】列表中选择【空白文档】选项。然后，执行【视图】|【母版视图】|【幻灯片母版】命令，将视图切换到"幻灯片母版"视图中。

提示

将鼠标移至形状上方的旋转按钮 ⟳ 处，当鼠标变成 ⟳ 时，单击左键移动鼠标即可旋转形状。另外，执行【绘图工具】|【格式】|【排列】|【旋转】|【垂直旋转】命令，即可垂直旋转形状。

提示

在设置形状颜色时，可以在【颜色】对话框中的【标准】选项卡中，选择一种色块。

提示

在设置形状的叠放层次时，选择形状执行【绘图工具】|【格式】|【排列】|【下移一层】|【置于底层】命令即可。

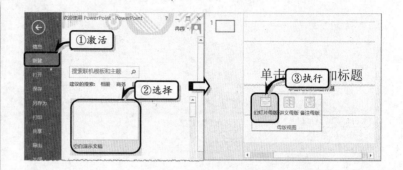

STEP|02 设置标题幻灯片版式。选择第 2 张幻灯片，执行【插入】|【插图】|【形状】|【矩形】命令，拖动鼠标在幻灯片中绘制一个矩形形状，并调整形状的大小和位置。

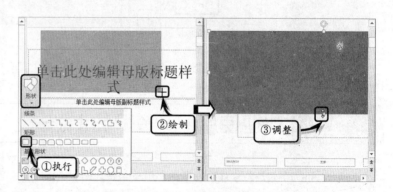

STEP|03 选择形状，执行【绘图工具】|【形状样式】|【形状填充】|【其他填充颜色】命令，在弹出的【颜色】对话框中，自定义填充颜色。然后，执行【形状样式】|【形状轮廓】|【无轮廓】命令。

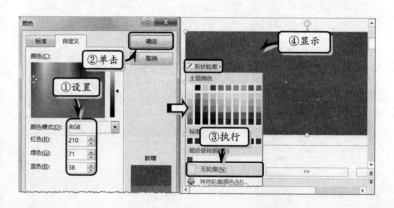

STEP|04 右击形状执行【置于底层】|【置于底层】命令，调整形状的显示层次。然后，调整标题占位符的大小和位置，选择主标题占位符，执行【开始】|【字体】|【Microsoft Yahai UI】命令和【字号】|【54】命令。使用同样的方法，设置副标题的字体格式。

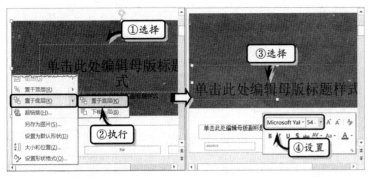

STEP|05 设置所有幻灯片的版式。选择第 1 张幻灯片，执行【插入】|【插图】|【形状】|【矩形】命令，拖动鼠标在幻灯片中绘制一个矩形形状，并调整形状的大小和位置。

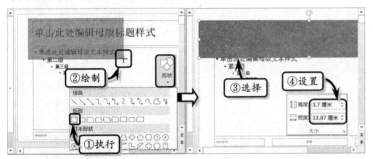

STEP|06 选择形状，执行【绘图工具】|【形状样式】|【形状填充】|【其他填充颜色】命令，在弹出的【颜色】对话框中，自定义填充颜色。然后，右击形状执行【置于底层】|【置于底层】命令。

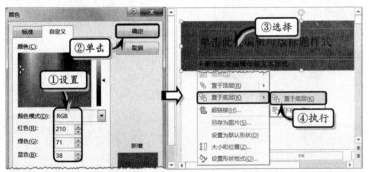

STEP|07 同时选择幻灯片中的所有占位符，执行【开始】|【字体】|【Microsoft Yahai UI】命令，设置文本的字体格式。

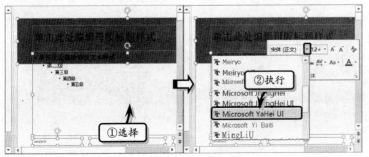

提示

选择形状，单击【形状样式】选项组中的【对话框启动器】按钮，在弹出的【设置形状格式】任务窗格中的【形状选项】选项卡中，选中【渐变填充】选项，可设置形状的渐变填充效果。

技巧

在制作多个相同格式和样式的形状时，可以先绘制新形状。然后选择已设置好格式的形状，执行【开始】|【剪贴板】|【格式刷】命令，并单击新绘制的形状，即可复制形状格式。

提示

在幻灯片母版视图中，执行【幻灯片母版】|【关闭】|【关闭母版视图】命令，即可关闭母版视图，并切换到普通视图中。

STEP|08 设置"空白"幻灯片版式。选择第 8 张幻灯片，执行【插入】|【插图】|【形状】|【矩形】命令，拖动鼠标在幻灯片中绘制一个矩形形状，并调整形状的大小和位置。

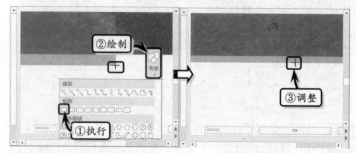

STEP|09 选择形状，执行【绘图工具】|【形状样式】|【形状填充】|【白色,背景 1】命令，设置其填充颜色。同时，执行【形状样式】|【形状轮廓】|【无轮廓】命令，设置其轮廓颜色。

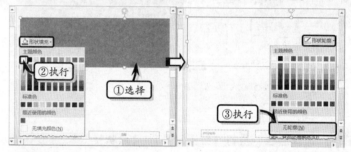

STEP|10 复制第 2 张幻灯片中的矩形形状，并调整形状的大小和位置。同时，复制第 2 张幻灯片中副标题占位符，调整占位符的位置并设置文本的字体大小。

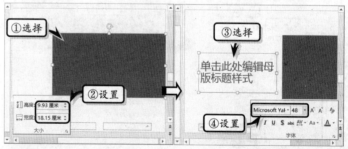

STEP|11 制作标题幻灯片。执行【视图】|【演示文稿视图】|【普通】命令，将视图切换到普通视图中。然后，在主标题占位符和副标题占位符中输入标题文本即可。

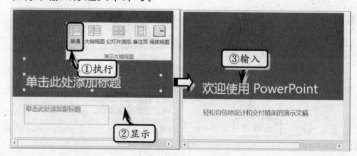

5.8 企业改制方案之二

企业改制是一项重要的企业经营决定，它关系到企业员工的生计问题，因此在企业改制之前，我们需要先来了解一下它的改制背景，才能制定合理的改制方案。下面我们通过制作"上海亚薪改制背景"，来学习在幻灯片中添加图表的方法。

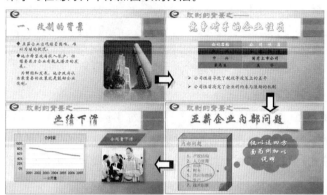

操作步骤 〉〉〉〉

STEP|01 新建幻灯片。打开"上海亚薪改制方案"演示文稿，在【幻灯片】选项卡中选择第二张幻灯片，按 Enter 键新建一张幻灯片，并将该幻灯片拖放至演示文稿末尾。然后，在标题占位符中输入文字。

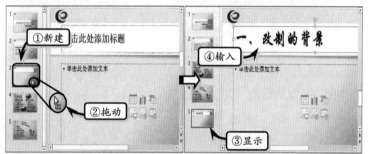

STEP|02 设置文本效果。选择标题占位符中的文字，执行【格式】|【艺术字样式】|【其他】|【填充-淡紫，着色 1,轮廓-背景 1,清晰阴影-着色 1】命令，然后，在文本占位符中输入改制背景的描述性文字。

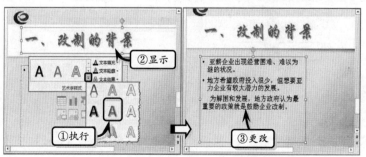

练习要点

- 应用主题
- 插入表格
- 设置形状样式
- 设置表格样式
- 插入图片
- 设置图片格式
- 使用艺术字

提示

选择标题占位符中的文字，执行【开始】|【字体】|【字体】|【华文行楷】命令，同时执行【开始】|【字体】|【字号】|【60】命令，设置字体格式。

技巧

调整文本占位符的大小可以通过选中文本占位符，在【格式】选项卡【大小】选项组中，调整"高度"和"宽度"的值。

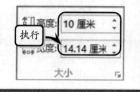

提示

选择文本占位符中的文字，执行【开始】|【字体】|【字体】|【华文新魏】命令，同时执行【开始】|【字体】|【字号】|【28】命令，设置字体格式。

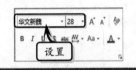

技巧

只选择段落中的部分内容，也可为段落应用项目符号。

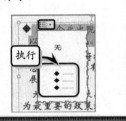

提示

选择文本框中的文字，执行【开始】|【字体】|【字体】|【华文隶书】命令，同时执行【开始】|【字体】|【字号】|【48】命令，设置字体格式。

STEP|03 添加项目符号。选择文本占位符中的文字，执行【开始】|【字体】|【颜色】|【玫瑰红,着色 6,深色 50%】命令，改变文本颜色。然后，执行【开始】|【段落】|【项目符号】|【带填充效果的钻石形项目符号】命令，为文本添加项目符号。

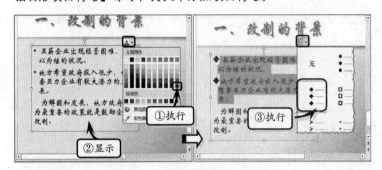

STEP|04 插入图片。执行【插入】|【图像】|【图片】命令，在打开的对话框中选择一张图片插入，并调整图片的大小和位置。然后，执行【格式】|【图片样式】|【其他】|【映像圆角矩形】命令，为图片添加效果。

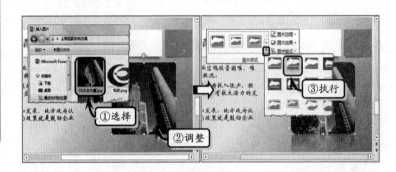

STEP|05 新建幻灯片。执行【开始】|【幻灯片】|【新建幻灯片】|【标题和内容】命令，新建一张幻灯片。执行【插入】|【文本】|【文本框】|【横排文本框】命令，单击拖动鼠标在标题占位符上方绘制一个横排文本框，并在其中输入文字。

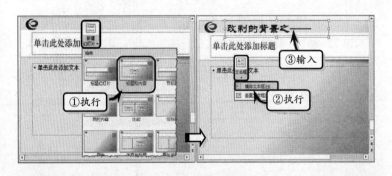

STEP|06 设置文本效果。选择文本框中的文字，执行【格式】|【艺

术字样式】|【其他】|【填充-橙色,着色 1,阴影】命令;在标题占位符中输入文字,执行【格式】|【艺术字样式】|【其他】|【填充-白色,轮廓-着色 1,发光-着色 1】命令,添加文字效果。

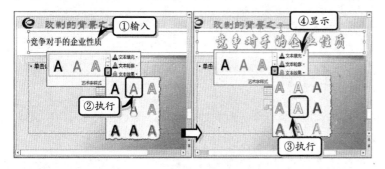

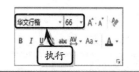

提示

选择"竞争对手的企业性质"文字,执行【开始】|【字体】|【字体】|【华文行楷】命令,同时执行【开始】|【字体】|【字号】|【66】命令,设置字体格式。

STEP|07 插入表格。在文本占位符中单击【插入表格】按钮,在打开的【插入表格】对话框中,设置【列数】为"2",【行数】为"4",单击【插入】按钮,将表格插入到文档中;调整表格的大小和位置,并在其中输入文字。

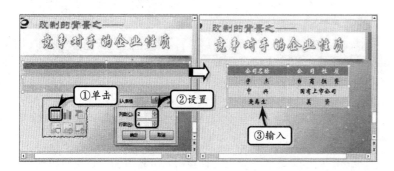

提示

选择标题占位符的文字,执行【开始】|【段落】|【居中对齐】命令,设置文本居中对齐。

STEP|08 设置表格样式。将光标置于第一行第一列的表格,执行【表格工具】|【设计】|【表格样式】|【底纹】|【浅绿】命令,为表格填充颜色,按相同方法为其他单元格填充颜色。

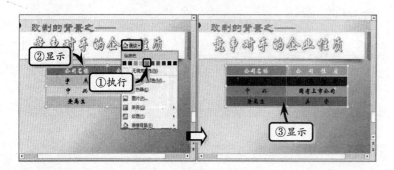

技巧

执行【插入】|【表格】|【表格】命令,在弹出的列表框中由上而下滑动鼠标来设置表格的数量。

STEP|09 插入文本框。执行【插入】|【文本】|【文本框】|【横排文本框】命令,在表格下方绘制一个文本框,并在其中输入描述公司性质影响的文字。

提示

选择文本框中的文字，执行【开始】|【字体】|【字体】|【华文楷体】命令，同时执行【开始】|【字体】|【字号】|【28】命令，设置字体格式。

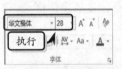

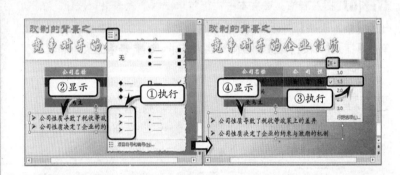

STEP|10 添加项目符号。选择文本框中的文字，执行【开始】|【段落】|【项目符号】|【箭头项目符号】命令，为文本添加项目符号。执行【开始】|【段落】|【行距】|【1.5】命令，设置文本之间的行距。

技巧

通过在【开始】选项卡【段落】选项组中单击【段落】按钮，在打开【段落】对话框中，设置行距的值。

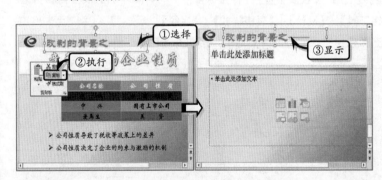

STEP|11 新建幻灯片。按 Enter 键新建一张幻灯片，切换到上一张幻灯片，选中"改制的背景"文本框，执行【开始】|【剪贴板】|【复制】命令，复制文本框。然后，切换到当前新建的幻灯片中，使用 Ctrl +V 组合键粘贴文本框。

技巧

粘贴文本可以通过执行【开始】|【剪贴板】|【粘贴】|【使用目标主题】命令，粘贴的是原文本框中使用的格式，这样就不用再设置文字格式和位置了。

STEP|12 设置文本格式。在标题占位符中输入"亚薪企业内部问题"文字，执行【开始】|【段落】|【居中对齐】命令，设置文本居中对齐。然后，执行【格式】|【艺术字样式】|【其他】|【填充-水绿色，着色 4,软棱台】命令，设置艺术字样式。

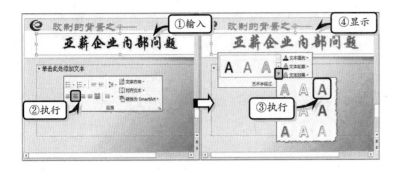

STEP|13 绘制形状。执行【插入】|【插图】|【形状】|【立方体】命令，在左下方绘制一个立方体形状。然后，执行【格式】|【形状样式】|【其他】|【细微效果-黑色,深色 1】命令，设置形状样式。

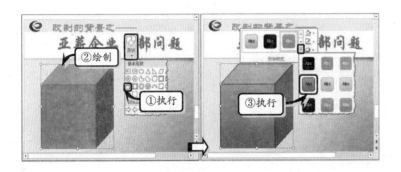

STEP|14 设置形状样式。执行【插入】|【插图】|【形状】|【折角形】命令，在"立方体"形状正面绘制相同大小的"折角形"形状。然后，执行【格式】|【形状样式】|【形状填充】|【渐变】|【线性向上】命令，设置图片渐变样式。

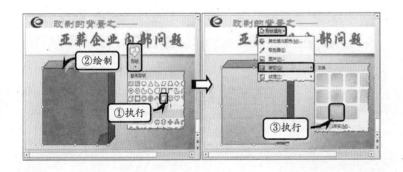

STEP|15 组合形状。执行【插入】|【插图】|【形状】|【矩形】命令，在"折角形"形状上绘制一个"矩形"形状。然后，分别选中"立方体"、"折角形"、"矩形"形状，右击执行【组合】|【组合】命令，将其进行组合。

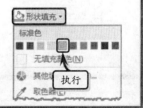

PowerPoint 2013

注意

选择"矩形"形状，执行【格式】|【形状样式】|【其他】|【彩色填充-玫瑰色,强调颜色6】命令，设置形状样式。

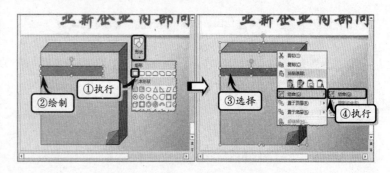

STEP|16 设置字体样式。执行【插入】|【文本】|【文本框】|【横排文本框】命令，在形状中绘制一个文本框，并在其中输入文字。用同样的方法绘制一个文本框并在其中输入文字。

提示

选择文本框，执行【开始】|【字体】|【字体】|【华文楷体】命令，同时执行【开始】|【字体】|【字号】|【32】命令，设置文本格式。下方的文本框使用相同的方法设置，【字号】为"24"。

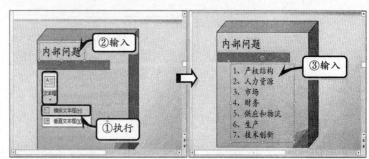

STEP|17 设置文字效果。选择上方的文本框，执行【格式】|【艺术字样式】|【其他】|【填充-橙色,着色1,阴影】命令，设置文本艺术字样式。然后，选择下方的文本框，执行【开始】|【字体】|【颜色】|【蓝色】命令，修改文本颜色。

提示

选择"椭圆"形状，执行【格式】|【形状样式】|【形状轮廓】|【粗细】|【2.25磅】命令，设置形状轮廓的粗细程度。

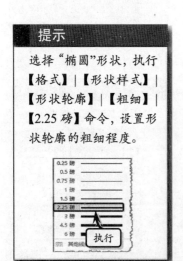

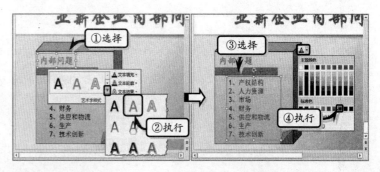

STEP|18 设置形状效果。执行【插入】|【插图】|【形状】|【椭圆】命令，在下方文本框"3～6"之间绘制一个"椭圆"形状。然后，执行【格式】|【形状样式】|【形状填充】|【无填充颜色】命令，取消形状的填充颜色。

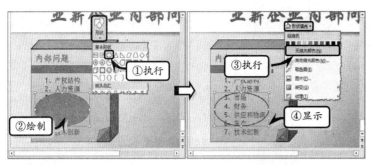

STEP|19 插入形状。执行【插入】|【插图】|【形状】|【云形标注】命令，在文档中插入"云形标注"形状，并调整其位置和大小。然后，执行【格式】|【形状样式】|【其他】|【中等效果-玫瑰红,强调颜色 6】命令，设置形状样式。

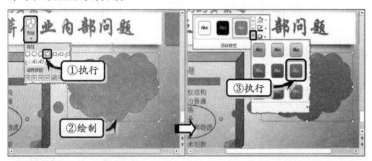

STEP|20 设置文字效果。在"云形标注"形状中输入"仅以这四方面为例加以说明"文字。执行【格式】|【艺术字样式】|【文本效果】|【转换】|【桥形】命令，为文本添加"桥形"转换效果。

STEP|21 新建幻灯片。按 Enter 键新建一张幻灯片，将第 7 张幻灯片中的"改制的背景之——"文字框复制到当前幻灯片。并在标题占位符中输入"业绩下滑"文字。

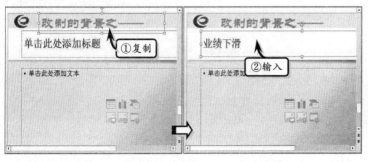

提示

选择"椭圆"形状，执行【格式】|【形状样式】|【形状填充】|【红色】命令，设置形状轮廓的颜色。

提示

选择形状中的文字，执行【开始】|【字体】|【字体】|【华文行楷】命令，同时执行【开始】|【字体】|【字号】|【40】命令，设置形状中文本格式。

提示

选择"云形标注"中的文字后，拖动紫色控制块可以调整文字的弯曲度。

提示

选择"云形标注"中的文字，在【开始】选项卡【字体】选项组中分别单击【加粗】、【阴影】按钮，设置文本格式。

提示

选择标题占位符中的文字，在【开始】选项卡【段落】选项组中，单击【居中】按钮，设置文本居中对齐。

STEP|22 设置文本效果。选择标题文字，执行【开始】|【字体】|【字体】|【华文行楷】命令，同时执行【开始】|【字体】|【字号】|【72】命令，设置文本格式。执行【格式】|【艺术字样式】|【其他】|【渐变填充-淡紫,着色 1,反射】命令，设置文本样式。

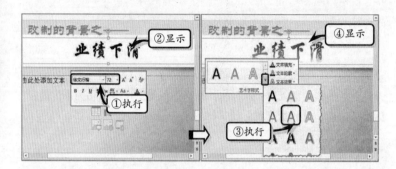

提示

插入的图表会占满整个文本占位符，所以我们需要通过单击拖动鼠标改变图表的大小。

STEP|23 插入图表。在文本占位符中单击【插入图表】按钮，在打开的【更改图表类型】对话框中，在【折线图】选项组中选择【折线图】选项，单击【确定】按钮。在打开的 Excel 电子表格中，编辑图表数据，完成后关闭 Excel 电子表格即可。

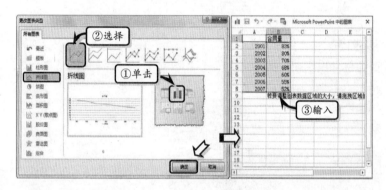

提示

选择图表，执行【开始】|【字体】|【字体】|【黑体】命令，同时执行【开始】|【字体】|【字号】|【20】命令，设置图表中的文本格式。

STEP|24 设置图表样式。选择图表，执行【图表工具】|【设计】|【图表样式】|【其他】|【样式 13】命令，更改图表样式。选择图表中数据标签，执行【格式】|【形状样式】|【形状轮廓】|【蓝色】命令，修改其颜色。

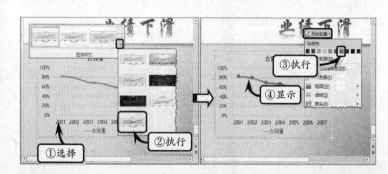

STEP|25 设置图表显示效果。选择图表中的"绘图区",执行【格式】|【形状样式】|【其他】|【彩色轮廓-水绿色,强调颜色 4】命令;然后,选择图表,执行【格式】|【形状样式】|【其他】|【细微效果-玫瑰红,强调颜色 6】命令,设置图表样式。

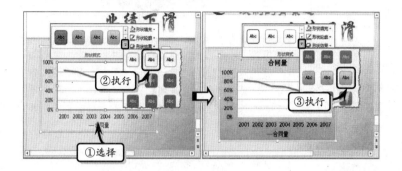

STEP|26 插入形状。执行【插入】|【插图】|【形状】|【流程图:数据】命令,在文档中绘制一个形状。然后,执行【格式】|【形状样式】|【其他】|【强烈效果-水绿色,强调颜色 4】命令,设置形状样式。

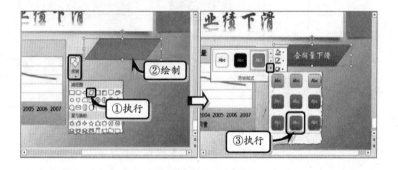

STEP|27 插入图片。执行【插入】|【图像】|【图片】命令,在打开的对话框中选择需要插入的图片插入即可,并调整图片的位置和大小。然后,执行【格式】|【图片样式】|【其他】|【矩形投影】命令,设置图片样式。

提示

如果用户对图表样式感到不满意的话,可以通过右击执行【设置图表区域格式】命令,打开【设置图表区格式】窗口,在【图表】选项卡【填充】选项组中,选择【渐变填充】选项,在展开的列表中设置其中的值即可。

技巧

可以通过执行【插入】|【插图】|【图表】命令,在打开的对话框中选择需要的图表类型即可。

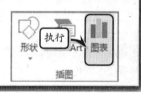

提示

选择形状并在形状中输入"合同量下滑"文字,执行【开始】|【字体】|【字体】|【华文新魏】命令,同时执行【开始】|【字体】|【字号】|【28】命令,设置文本格式。

5.9 高手答疑

问题 1：如何调整幻灯片的布局？

解答 1：在制作演示文稿的过程中，用户会发现虽然 PowerPoint 为用户提供了多个版式与主题，但是却无法满足用户对布局的选择。在选择版式的同时，用户可以手动调整版式的布局。例如，在"内容与标题"版式中，用户想让图片放置于正文的左侧，而将标题放置于左上角。此时，首先需要选中文本占位符，拖动鼠标更改占位符的大小及移动占位符的位置，然后更改图片、标题占位符的大小及位置。

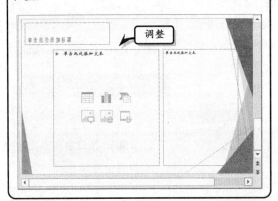

问题 2：如何重设幻灯片？

解答 2：重设幻灯片版式是指将幻灯片中占位符的位置、大小和格式重设为其默认设置。用户只需执行【开始】|【幻灯片】|【重置】命令，即可重设幻灯片版式。

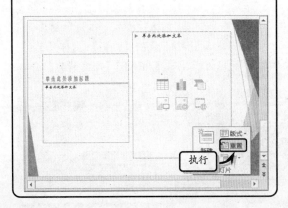

问题 3：如何更改模板中的图片？

解答 3：虽然更改模板中的文字比较简单，但是在默认的【普通视图】中，用户往往无法选择模板中的图片，也无法更改模板中的图片。此时，需要执行【视图】|【演示文稿视图】|【幻灯片母版】命令，切换到【幻灯片母版】视图。然后，选择幻灯片并选择需要更改的图片，删除或重新设置图片格式即可

问题 4：如何保留幻灯片母版？

解答 4：当插入幻灯片母版之后，系统会自动以保留的状态存放幻灯片母版。保留其实就是将新插入的幻灯片母版保存在演示文稿中，即使该母版未被使用也照样进行保存。当然用户也可以执行【幻灯片母版】|【编辑母版】|【保留】命令，在 Microsoft Office PowerPoint 对话框中单击【是】按钮来取消幻灯片母版的保留状态

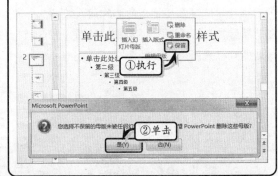

问题 5：如何在幻灯片中显示网格和参考线？

解答 5：右击幻灯片的空白位置，执行【网格和参考线】|【添加垂直参考线】或【水平参考线】命令，

即可为幻灯片添加垂直或水平参考线。

> **技巧**
>
> 当执行【添加水平参考线】或【添加垂直参考线】命令时，系统会首先添加一个平分幻灯片页面的垂直和水平组成的参考线。

5.10 新手训练营

练习 1：薪酬设计方案封面

downloads\第 5 章\新手训练营\薪酬设计方案

提示：本练习中，首先执行【设计】|【自定义】|【设置背景格式】命令，在弹出的【设置背景格式】任务窗格中，选中【渐变填充】选项，将【类型】设置为"标题的阴影"。然后，选择左侧的渐变光圈，单击【颜色】下拉按钮，选择【其他颜色】选项，自定义渐变颜色。选择中间的渐变光圈，将【位置】设置为"60%"，将【亮度】设置为"30%"，并自定义渐变光圈的颜色。选择右侧的渐变光圈，将【亮度】设置为"–20%"，并自定义渐变光圈的颜色。最后，在幻灯片中插入艺术字，设置艺术字的字体格式，并为艺术字添加自定义项目符号。

练习 2：自定义背景色

downloads\第 5 章\新手训练营\自定义背景色

提示：本练习中，首先新建空白演示文稿，执行【设计】|【自定义】|【幻灯片大小】|【标准】命令。

然后，执行【设计】|【自定义】|【设置背景格式】命令。选中【渐变填充】选项，将【类型】设置为"矩形"，将【方向】设置为"中心辐射"。选择左侧的渐变光圈，将【透明度】设置为"20%"，并自定义渐变颜色。最后，分别自定义中间和右侧渐变光圈的颜色即可。

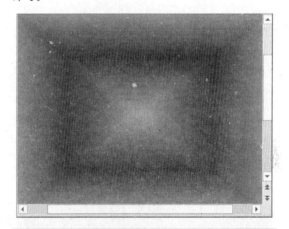

练习 3：自定义幻灯片母版

downloads\第 5 章\新手训练营\自定义幻灯片母版

提示：本练习中，首先执行【视图】|【母版视图】|【幻灯片母版】命令，切换到母版视图中。然后，执行【幻灯片母版】|【背景】|【背景样式】|【设置背景格式】命令。选中【渐变填充】选项，将【类型】设置为"标题的阴影"，保留两个渐变光圈，并设置渐变光圈的透明度、亮度和颜色，单击【全部应用】按钮。然后，在幻灯片中绘制一条直线和曲线，并在【形状样式】选项组中设置其轮廓样式。最后，绘制一个等腰三角形，设置其渐变填充颜色，并在【形状

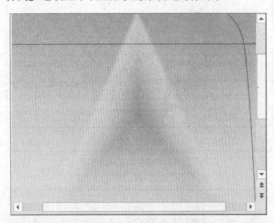
样式】选项组中设置形状的柔化边缘效果。

练习 4：管理开办新业务项目任务

downloads\第 5 章\新手训练营\管理开办新业务项目任务

　　提示：本练习中，首先新建空白演示文稿，执行【设计】|【自定义】|【幻灯片大小】|【自定义幻灯片大小】命令，自定义幻灯片的大小。然后，执行【视

图】|【母版视图】|【幻灯片母版】命令，选择第 1 张幻灯片，执行【插入】|【图像】|【图片】命令，插入背景图片。最后，选择第 2 张幻灯片，执行【插入】|【图像】|【图片】命令，插入背景图片。同时，执行【幻灯片母版】|【背景】|【隐藏背景图形】命令，隐藏第 1 张幻灯片中所设置的图片。

第6章

美化幻灯片

在使用 PowerPoint 设计和制作演示文稿时，不仅可以通过插入艺术字来增加幻灯片的艺术效果，而且还可以通过插入图片来增强幻灯片的展现力，从而可以形象地展示幻灯片的主题和中心思想。在本章中，将详细介绍插入图片、剪贴画和艺术字，以及美化图片的操作方法和技巧。

6.1 插入图片

在 PowerPoint 中插入图片，可以通过各种来源插入，如通过 Internet 下载的图片、利用扫描仪和数码相机输入的图片等。一般情况下，用户可以插入两种类型的图片，一种是直接插入的图片；另一种则是存在于占位符中的图片。

1. 通过文件插入图片

执行【插入】|【图像】|【图片】命令，弹出【插入图片】对话框。在该对话框中，选择需要插入的图片文件，并单击【插入】按钮。

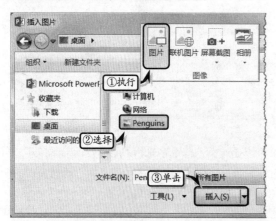

注意

单击【插入图片】对话框中的【插入】下拉按钮，选择【链接到文件】选项，当图片文件丢失或移动位置时，重新打开演示文稿，图片无法正常显示。

2. 通过占位符插入图片

新建一张具有"标题和内容"版式的幻灯片，在内容占位符中，单击占位符中的【图片】图标。然后在弹出的【插入图片】对话框中，选择所需图片，单击【插入】按钮即可。

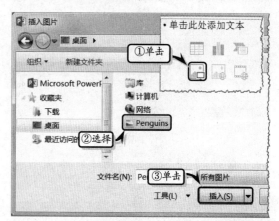

注意

单击占位符中的插入图表、表格、图片、联机图片、SmartArt 图形、插入视频文件等图标，即可插入相应对象。

6.2 插入联机图片

在 PowerPoint 2013 中，系统将"联机图片"功能代替了"剪贴画"功能。通过"联机图片"功能既可以插入剪贴画，又可以插入网络中的搜索图片。

1. 插入 Offcie.com 剪贴画

执行【插入】|【图像】|【联机图片】命令，在弹出的【插入图片】对话框中的【Office.com 剪贴画】搜索框中输入搜索内容，单击【搜索】按钮，搜索剪贴画。

注意

用户也可以在"标题和内容"版式的幻灯片中，单击占位符中的【联机图片】图标，来打开【插入图片】对话框。

然后，在搜索到的剪贴画列表中，选择需要插入的图片，单击【插入】按钮，将图片插入到幻灯片中。

技巧

在剪贴画列表页面中，选择【返回到站点】选项，即可返回到【插入图片】对话框的首要页面中。

2. 插入必应的图像搜索图片

执行【插入】|【图像】|【联机图片】命令，在弹出的【插入图片】对话框中的【必应 Bing 图像搜索】搜索框中输入搜索内容，单击【搜索】按钮，搜索网络中的图片。

然后，在搜索到的剪贴画列表中，选择需要插入的图片，单击【插入】按钮，将图片插入到幻灯片中。

注意

在【插入图片】对话框中，选择【SkyDrive】选项，可插入 SkyDrive 中的图片。

6.3 插入屏幕截图

屏幕截图是 PowerPoint 新增的一项功能，可以截取当前系统打开的窗口，将其转换为图像，插入到演示文稿中。

1. 直接插入屏幕截图

在 PowerPoint 2013 中，执行【插入】|【图像】|【屏幕截图】命令，在其级联菜单中选择截图图片，即可将图片插入到幻灯片中。

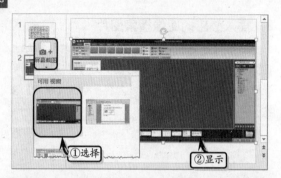

①选择　②显示

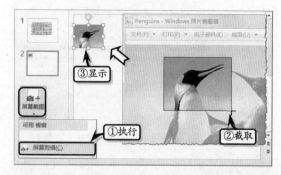

③显示　①执行　②截取　屏幕剪辑(C)

开的其他窗口，拖动鼠标裁剪图片范围，即可将裁剪的图片范围添加到幻灯片中。

技巧

执行【屏幕截图】命令时，其级联菜单中的屏幕截取图片为窗口截取图片，也就是截取当前计算机中所有打开的窗口图片。

注意

屏幕截图中的可用视窗只能截取当前处于最大化窗口方式的窗口，而不能截取最小化的窗口。

2. 插入截取后的图片

执行【插入】|【图像】|【屏幕截图】|【屏幕剪辑】命令，此时系统会自动显示当前计算机中打

6.4　调整图片

为幻灯片插入图片后，为了使图文更易于融合到幻灯片中，也为了使图片更加美观，还需要对图片进行一系列的编辑操作。

1. 调整图片大小

为幻灯片插入图片之后，用户会发现其插入的图片大小是根据图片自身大小所显示的。此时，为了使图片大小合适，需要调整图片的大小。

● 鼠标调整

选择图片，此时图片四周将会出现 8 个控制点，将鼠标置于控制点上，当光标变成"双向箭头"形状↖时，拖动鼠标即可。

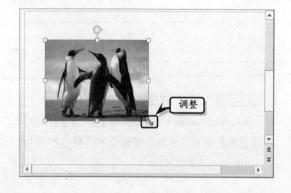

调整

技巧

鼠标调整图片时，为保证图片不变形，需要拖动对角中的控制点，进行等比例缩放图片。

● 选项组调整

选择图片，在【格式】选项卡【大小】选项组中，单击【高度】与【宽度】微调框，设置图片的大小值。

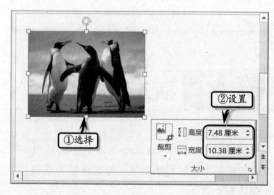

②设置　①选择　裁剪　高度 7.48 厘米　宽度 10.38 厘米　大小

另外，单击【大小】选项组中的【对话框启动

器】按钮，在弹出的【设置图片格式】任务窗格中的【大小】选项组中，调整其【高度】和【宽度】值，也可以调整图片的大小。

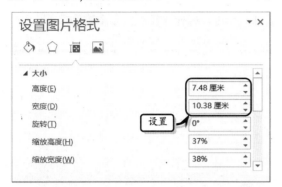

技巧

在【设置图片格式】对话框中，调整【缩放高度】和【缩放宽度】中的百分比值，也可调整图片大小。

2．调整图片位置

选择图片，将鼠标放置于图片中，当光标变成四向箭头时，拖动图片至合适位置，松开鼠标即可。

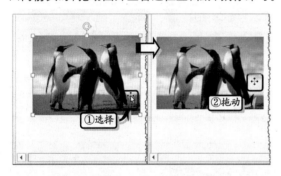

另外，单击【大小】选项组中的【对话框启动器】按钮。在【位置】选项组中，设置其【水平】与【垂直】值，调整图片的显示位置。

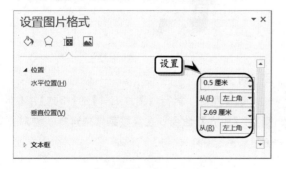

注意

用户可通过设置【水平位置】和【垂直位置】中的【从】选项，来设置图片的相对位置。

3．调整图片效果

PowerPoint 为用户提供了 30 种图片更正效果，选择图片执行【图片工具】|【格式】|【调整】|【更正】命令，在其级联菜单中选择一种更正效果。

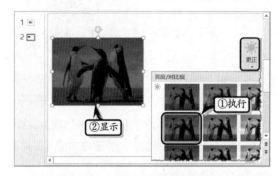

技巧

用户可通过执行【格式】|【调整】|【重设图片】命令，撤销图片的设置效果，恢复至最初状态。

另外，执行【图片工具】|【格式】|【调整】|【更正】|【图片更正选项】命令。在【设置图片格式】任务窗格中的【图片更正】选项组中，根据具体情况自定义图片更正参数。

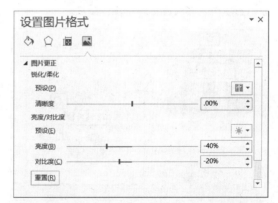

注意

在【图片更正】选项组中，单击【重置】按钮，可撤销所设置的更正参数，恢复初始值。

4．调整图片颜色

选择图片，执行【格式】|【调整】|【颜色】命令，在其级联菜单中的【重新着色】栏中选择相应的选项，设置图片的颜色样式。

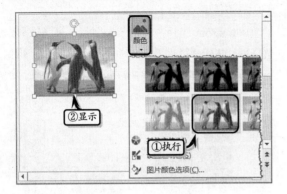

另外，执行【颜色】|【图片颜色选项】命令，在弹出的【设置图片格式】任务窗格中的【图片颜色】选项组中，设置图片颜色的饱和度、色调与重新着色等选项。

> **注意**
> 用户可通过执行【颜色】|【设置透明色】命令，来设置图片的透明效果。

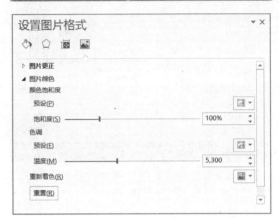

6.5 编辑图片

调整完图片效果之后，还需要进行对齐、旋转、裁剪图片，以及设置图片的显示层次等编辑操作。

1．旋转图片

选择图片，将鼠标移至图片上方的旋转点处，当鼠标变成 ↻ 形状时，按住鼠标左键，当鼠标变成 ✛ 形状时，旋转鼠标即可旋转图片。

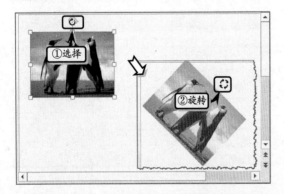

另外，选择图片，执行【图片工具】|【排列】|【旋转】命令，在其级联菜单中选择一种选项，即可将图片向右或向左旋转 90°，以及垂直

和水平翻转图片。

> **注意**
> 执行【图片工具】|【排列】|【旋转】|【其他旋转选项】命令，可在弹出的【设置图片格式】任务窗格中，自定义图片的旋转角度。

2．对齐图片

选择图片，执行【图片工具】|【格式】|【排列】|【对齐】命令，在级联菜单中选择一种对齐方式。

在【对齐】级联菜单中，主要包括左对齐、左右居中、右对齐等 10 种选项。

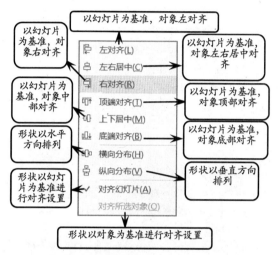

3. 设置显示层次

当幻灯片中存在多个对象时，为了突出显示图片对象的完整性，还需要设置图片的显示层次。

选择图片，执行【图片工具】|【格式】|【排列】|【上移一层】|【置于顶层】命令，将图片放置于所有对象的最上层。

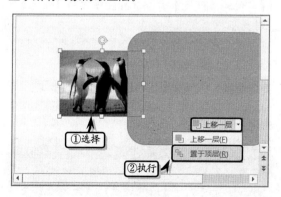

同样，用户也可以选择图片，执行【图片工

具】|【格式】|【排列】|【下移一层】|【置于底层】命令，将图片放置于所有对象的底层。或者，执行【下移一层】|【下移一层】命令，按层次放置图片。

> **技巧**
>
> 选择图片，右击执行【置于顶层】|【置于顶层】命令，也可将图片放置于所有对象的最上面。

4. 裁剪图片

为了达到美化图片的实用性和美观性，还需要对图片进行裁剪，或将图片裁剪成各种形状。

❑ 裁剪大小

选择图片，执行【图片工具】|【格式】|【大小】|【裁剪】|【裁剪】命令，此时在图片的四周将出现裁剪控制点，在裁剪处拖动鼠标选择裁剪区域。

选定裁剪区域后，单击其他地方，即可裁剪图片。

❑ 裁剪为形状

PowerPoint 为用户提供了将图片裁剪成各种形状的功能，通过该功能可以增加图片的美观性。

选择图片，执行【图片工具】|【格式】|【大小】|【裁剪】|【裁剪为形状】命令，在其级联菜单中选择形状类型即可。

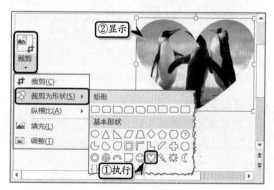

❏ 纵横比裁剪

除了自定义裁剪图片之外，PowerPoint 还提供了纵横比裁剪模式，使用该模式可以将图片以 2：3、3：4、3：5 和 4：5 进行纵向裁剪，或将图片以 3：2、4：3、5：3 和 5：4 等进行横向裁剪。

选择图片，执行【图片工具】|【格式】|【大小】|【裁剪】|【纵横比】命令，在其级联菜单中选择一种裁剪方式即可。

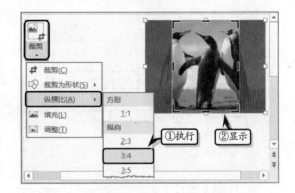

6.6 应用图片样式

在幻灯片中插入图片后，为了增加图片的美观性与实用性，还需要设置图片的格式。设置图片格式主要是对图片样式、图片形状、图片边框及图片效果的设置。

1. 应用快速样式

快速样式是 PowerPoint 预置的各种图像样式的集合。使用快速样式，用户可方便地将预设的样式应用到图像上。PowerPoint 提供了 28 种预设的图像样式，可更改图像的边框以及其他内置的效果。

选择图片，执行【图片工具】|【格式】|【图片样式】|【快速样式】命令，在其级联菜单中选择一种快速样式进行应用。

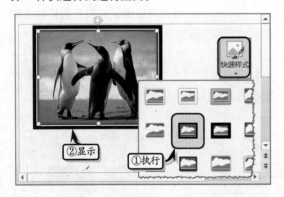

2. 自定义图片边框样式

除了使用系统内置的快速样式来美化图片之外，还可以通过自定义边框样式，来达到美化图片的目的。

❏ 设置边框颜色

选择图片，执行【图片工具】|【格式】|【形状样式】|【图片边框】命令，在其级联菜单中选择一种色块。

> **注意**
>
> 设置图片边框颜色时，执行【图片边框】|【其他轮廓颜色】命令，可在弹出的【颜色】对话框中自定义轮廓颜色。

❏ 设置轮廓样式

然后，执行【形状样式】|【图片边框】|【粗细】和【虚线】命令，在其级联菜单中选择相应的选项。

> **注意**
>
> 当用户不满足当前所设置的图片边框样式时，可通过执行【图片边框】|【无轮廓】命令，取消边框样式。

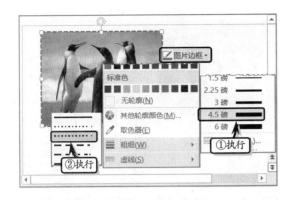

❑ **自定义边框样式**

右击图片执行【设置图片格式】命令，打开【设置图片格式】任务窗格。激活【线条填充】选项卡，在【填充】选项组中，设置颜色的纯色、渐变、图片、纹理或图案等填充效果。

另外，在【线条】选项组中，可以设置线条的颜色、透明度、复合类型和端点类型等线条效果。

3. 设置图片效果

PowerPoint 为用户提供了预设、阴影、映像、发光、柔化边缘、棱台和三维旋转 7 种效果，帮助用户对图片进行特效美化。

选择图片，执行【图片工具】|【格式】|【图片样式】|【图片效果】|【映像】命令，在其级联菜单中选择一种映像效果。

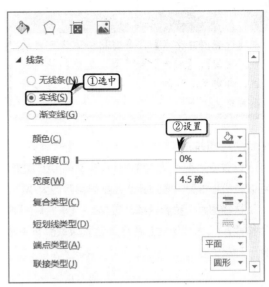

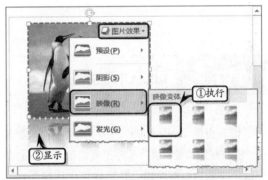

注意

为图片设置映像效果之后，可通过执行【图片效果】|【无映像】命令，取消映像效果。

另外，执行【图片效果】|【映像】|【映像选项】命令，可在弹出的【设置图片格式】任务窗格中，自定义透明度、大小、模糊和距离等映像参数。

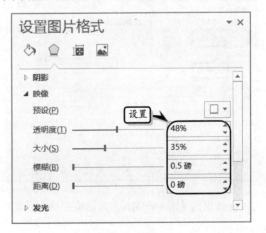

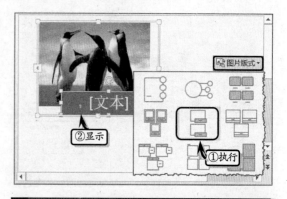

4. 设置图片版式

设置图片版式是将图片转换为 SmartArt 图形，可以轻松地排列、添加标题并排列图片的大小。

选择图片，执行【图片工具】|【格式】|【图片样式】|【图片版式】命令，在其级联菜单中选择一种版式即可。

6.7 插入相册

相册也是 PowerPoint 2010 中的一种图像对象。使用相册功能，用户可将批量的图片导入到多个演示文稿的幻灯片中，并制作包含这些图片的相册。

1. 新建相册

执行【插入】|【图像】|【相册】|【新建相册】命令，在弹出的【相册】对话框中，单击【文件/磁盘】按钮。

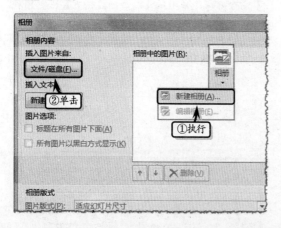

在弹出的【插入新图片】对话框中，选择喜欢

的照片或图片，并单击【插入】按钮，将图片插入到相册中。

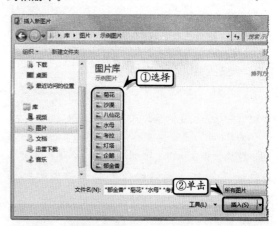

用户可以重复单击【文件/磁盘】按钮，插入多张照片。另外，用户还可以单击【相册】对话框中的【新建文本框】按钮，创建文本框，用于输入对照片或图片的文字说明性文字。

添加照片或图片完毕后，单击【相册】对话框中的【创建】按钮即可，创建相册完毕后，在文本框中输入文字，对照片或图片做文字说明。

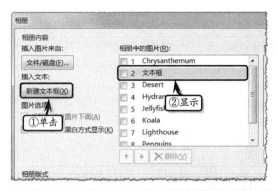

注意

单击【创建】按钮后，系统自动新建一个演示文稿，并且该相册以本计算机命名，而所插入的照片位于第 1 张幻灯片之后。

2．编辑相册

　　选择需要编辑的相册演示文稿，执行【相册】|【编辑相册】命令，在弹出的【编辑相册】对话框中，对相册中的图片进行编辑。

　　用户也可以在包含相册的幻灯片选项卡中，右击幻灯片执行【相册】命令，弹出【编辑相册】对话框。

□ 调整图片顺序

　　在【编辑相册】对话框中的【相册中的图片】列表框中，启用需要调整顺序图片前面的复选框，单击下方的【向上】按钮或【向下】按钮，调整图片在幻灯片中的顺序。

□ 添加/删除图片

　　单击【文件/磁盘】按钮，可在相册中添加图片。在【相册中的图片】列表框中，启用需要删除图片前面的复选框，单击下方的【删除】按钮，即可删除该图片。

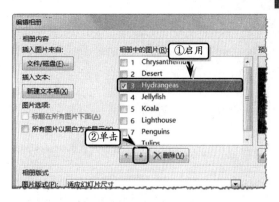

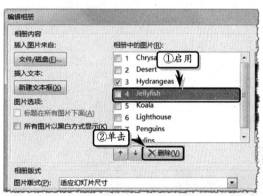

□ 设置图片样式

　　在【相册中的图片】列表框中，启用需要删除图片前面的复选框，单击【预览】列表下方的【顺时针旋转】按钮，即可旋转图片。另外，用户还可以设置图片的亮度和对比度。

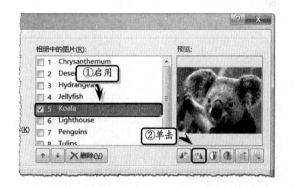

3．设置相册版式

　　用户可以根据相片或图片的大小，在【相册版式】选项组中，设置图片版式，即每张幻灯片显示图片数量，并单击【更新】按钮。

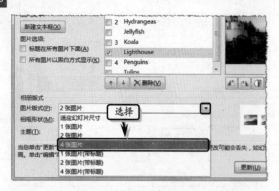

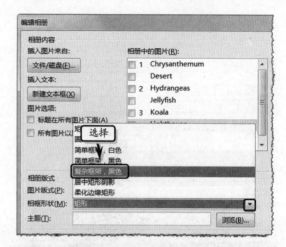

另外，在【相册】对话框中的【相册版式】选项中，还可以设置相框形状及主题。如在【相框形状】下拉列表框中，选择"复杂框架，黑色"样式。

> **注意**
>
> 用户可以单击【主题】选项对应的【浏览】按钮，在弹出的对话框中选择主题文件，即可将主题应用到相册中。

6.8 插入艺术字

艺术字是一个文字样式库，可以将艺术字添加到文档中以制作出装饰性效果。另外，还可以将幻灯片中的文本转换为艺术字，从而为幻灯片添加特殊文字效果。

1．插入艺术字

执行【插入】|【文本】|【艺术字】命令，在其列表中选择相应的选项，并在弹出的文本框中输入文本。

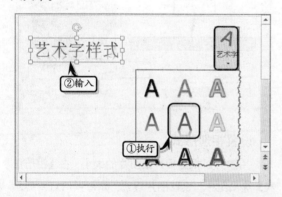

另外，还可以根据幻灯片中的文本插入艺术字。选择文本，执行【插入】|【文本】|【艺术字】命令，系统会自动在幻灯片中插入一个内容与文本内容一致的艺术字。

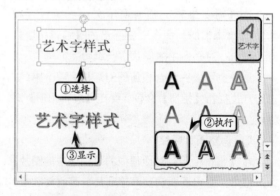

2．设置填充颜色

为了使艺术字更加美观，用户还需要像设置图片效果那样设置艺术字的填充色。

□ 设置纯色填充

选择艺术字，执行【绘图工具】|【格式】|【艺术字样式】|【文本填充】命令，在列表中选择一种色块即可。

命令，在其级联菜单中选择相应的选项即可。

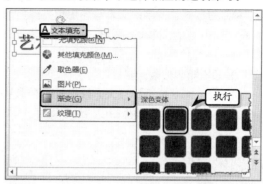

注意

选择艺术字，在【字体】选项组中或在【浮动工具栏】上，执行【字体颜色】命令中相应的选项，即可设置艺术字的填充颜色。

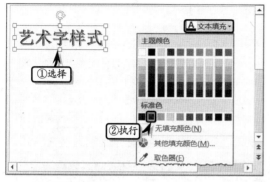

注意

执行【文本填充】|【纹理】命令，在其级联菜单中选择纹理样式，设置艺术字的纹理填充效果。

3. 设置轮廓颜色

在 PowerPoint 中，除了可以设置艺术字的填充颜色之外，用户还可以像设置普通字体那样，设置艺术字的轮廓样式。

执行【格式】|【艺术字样式】|【文本轮廓】命令，在其列表中选择一种色块即可。

❑ **图片填充**

执行【艺术字样式】|【文本填充】|【图片】命令，并在弹出的【插入图片】对话框中选择【来自文件】选项。

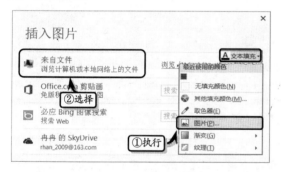

然后，在弹出的【插入图片】对话框中，选择需要插入的图片文件，单击【插入】按钮即可。

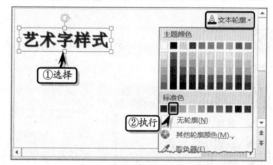

另外，执行【文本轮廓】命令，在其列表中选择【粗细】与【虚线】选项，分别为其设置线条粗细与虚线样式。

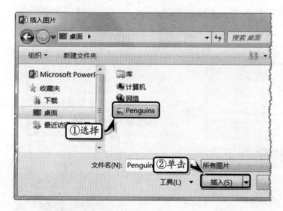

❑ **设置渐变填充**

执行【艺术字样式】|【文本填充】|【渐变】

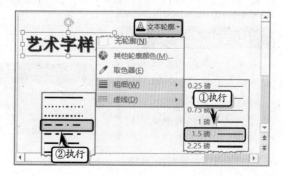

4．设置文本效果

除了可以对艺术字的文本与轮廓填充颜色之外，用户还可以为文本添加阴影、发光、映像等外观效果。

❏ 设置阴影效果

执行【艺术字样式】|【文本效果】|【阴影】命令，在其级联菜单中选择相应的选项即可。

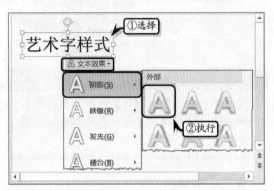

> **注意**
>
> 可通过执行【阴影】|【阴影选项】命令，在弹出的【设置文本效果格式】任务窗格中，设置阴影效果。

❏ 设置映像效果

执行【艺术字样式】|【文本效果】|【映像】命令，在其级联菜单中选择相应的选项。

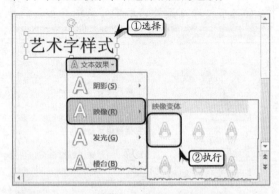

> **注意**
>
> 用户可使用同样的方法，分别设置发光、棱台、三维旋转等文本效果。

6.9 欢迎使用 PowerPoint 之二

> **练习要点**
>
> ● 新建幻灯片
> ● 设置字体格式
> ● 插入图片
> ● 设置节
> ● 创建超链接
> ● 应用切换效果

> **技巧**
>
> 新建第一张标题和内容版式的幻灯片后，选择新建幻灯片，按下 Enter 键即可快速创建相同版式的幻灯片。

在前面的章节中，介绍了制作"欢迎使用 PowerPoint"演示文稿的幻灯片母版和主题页幻灯片。在本练习中，将详细介绍制作"欢迎使用 PowerPoint"演示文稿的主要内容，以帮助用户熟悉并掌握 PowerPoint 中设置文本格式、新建幻灯片、插入图片等基础知识的操作方法和技巧。

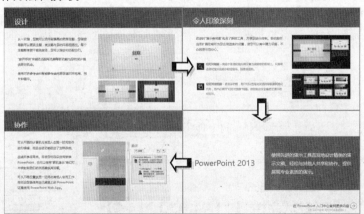

操作步骤 〉〉〉〉

STEP|01 新建幻灯片。打开演示文稿，执行【开始】|【幻灯片】|【新建幻灯片】|【标题和内容】命令，新建 3 张标题和内容版式幻灯片。同时，执行【新建幻灯片】|【空白】命令，新建 1 张空白版式的幻灯片。

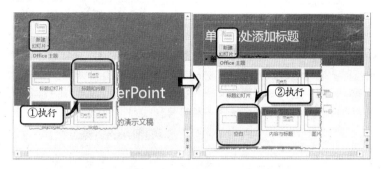

STEP|02 制作"设计"幻灯片。选择第 2 张幻灯片，在标题占位符中输入标题文本，并设置文本的字体格式。然后，在内容占位符中输入正文内容，并设置其字体和对齐格式。

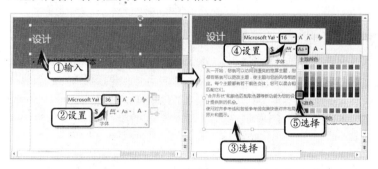

STEP|03 单击【开始】选项卡【段落】选项组中的【对话框启动器】按钮，在【缩进和间距】选项卡中，设置间距样式。执行【插入】|【图像】|【图片】命令，选择图片文件，单击【插入】按钮，插入图片。然后，拖动图片调整图片的具体位置。

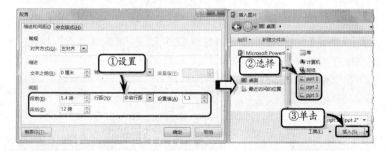

STEP|04 制作"令人印象深刻"幻灯片。选择第 3 张幻灯片，在标题占位符中输入标题文本，并设置文本的字体格式。然后，在内容占位符中输入文本，并分别设置文本的字体格式。

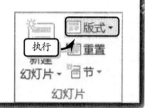

提示

新建幻灯片之后，可通过执行【开始】|【幻灯片】|【版式】命令，在其级联菜单中选择一种选项来更改幻灯片的版式。

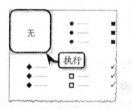

提示

由于幻灯片中的内容占位符中的段落格式显示为带项目符号的格式，所以输入文本之后，需要选择文本占位符，执行【开始】|【段落】|【项目符号】|【无】命令，取消项目符号。

提示

选择占位符，执行【开始】|【段落】|【行距】|【行距选项】命令，也可打开【段落】对话框。

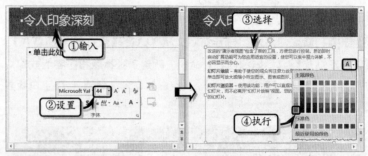

技巧

在设置文本的字体格式时，可选择文本，执行【开始】|【字体】|【字符间距】命令，来设置文本之间的间距。

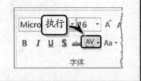

STEP|05 选择正文占位符，单击【开始】选项卡【段落】选项组中的【对话框启动器】按钮，在【缩进和间距】选项卡中设置文本间距样式。同时，选择最后两段文本，执行【开始】|【段落】|【项目符号】命令，在级联菜单中选择一种符号样式。

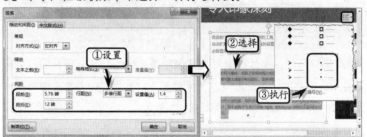

STEP|06 然后，单击【段落】选项组中的【对话框启动器】按钮，在【缩进和间距】选项卡中设置段落的缩进样式。同时，执行【插入】|【图像】|【图片】命令，选择图片文件，单击【插入】按钮，插入并调整图片的位置。

提示

在为文本添加项目符号时，可执行【开始】|【段落】|【项目符号】|【项目符号和编号】命令，在弹出的对话框中自定义项目符号。

STEP|07 制作"协作"幻灯片。选择第 4 张幻灯片，输入标题和正文文本，并分别设置文本的字体格式和段落格式。然后，执行【插入】|【图像】|【图片】命令，选择图片文件，单击【插入】按钮，插入图片，并调整图片的位置。

提示

当用户需要设置多个幻灯片中相同段落格式的文本时，可选择已设置好的文本段落，执行【开始】|【剪贴板】|【格式刷】命令。然后，单击未设置格式的文本段落即可快速应用格式。

STEP|08 制作结尾幻灯片。选择第 5 张幻灯片，在占位符中输入文本内容，并设置文本的字体格式。复制多个占位符，更改文本，设置文本的字体格式并调整占位符的位置。

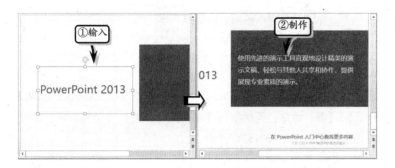

STEP|09 执行【插入】|【图像】|【图片】命令，选择图片文件，单击【插入】按钮，插入图片，并调整图片的位置。然后，选择图片，执行【插入】|【链接】|【超链接】命令，在【地址】栏中输入链接地址。

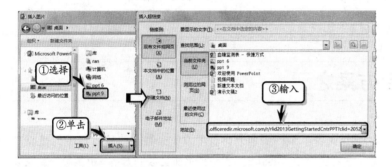

STEP|10 新增节。选择第 1 张幻灯片，执行【开始】|【幻灯片】|【节】|【新增节】命令，新增加一个节。使用同样的方法，分别在第 2 张和第 5 张幻灯片上方新增节。

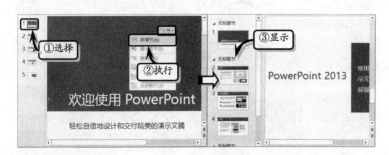

STEP|11 重命名节。选择第 1 个节，执行【开始】|【幻灯片】|【节】|【重命名】命令，在弹出的对话框中输入节名称，并单击【重命名】按钮。使用同样的方法，分别重命名其他节名称。

提示

在调整图片位置时，可将鼠标放置于图片上方，当鼠标变成 形状时，拖动鼠标即可调整图片的位置。

提示

选择文本占位符，执行【开始】|【段落】|【对齐文本】|【中部对齐】命令，设置文本的垂直对齐格式。

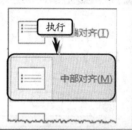

提示

为图片添加超链接之后，右击图片执行【取消超链接】命令，即可取消已添加的超链接。

提示

为幻灯片新增节之后，执行【节】|【删除所有节】命令，即可删除幻灯片中的所有新增节。

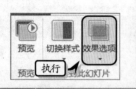
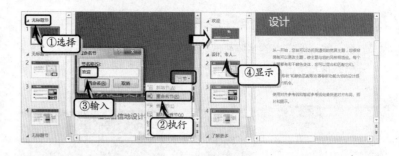

STEP|12 设置切换效果。选择第 1 张幻灯片，执行【切换】|【切换样式】|【框】命令，同时执行【切换】|【计时】|【全部应用】命令，将切换效果应用到所有幻灯片中。

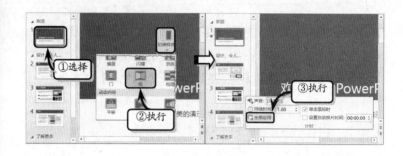

PowerPoint

6.10 企业改制方案之三

企业改革中的主辅分离改革方案是整个改革方案中的核心内容，在本实例中主要介绍"上海亚薪企业改制方案"中主辅分离改革方案及资金来源等幻灯片的制作。

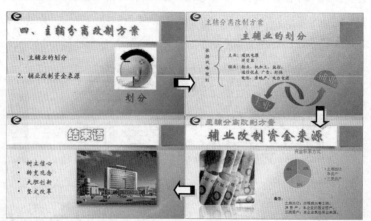

操作步骤 ▶▶▶▶

STEP|01 新建幻灯片。执行【开始】|【幻灯片】|【新建幻灯片】|【标题和内容】命令，新建一张幻灯片。然后，将光标置于标题占位

符中输入"四、主辅分离改制方案"文字。

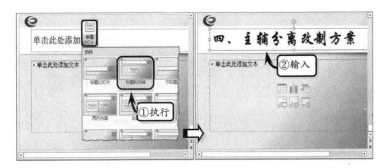

STEP|02 设置文本效果。选择标题占位符中的文字,执行【格式】|【艺术字样式】|【其他】|【填充-淡紫,着色 1,轮廓-背景 1,清晰阴影-着色】命令,设置文字艺术样式。然后,在文本占位符中输入内容,并调整其文本框的大小和位置。

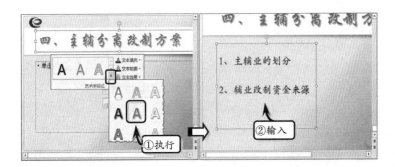

STEP|03 插入图片。执行【插入】|【图像】|【图片】命令,在打开的对话框中选择一张图片插入,并调整其位置和大小。然后,执行【插入】|【文本】|【文本框】|【横排文本框】命令,在图片下方的位置绘制一个横排文本框,并在其中输入文字。

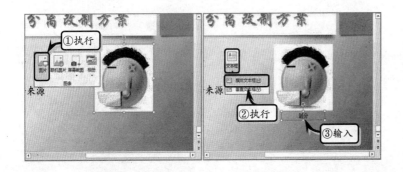

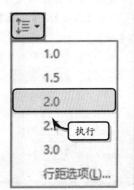
STEP|04 设置字体效果。在绘制的文本框中输入"划分"文字,执行【格式】|【艺术字样式】|【其他】|【填充-绿色,着色 3,锋利棱台】命令;同时执行【格式】|【艺术字样式】|【文本效果】|【映像】

提示

选择"划分"文字，执行【开始】|【字体】|【字体】|【华文新魏】命令，同时执行【开始】|【字体】|【字号】|【60】命令，设置文本格式。

【紧密映像,接触】命令，设置文本艺术字样式。

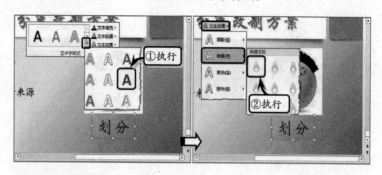

STEP|05 新建幻灯片。执行【开始】|【幻灯片】|【新建幻灯片】|【空白】命令，新建一张空白的幻灯片。然后，执行【插入】|【文本】|【文本框】|【横排文本框】命令，在标志的位置绘制一个文本框，并在其中输入文字。

提示

选择"主辅分离改制方案"文字，执行【开始】|【字体】|【字体】|【华文楷体】命令，同时执行【开始】|【字体】|【字号】|【40】命令，设置文本格式。

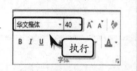

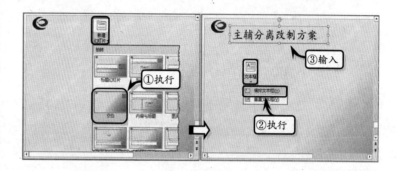

STEP|06 设置文本效果。选择"主辅分离改制方案"文字，执行【格式】|【艺术字样式】|【其他】|【渐变填充-淡紫,着色 1,反射】命令；同时执行【格式】|【艺术字样式】|【其他】|【填充-橙色,着色 1,阴影】命令，设置文本艺术字样式。

提示

使用相同的方法绘制一个文本框，并在其中输入"主辅业的划分"文字，执行【开始】|【字体】|【字体】|【华文新魏】命令，同时执行【开始】|【字体】|【字号】|【60】命令，设置文本格式。

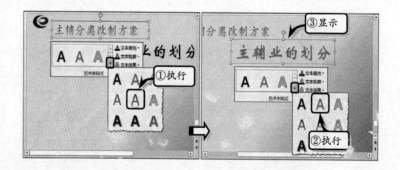

STEP|07 插入形状。执行【插入】|【插图】|【形状】|【直线】命令，在文档中绘制一条直线，用来划分标题与内容。选择标题，执行【格式】|【形状样式】|【形状效果】|【棱台】|【艺术装饰】命令，

设置形状效果。

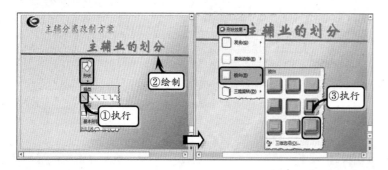

STEP|08 插入内容。执行【插入】|【文本】|【文本框】|【垂直文本框】命令，在文档中绘制一条垂直文本框，并在其中输入文字。然后，执行【插入】|【插图】|【形状】|【左大括号】命令，在文档中绘制该形状。

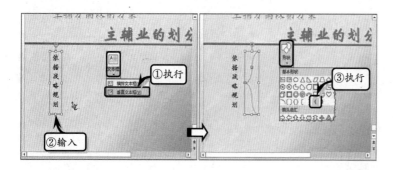

STEP|09 设置形状样式。选择"左大括号"形状，执行【格式】|【形状样式】|【形状轮廓】|【粗细】|【4.5 磅】命令，设置形状粗细。然后，使用上述插入文本框的方法绘制两个横排文本框，并分别在文本框中输入文字。

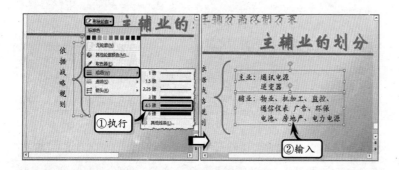

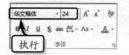

STEP|10 插入形状。执行【插入】|【插图】|【形状】|【弦形】命令，在文档中绘制该形状。然后，用相同的方法绘制另一个"弦形"形状，并调整其位置和大小。

技巧

选择形状，将鼠标置于"黄色调整柄"上，拖动进行调整。

提示

将鼠标置于调整柄位置处，当光标变成"旋转箭头" ↻ 时，旋转形状。

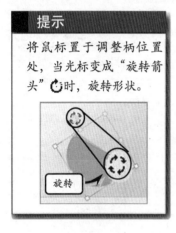

提示

选择"上弧形箭头"形状，执行【格式】|【排列】|【旋转】|【水平翻转】命令，调换首尾。

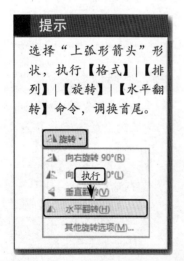

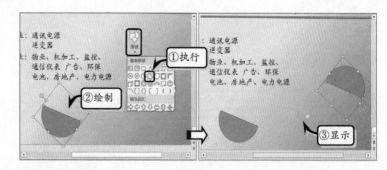

STEP|11 设置形状样式。选择"弦形"形状，执行【格式】|【形状样式】|【其他】|【强烈效果-水绿色,强调颜色 4】命令；选择另一个"弦形"形状，执行【格式】|【形状样式】|【其他】|【强烈效果-玫瑰红,强调颜色 6】命令，设置形状样式。

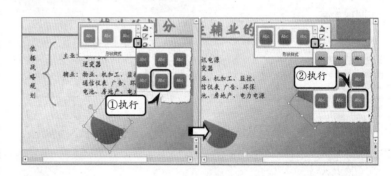

STEP|12 插入形状。执行【插入】|【插图】|【形状】|【上弧形箭头】命令，在文档中绘制该形状。然后，用相同的方法绘制一个"下弧形箭头"形状，并调整其位置和大小。

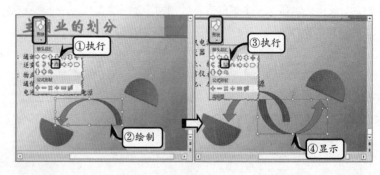

STEP|13 插入艺术字。执行【插入】|【文本】|【艺术字】|【填充-灰色-25%,背景 2,内部阴影】命令，输入"主业"文字，并将其移动到"上弧形箭头"形状中，旋转艺术字。然后用相同的方法插入"辅业"艺术字。

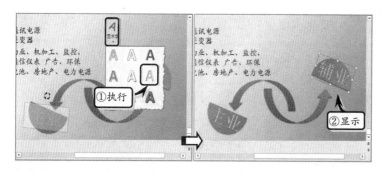

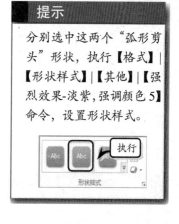

STEP|14 新建幻灯片。执行【开始】|【幻灯片】|【新建幻灯片】|【仅标题】命令，新建一张幻灯片。然后，执行【插入】|【文本】|【艺术字】|【填充-橙色，着色1，阴影】命令，在文本框中输入文字，并调整其位置。

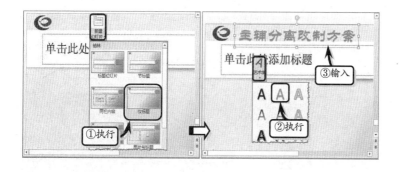

STEP|15 设置字体效果。在标题占位符中输入文字。执行【开始】|【段落】|【居中】命令，设置文本居中对齐。然后，执行【格式】|【艺术字样式】|【其他】|【填充-淡紫，着色1，轮廓-背景1，清晰阴影-着色】，设置文字艺术字样式。

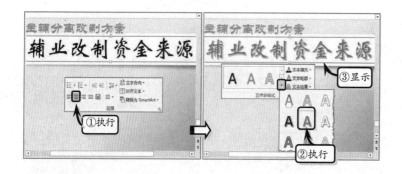

STEP|16 插入图片。执行【插入】|【图像】|【图片】命令，在打开的对话框中选择一幅图片插入，并调整图片的位置。然后，执行【格式】|【图片样式】|【其他】|【映像圆角矩形】命令，设置图片样式。

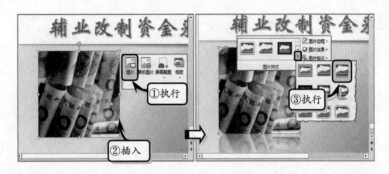

技巧

调整图片的方法除了用鼠标拖动，还可以通过键盘上的"⇧、⇩、⇦、⇨"键来调整图片的位置。

STEP|17 插入图表。执行【插入】|【插入】|【图表】命令，在打开的【插入图表】对话框中，在【饼图】选项组中选择【饼图】选项，单击【确定】按钮。在打开的 Excel 电子表格中，编辑图表数据，完成后关闭 Excel 电子表格即可。

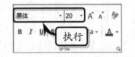

提示

选择图表，执行【开始】|【字体】|【字体】|【黑体】命令，同时执行【开始】|【字体】|【字号】|【20】命令，设置图表中字体格式。

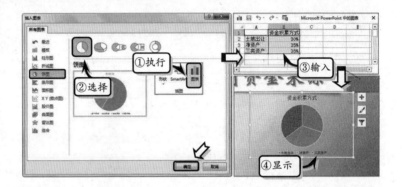

STEP|18 设置图表样式。选择图表，执行【图表工具】|【设计】|【图表布局】|【添加图表元素】|【数据标签】|【数据标签内】命令，将数据添加到图表内。然后，选择图表标题文字，执行【开始】|【字体】|【颜色】|【浅蓝】命令，设置字体颜色。

技巧

设置图表数据的方法，可以通过【图表工具】|【设计】|【图表布局】|【快速布局】|【布局6】命令，实现图表布局。

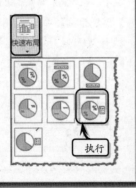

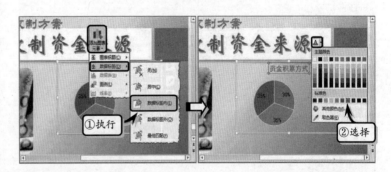

STEP|19 插入文本框。执行【插入】|【文本】|【文本框】|【横排文本框】命令，在图表下方插入一个文本框，并在其中输入文字。选择"备注"文字，在弹出的【浮动工具栏】中设置其字体格式。

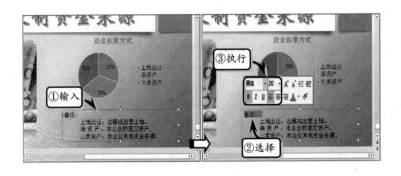

STEP|20 新建幻灯片。执行【开始】|【幻灯片】|【新建幻灯片】|【图片与标题】命令，新建一张幻灯片。分别在标题、文本占位符中输入文字。

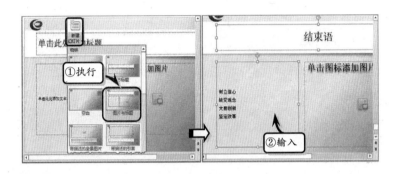

STEP|21 设置标题字体效果。选择标题文字，执行【开始】|【字体】|【字体】|【华文彩云】命令，同时执行【开始】|【字体】|【字号】|【66】命令。执行【格式】|【艺术字样式】|【其他】|【填充-橙色，着色1，阴影】命令，即可设置文本效果。

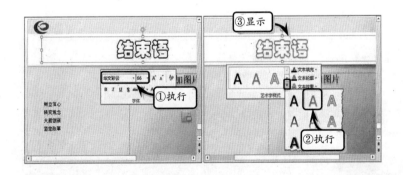

STEP|22 设置文本内容效果。选择文本文字，执行【开始】|【字体】|【颜色】|【玫瑰红，着色6，深色50%】命令，设置字体颜色。然后，执行【开始】|【段落】|【项目符号】|【带填充效果的图形项目符号】命令，为文本添加项目符号。

技巧

关于设置文字格式的方法，还可以通过在【开始】选项卡【字体】选项组中单击【对话框启动器】按钮，在打开的【字体】对话框中设置字体各项参数。

提示

选择标题占位符中的文字，执行【开始】|【段落】|【居中】命令，设置文本居中对齐。

提示

选择文本占位符中的文字，执行【开始】|【字体】|【字体】|【华文新魏】命令，同时执行【开始】|【字体】|【字号】|【36】命令，设置字体格式。

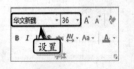

技巧

如果用户觉得总要设置字体格式麻烦的话，可以通过前几张幻灯片字体设置应用到该幻灯片的文字中。

具体操作方法：选择第二张幻灯片的文本内容，单击【格式刷】按钮，选择最后一张幻灯片的内容即可应用第二张幻灯片的字体格式。

技巧

插入图片的方法，还可以通过执行【插入】|【图像】|【图片】命令，在打开的对话框中选择需要的图片插入即可。

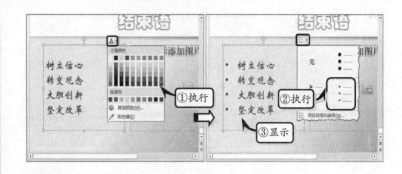

STEP|23 添加图片。单击图片占位符中的【图片】按钮，在打开的对话框中选择一幅图片插入。然后，执行【格式】|【图片样式】|【其他】|【矩形投影】命令，设置图片效果。

6.11 高手答疑

问题1：如何组合图片？

解答1：在幻灯片中先选择第一张图片，然后按住 Ctrl 键的同时选择其他剩余图片。执行【图片工具】|【格式】|【排列】|【组合】|【组合】命令，即可组合所选图片。

问题2：如何设置图片的艺术效果？

解答2：选择图片，执行【图片工具】|【调整】|【艺术效果】命令，在其级联菜单中选择一种艺术效果即可。

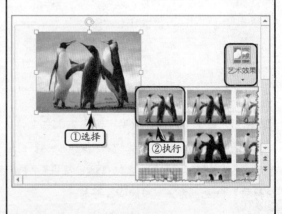

问题 3：如何更改插入的图片？

解答 3：当用户在幻灯片中插入图片并设置图片格式之后，在调整图片而需要保持现有的图片格式时，可以选择图片，执行【图片工具】|【格式】|【调整】|【更改图片】命令。在弹出的【插入图片】对话框中，选择【来自文件】选项。

然后，在弹出的【插入图片】对话框中选择图片文件，单击【插入】按钮即可。

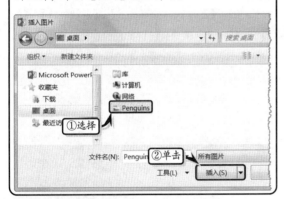

问题 4：如何删除图片背景？

解答 4：选择图片，执行【图片工具】|【调整】|【删除背景】命令，此时系统会自动显示删除区域，并标注背景。在【背景消除】选项卡中，执行【保留更改】命令即可。

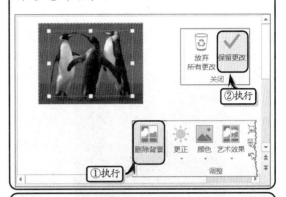

问题 5：如何设置艺术字的转换效果？

解答 5：选择艺术字，执行【绘图工具】|【格式】|【艺术字样式】|【文本效果】|【转换】|【倒V形】命令，设置艺术字的转换效果。

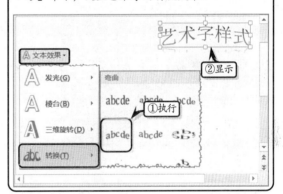

PowerPoint **6.12** **新手训练营**

练习 1：裁剪图片

🔵 downloads\第 6 章\新手训练营\裁剪图片

提示：本练习中，首先执行【插入】|【图像】|【图片】命令，选择图片文件，单击【插入】按钮，插入图片。然后，选择图片，执行【图片工具】|【格式】|【大小】|【裁剪】|【裁剪】命令，裁剪图片。同时，执行【大小】|【裁剪】|【裁剪为形状】|【圆

柱形】命令，将图片裁剪为圆柱形样式。最后，执行【图片工具】|【格式】|【图片样式】|【图片效果】|【映像】|【紧密映像,接触】命令，设置图片样式。

练习 2：立体相框

🔵 downloads\第 6 章\新手训练营\立体相框

提示：本练习中，首先执行【插入】|【图像】|【图片】命令，选择图片文件，单击【插入】按钮，

插入图片并调整图片的大小。然后，执行【图片工具】|【格式】|【图片样式】|【双框架,黑色】命令，同时执行【图片效果】|【棱台】|【艺术装饰】命令。最后，右击图片执行【设置图片格式】命令，激活【填充线条】选项卡，展开【线条】选项组，将【颜色】设置为"黄色"，将【宽度】设置为"24.5"。同时，激活【效果】选项卡，设置图片的三维格式。

练习 3：创建相册

downloads\第 6 章\新手训练营\创建相册

提示：本练习中，首先执行【插入】|【图像】|【相册】|【新建相册】命令，在弹出的【相册】对话框中，单击【文件/磁盘】命令，添加相册图片。然后，将【图片版式】设置为"4 张图片"，将【相框形状】设置为"复制框架,黑色"。最后，执行【设计】|【主题】|【丝状】命令，设置相册的主题样式。

练习 4：语文课件封面

downloads\第 6 章\新手训练营\语文课件封面

提示：本练习中，首先新建空白演示文稿，并将幻灯片的大小设置为"标准"状态。然后，执行【插入】|【图像】|【图片】命令，选择图片文件，单击【插入】按钮，插入图片并调整图片的大小和位置。同时，执行【图片工具】|【格式】|【形状样式】|【裁剪对角线,白色】命令，设置图片的样式。最后，插入艺术字，输入文本并设置文本的字体格式。

第 **7** 章

添加形状

　　PowerPoint 为用户提供了形状绘制工具，允许用户为演示文稿添加箭头、方框、圆角矩形等各种矢量形状，并设置这些形状的样式。通过使用形状绘制工具，不仅美化了演示文稿，也使演示文稿更加生动、形象，更富有说明力。在本章中，将结合 PowerPoint 的形状绘制和编辑功能，介绍矢量形状的制作以及为形状添加文本框、设置文本框格式等技术。

7.1 绘制形状

形状是 Office 系列软件的一种特有功能，可为 Office 文档添加各种线、框、图形等元素，丰富 Office 文档的内容。在 PowerPoint 2013 中，用户也可以方便地为演示文稿插入这些图形。

1．绘制直线形状

线条是最基本的图形元素，执行【插入】|【插图】|【形状】|【直线】命令，拖动鼠标即可在幻灯片中绘制一条直线。

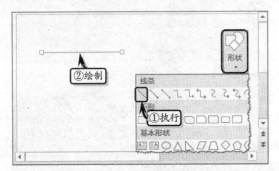

技巧

在绘制直线时，按住鼠标左键的同时，按住 Shift 键，然后拖动鼠标左键，至合适位置释放鼠标左键，完成水平或垂直直线的绘制。

2．绘制任意多边形

执行【插入】|【插图】|【形状】|【任意多边形】命令，在幻灯片中单击鼠标绘制起点，然后依次单击鼠标并根据鼠标的落点，将其连接构成任意多边形。

另外，如用户按住鼠标拖动绘制，则【任意多边形】工具 将采集鼠标运动的轨迹，构成一个曲线。

注意

用户也可以执行【开始】|【绘图】|【其他】命令，在其级联菜单中选择形状类型，拖动鼠标即可绘制形状。

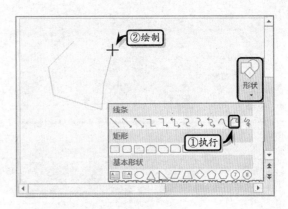

3．绘制曲线

绘制曲线的方法与绘制任意多边形的方法大体相同，执行【插入】|【插图】|【形状】|【曲线】命令，拖动鼠标在幻灯片中绘制一个线段，然后单击鼠标确定曲线的拐点，最后继续绘制即可。

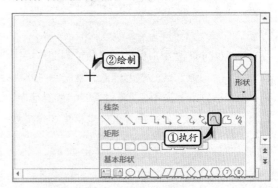

4．绘制其他形状

除了线条之外，PowerPoint 还提供了大量的基本形状、矩形、箭头总汇、公式形状、流程图等各类形状预设，允许用户绘制更复杂的图形，将其添加到演示文稿中。

执行【插入】|【插图】|【形状】|【心形】命令，在幻灯片中拖动鼠标即可绘制一个心形形状。

注意

在绘制绝大多数基于几何图形的形状时，用户都可以按住 Shift 键之后再进行绘制，绘制圆形、正方形或等比例缩放显示的形状。

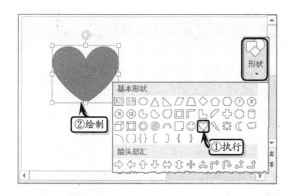

PowerPoint

7.2　编辑形状

在幻灯片中绘制形状之后，还需要根据幻灯片的布局设计，对形状进行调整大小、合并形状、编辑形状顶点的编辑操作。

1. 调整形状大小

选择形状，在形状四周将出现 8 个控制点。此时，将光标移至控制点上，拖动鼠标即可调整形状的大小。

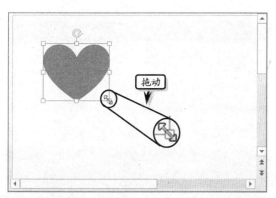

技巧

按下 Shift 键或 Alt 键的同时，拖动图形对角控制点，即可对图形进行比例缩放。

另外，旋转形状，在【格式】选项卡【大小】选项组中，直接输入形状的高度与宽度值，即可精确调整形状的大小。

单击【格式】选项卡【大小】选项组中的【对话框启动器】按钮，在弹出的【设置形状格式】任务窗格中的【大小】选项组中，输入形状的高度与宽度值。

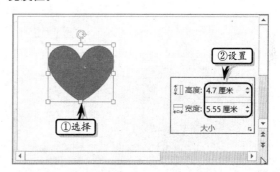

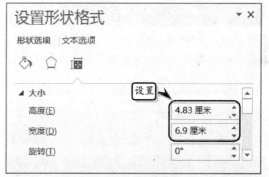

技巧

选择形状，右击鼠标执行【设置形状格式】命令，即可弹出【设置形状格式】任务窗格。

2. 合并形状

合并形状是将所选形状合并成一个或多个新的几何形状。同时选择需要合并的多个形状，执行【绘图工具】|【插入形状】|【合并形状】|【联合】命令，将所选的多个形状联合成一个几何形状。

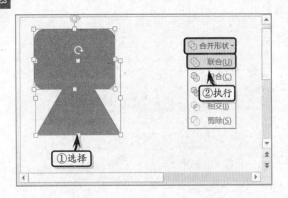

另外，选择多个形状，执行【绘图工具】|【插入形状】|【合并形状】|【联合】命令，即可将所选形状组合成一个几何形状，而组合后形状中重叠的部分将被自动消除。

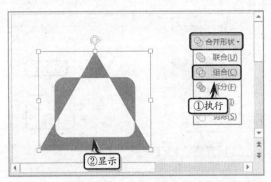

3．编辑形状顶点

选择形状，执行【绘图工具】|【插入形状】|【编辑形状】|【编辑顶点】命令。然后，拖动鼠标调整形状顶点的位置即可。

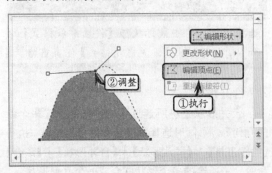

4．重排连接符

在 PowerPoint 2013 中，除了可以更改形状与编辑形状顶点之外，还可以重排链接形状的连接符。首先，在幻灯片中绘制两个形状。然后，执行【插入】|【插图】|【形状】|【箭头】命令，移动鼠标至第 1 个形状上方，当形状四周出现圆形的连接点时，单击其中一个连接点，开始绘制形状。

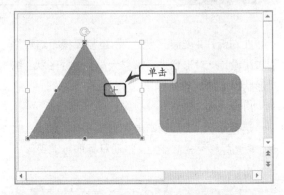

当拖动鼠标绘制形状至第 2 个形状上方时，在该形状的四周会出现蓝色的链接点。此时，将绘制形状与该形状的链接点融合在一起即完成连接形状的操作。

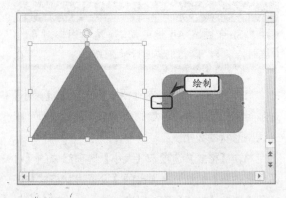

此时，执行【绘图工具】|【格式】|【插入形状】|【编辑形状】|【重排连接符】命令，即可重新排列连接符的起始和终止位置。

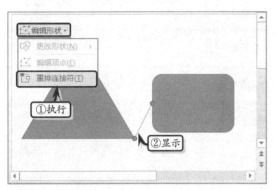

5．输入文本

除了设置形状的外观样式与格式之外，用户还

需为形状添加文字，使其具有图文并茂的效果。右击形状执行【编辑文字】命令，在形状中输入文字。

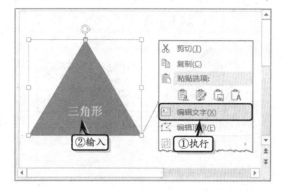

7.3 排列形状

排列形状是对形状进行组合、对齐、旋转等一系列的操作，从而可以使形状更符合幻灯片的整体设计需求。

1．组合形状

组合形状是将多个形状合并成一个形状，首先按住 Ctrl 键或 Shift 键的同时选择需要组合的图形。然后，执行【绘图工具】|【格式】|【排列】|【组合】|【组合】命令，组合选中的形状。

> **注意**
> 用户也可以同时选择多个形状，右击形状执行【组合】|【组合】命令，组合所有的形状。

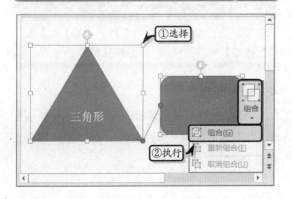

另外，对于已组合的形状，用户可通过执行【绘图工具】|【格式】|【排列】|【组合】|【取消组合】命令，取消已组合的形状。

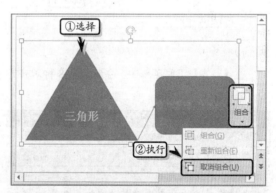

> **注意**
> 用户也可以通过执行【开始】|【绘图】|【排列】|【取消组合】命令，取消已组合的形状。

取消已组合的形状之后，用户还可以通过【绘图工具】|【格式】|【排列】|【组合】|【重新组合】命令，重新按照最初组合方式，再次对形状进行

组合。

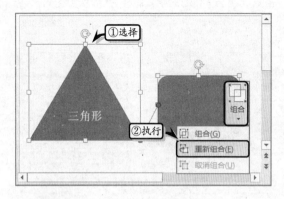

2. 对齐形状

选择形状，执行【绘图工具】|【排列】|【对齐】命令，在其级联菜单中选择一种对齐方式即可。

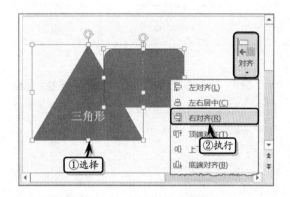

在【对齐】级联菜单中，主要包括8种对齐方式，其作用如下所示。

对齐方式	作　　用
左对齐	以幻灯片的左侧边线为基点对齐
左右居中	以幻灯片的水平中心点为基点对齐
右对齐	以幻灯片的右侧边线为基点对齐
顶端对齐	以幻灯片的顶端边线为基点对齐
上下居中	以幻灯片的垂直中心点为基点对齐
底端对齐	以幻灯片的底端边线为基点对齐
横向分布	在幻灯片的水平线上平均分布形状
纵向分布	在幻灯片的垂直线上平均分布形状

当用户执行【对齐】|【对齐所选对象】命令后，则以上8种对齐方式的作用如下所示。

对齐方式	作　　用
左对齐	以先选择的形状左侧调节柄为基点对齐
左右居中	以先选择的形状水平中心点为基点对齐
右对齐	以先选择的形状右侧调节柄为基点对齐
顶端对齐	以先选择的形状顶端调节柄为基点对齐
上下居中	以先选择的形状垂直中心点为基点对齐
底端对齐	以先选择的形状底端调节柄为基点对齐
横向分布	根据3个以上形状水平中心点平均分配距离
纵向分布	根据3个以上形状垂直中心点平均分配距离

3. 设置显示层次

选择形状，执行【绘图工具】|【格式】|【排列】|【上移一层】或【下移一层】命令，在级联菜单中选择一种选项，即可调整形状的显示层次。

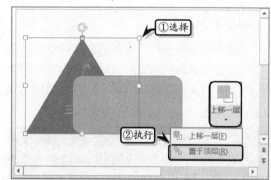

技巧

选择形状，右击鼠标执行【置于顶层】或【置于底层】命令，即可调整形状的显示层次。

4. 旋转形状

选择形状，将光标移动到形状上方的旋转按钮上，按住鼠标左键，当光标变为🔄形状时，旋转鼠标即可旋转形状。

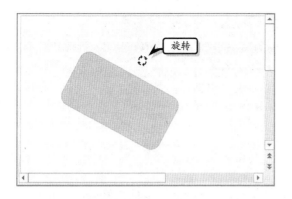

另外，选择形状，执行【绘图工具】|【格式】|【排列】|【旋转】|【向右旋转 90°】命令，即可将图片向右旋转 90°。

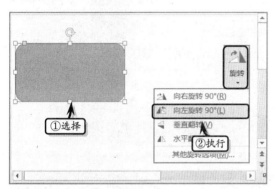

除此之外，选择形状，执行【旋转】|【其他旋转选项】命令，在弹出的【设置形状格式】任务窗格中的【大小】选项卡中，输入旋转角度值，即可按指定的角度旋转形状。

7.4　设置形状样式

形状格式是指形状的填充、轮廓和效果等属性。在 PowerPoint 中，用户不仅可以为占位符、图像和文本设置样式，还可以为形状设置填充、轮廓和效果等样式。

1．应用内置形状样式

PowerPoint 2013 内置了 42 种形状样式，选择形状，执行【绘图工具】|【格式】|【形状样式】|【其他】下拉按钮，在其下拉列表中选择一种形状样式。

> **注意**
>
> 选择形状，执行【开始】|【绘图】|【快速样式】命令，在其级联菜单中选择一种样式，即可为形状应用内置样式。

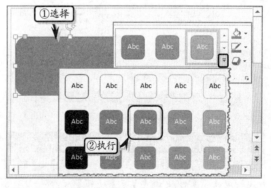

2．设置形状填充

用户可运用 PowerPoint 中的【形状填充】命令，来设置形状的纯色、渐变、纹理或图片填充等填充格式，从而让形状具有多彩的外观。

（1）纯色填充

选择形状，执行【绘图工具】|【形状样式】|【形状填充】命令，在其级联菜单中选择一种色块。

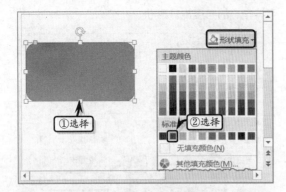

> **注意**
>
> 用户也可以执行【形状填充】|【其他填充颜色】命令，在弹出的【颜色】对话框中自定义填充颜色。

（2）图片填充

选择形状，执行【绘图工具】|【形状样式】|【形状填充】|【图片】命令，然后在弹出的【插入图片】对话框中，选择【来自文件】选项。

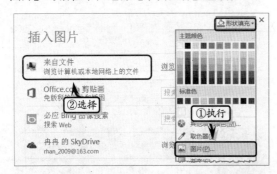

然后，在弹出的【插入图片】对话框中，选择图片文件，单击【插入】按钮即可。

> **注意**
>
> 选择形状，执行【绘图工具】|【格式】|【形状样式】|【形状填充】|【纹理】命令，在其级联菜单中选择一种样式即可。

（3）渐变填充

选择形状，执行【绘图工具】|【格式】|【形状样式】|【形状填充】|【渐变】命令，在其级联菜单中选择一种渐变样式。

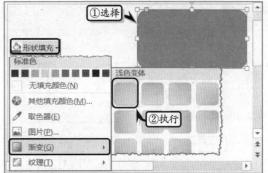

> **注意**
>
> 选择形状，执行【绘图工具】|【格式】|【形状样式】|【形状填充】|【取色器】命令，拖动鼠标即可吸取其他形状中的颜色。

另外，可以执行【形状填充】|【渐变】|【其他渐变】命令，在弹出的【设置形状格式】任务窗格中，设置渐变填充的预设颜色、类型、方向等渐变选项。

在【渐变填充】列表中，主要包括下列选项：

❑ **预设渐变** 用于设置系统内置的渐变样式，包括红日西斜、麦浪滚滚、金色年华等24种内设样式。

❑ **类型** 用于设置颜色的渐变方式，包括线性、射线、矩形与路径方式。

❑ **方向** 用于设置渐变颜色的渐变方向，一般分为对角、由内至外等不同方向。该选项根据【类型】选项的变化而改变，例如当【方向】选项为"矩形"时，【方向】

选项包括从右下角、中心辐射等选项；而当【方向】选项为"线性"时，【方向】选项包括线性对角-左上到右下等选项。

- **角度** 用于设置渐变方向的具体角度，该选项只有在【类型】选项为"线性"时才可用。

- **渐变光圈** 用于增加或减少渐变颜色，可通过单击【添加渐变光圈】或【减少渐变光圈】按钮，来添加或减少渐变颜色。

- **与形状一起旋转** 启用该复选框，表示渐变颜色将与形状一起旋转。

另外，在【渐变光圈】列表中，还包括颜色、位置等选项，其具体含义如下所述：

- **颜色** 用于设置渐变光圈的颜色，需要先选择一个渐变光圈，然后单击其下拉按钮，选择一种色块即可。

- **位置** 用于设置渐变光圈的具体位置，需要先选择一个渐变光圈，然后单击微调按钮显示百分比值。

- **亮度** 用于设置渐变光圈的亮度值，选择一个渐变光圈，输入或调整亮度百分比值即可。

- **透明度** 用于设置渐变光圈的透明度，选择一个渐变光圈，输入或调整百分比值即可。

（4）图案填充

图案填充是使用重复的水平线或垂直线、点、虚线或条纹设计作为形状的一种填充方式。选择形状，右击执行【设置形状格式】命令，弹出【设置形状格式】任务窗格。在【填充】选项卡中，启用【图案填充】选项，并设置前景和背景颜色。

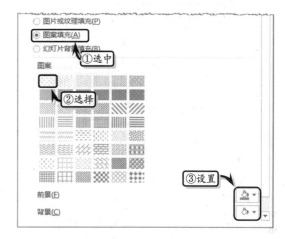

3. 设置轮廓样式

设置形状的填充效果之后，为了使形状轮廓与形状轮廓的颜色、线条等相互搭配，还需要设置形状轮廓的格式。

- **设置轮廓颜色**

选择形状，执行【绘图工具】|【格式】|【形状样式】|【轮廓填充】命令，在其级联菜单中选择一种色块即可。

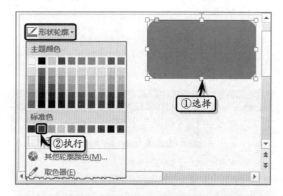

> **注意**
>
> 用户也可以执行【形状填充】|【其他轮廓颜色】命令，在弹出的【颜色】对话框中自定义填充颜色。

❏ 设置轮廓线的线型

选择形状，执行【绘图工具】|【形状样式】|【轮廓填充】|【粗细】、【虚线】及【箭头】命令，在其级联菜单中选择一种选项即可。

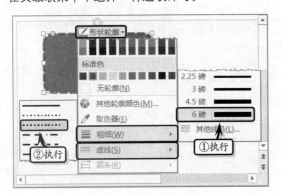

另外，用户还可以执行【形状样式】|【形状轮廓】|【粗细】|【其他线条】命令，或执行【虚线】|【其他线条】命令，在弹出的【设置形状格式】任务窗格中设置形状的轮廓格式。

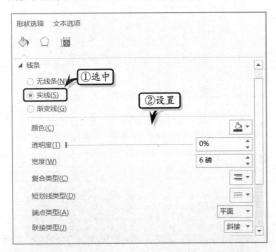

4．设置形状效果

形状效果是对 PowerPoint 内置的一组具有特殊外观效果的命令。选择形状，执行【绘图工具】|【格式】|【形状样式】|【形状效果】命令，在其级联菜单中设置相应的形状效果即可。

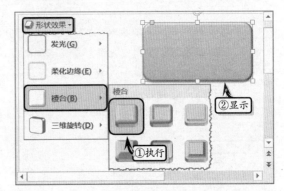

其【形状效果】下拉列表中各项效果的具体功能如下所示。

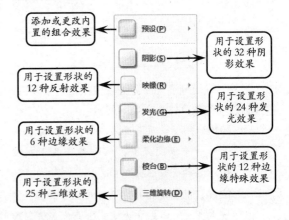

PowerPoint

7.5 使用文本框

文本框是一种特殊的形状，其主要作用是输入文本内容，整体功能类似于占位符。

1．插入文本框

执行【插入】|【文本】|【文本框】|【横排文本框】或【竖排文本框】命令，此时光标变为"垂直箭头"形状，或"水平箭头"形状时，可拖动鼠标在幻灯片中绘制横排或竖排文本框。

> **注意**
>
> 如果执行【横排文本框】命令，在文本框中输入的文字呈横排显示；如果执行【垂直文本框】命令，在文本框中输入的文字呈竖排显示。

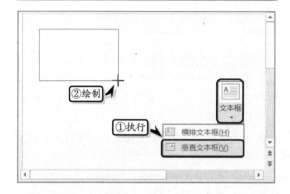

另外，执行【插入】|【插图】|【形状】命令，在其级联菜单中选择【文本框】或【垂直文本框】选项，也可以在幻灯片中绘制文本框。

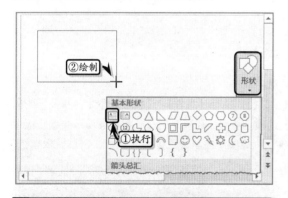

> **注意**
>
> 新插入的文本框的默认属性是无填充颜色，无轮廓颜色，当单击幻灯片的其他位置时，新插入的文本框将丢失。为了避免重复操作，应及时在文本框中输入内容。

2．设置文本框属性

在 PowerPoint 中，除了像设置形状那样设置文本框的格式之外，还可以右击文本框，执行【设置形状格式】命令，在弹出任务窗格中的【文本选项】中的【文本框】选项卡中，设置文本框格式。

❑ 设置文字版式

在【设置形状格式】任务窗格中，选择【垂直对齐方式】和【文字方向】下拉列表中的一种版式，即可设置文本框中的文字版式。

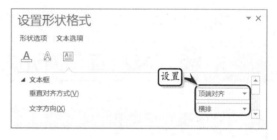

❑ 自动调整功能

用户可以根据文本框内容，在【自动调整】选项组中，设置文本框与内容的显示格式。

> **注意**
>
> 启用【溢出时缩排文字】单选按钮，调整文本框的大小时，文本框中的文字也随文本框的大小而调整。

❑ 设置边距

用户可以直接在【内部边距】栏中的【左边距】、【右边距】、【上边距】、【下边距】微调框中，设置文本框的内部边距。

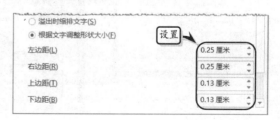

❑ 设置分栏

用户还可以设置文本框的分栏功能，将文本框中的文本按照栏数和间距进行拆分。此时，在【文本选项】中的【文本框】选项卡中，单击【分栏】按钮，在弹出的对话框中设置数量和间距即可。

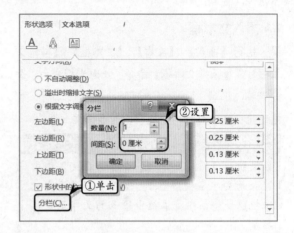

7.6 "减持宝"简介之一

公司在推出新产品之际，往往需要推广新产品。而推广新产品的最佳途径无非分为广告形式和发布会形式，或者展销会展销等形式。无论用户是以发布会的形式，还是以展销会的形式来展示产品，大都需要以幻灯片的方式展示产品的特性、方向、文化底蕴等产品优势。在本练习中，将以"减持宝"产品为例，详细介绍制作产品简介的操作方法和步骤。

操作步骤 》》》》

STEP|01 创建模板文档。执行【文件】|【新建】命令，在展开的列表中选择【自然】选项。然后，在展开的【自然】类演示文稿模板中选择【保护地球模板】选项，并单击【创建】按钮，创建模板文档。

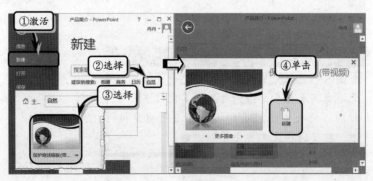

STEP|02 制作标题模板。选择第 1 张幻灯片，单击主标题占位符，输入标题文本。然后，在副标题占位符中输入副标题文本，选择文本执行【开始】|【段落】|【右对齐】命令，设置其对其方式。

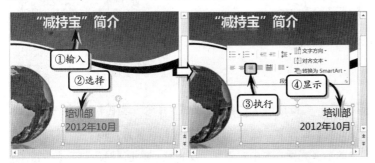

STEP|03 选择主标题占位符，执行【动画】|【动画】|【动画样式】|【飞入】命令，同时执行【效果选项】|【自左侧】命令，并将【开始】设置为"与上一动画同时"。

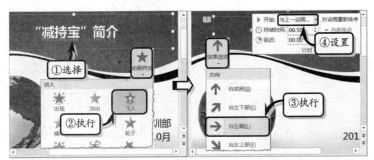

STEP|04 选择副标题占位符，执行【动画】|【动画】|【动画样式】|【飞入】命令，同时执行【效果选项】|【按段落】命令，并将【开始】设置为"与上一动画同时"。

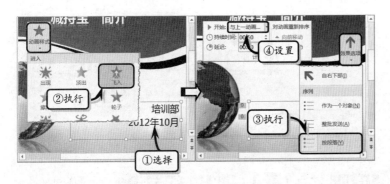

STEP|05 制作产品概念幻灯片。选择第 2 张幻灯片，在标题占位符中输入标题文本。然后，执行【插入】|【插图】|【形状】|【圆角矩形】形状，绘制一个圆角矩形形状，并调整形状的大小。

在幻灯片中绘制圆角矩形形状之后，还需要选择圆角矩形形状左上角的黄色控制点，通过拖动鼠标来调整圆角的弧度。

在幻灯片中绘制形状之后，在【绘图工具】上选项卡【格式】选项卡中的【大小】选项组中，通过设置【高度】和【宽度】值，来调整形状的大小。

用户也可以在【绘图工具】上选项卡【格式】选项卡中的【形状样式】选项组中，单击【对话框启动器】按钮，打开【设置形状格式】任务窗格。

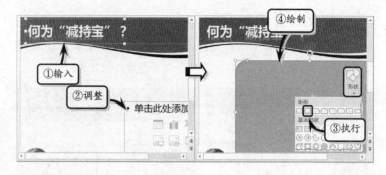

STEP|06 右击执行【设置形状格式】命令，选中【渐变填充】选项，将【类型】设置为"线性"，将【角度】设置为"90°"。然后，删除多余的渐变光圈，选中左侧的渐变光圈，单击【颜色】下拉按钮，选中【其他颜色】选项，自定义渐变颜色。使用同样方法，设置右侧渐变光圈的颜色。

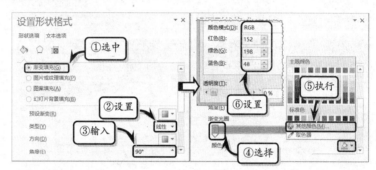

STEP|07 展开【线条】选项组，选中【实线】选项，单击【颜色】下拉按钮，选择【白色,背景 1】选项，同时将【宽度】设置为"2"磅。激活【效果】选项卡，展开【阴影】选项组，设置形状的阴影效果。

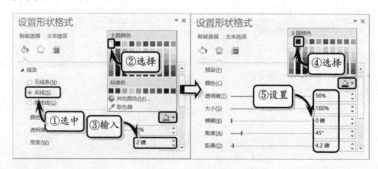

STEP|08 执行【插入】|【图像】|【图片】命令，选择图片文件，单击【插入】按钮，插入图片，并调整图片的显示位置。同时，执行【插入】|【插图】|【圆角矩形】命令，绘制一个圆角矩形形状，并调整其大小。

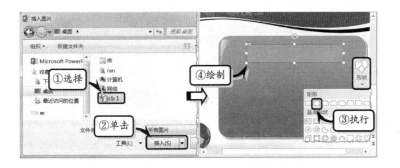

技巧

插入图片之后，可将鼠标移至图片上方，拖动鼠标来调整图片的具体位置。

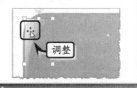

STEP|09 选择圆角矩形形状，执行【绘图工具】|【格式】|【形状填充】|【白色,背景 1】命令。同时，执行【形状轮廓】|【其他轮廓颜色】命令，自定义轮廓样式。然后，执行【形状轮廓】|【粗细】|【2.25 磅】命令，设置线条的粗细。

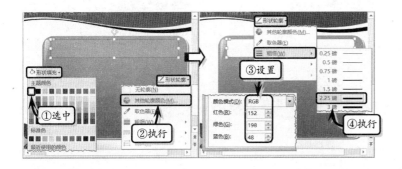

技巧

在绘制小圆角矩形形状时，先选择大圆角矩形形状，然后可在【绘图工具】上选项卡【格式】选项卡中的【插入形状】选项组中，选择形状类型，拖动鼠标即可绘制形状。

STEP|10 在正文占位符中输入产品概念介绍文本，并设置其字体格式。复制正文占位符，修改文本内容并设置文本的字体格式。然后，选择图片和大圆角矩形形状，右击执行【组合】|【组合】命令，使用同样方法组合文本占位符和小圆角矩形形状。

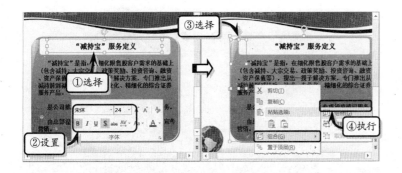

技巧

在设置渐变填充颜色时，选择渐变光圈，单击右侧的【删除渐变光圈】按钮，即可删除多余的渐变光圈。

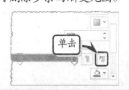

STEP|11 选择标题占位符，执行【动画】|【动画】|【动画样式】|【飞入】命令，同时执行【效果选项】|【自左侧】命令，并将【开始】设置为"与上一动画同时"。

提示

在为对象添加进入动画效果时，可通过执行【动画】|【动画样式】|【更多进入效果】命令，添加更多类型的进入动画效果。

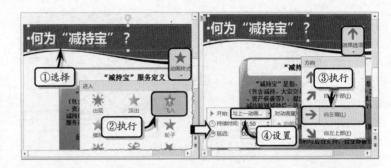

为多个对象添加动画效果之后，可通过执行【动画】|【高级动画】|【动画窗格】命令，在展开的【动画】任务窗格中调整动画效果的各种属性。

STEP|12 选择大圆角矩形组合形状，执行【动画】|【动画样式】|【淡出】命令，并将【开始】设置为"上一动画之后"。同时，选择小圆角矩形组合形状，执行【动画】|【动画样式】|【浮入】命令，并将【开始】设置为"上一动画之后"。同样方法，添加其他动画效果。

7.7 PPT 培训教程之一

- 设置幻灯片母版
- 插入图片
- 设置图片格式
- 插入形状
- 设置形状格式
- 添加动画效果
- 设置艺术字样式

在 PowerPoint 中，为了适应目前播放硬件的需求，其幻灯片的大小默认为"宽屏"，此时用户可根据播放显示器或投影仪等仪器的要求，来设置幻灯片的大小。

随着计算机的普及，PowerPoint 已成为众多办公人员、演讲人员以及销售人员进行产品传播、会议报告和培训演示等电子信息传播与展示的必要软件。虽然 PowerPoint 已被普遍使用，但众多用户仍然无法理解 PowerPoint 制作的精华。下面，在介绍 PowerPoint 基础操作内容的同时，详细介绍 PPT 制作过程中的注意事项和重点成功要素。

操作步骤 ≫≫≫

STEP|01 设置幻灯片大小。新建空白演示文稿，执行【设计】|【自

定义】|【幻灯片大小】|【标准】命令，设置幻灯片的大小。然后，执行【视图】|【母版视图】|【幻灯片母版】命令，切换到幻灯片母版视图中。

STEP|02 设置背景颜色。选择第 1 张幻灯片，执行【幻灯片母版】|【背景】|【背景样式】|【设置背景格式】命令。选中【纯色填充】选项，单击【颜色】下拉按钮，选择【其他颜色】选项，自定义背景颜色。

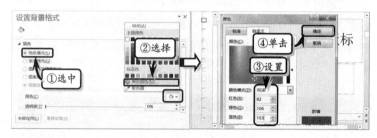

STEP|03 插入幻灯片母版。执行【幻灯片母版】|【编辑母版】|【插入幻灯片母版】命令，插入一个幻灯片母版。选择插入母版的第 1 张幻灯片，删除幻灯片中的除标题占位符之外的所有占位符。

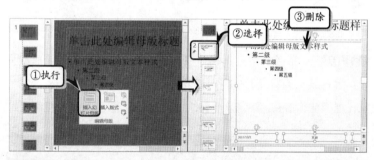

STEP|04 插入矩形形状。执行【插入】|【插图】|【形状】|【矩形】命令，在幻灯片中插入一个矩形形状。然后，在【绘图工具】上选项卡【格式】选项卡中的【大小】选项组中，设置形状的高度和宽度。

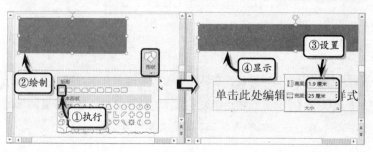

提示

在设置背景颜色时，可在【幻灯片母版】选项卡【背景】选项组中，通过单击【对话框启动器】按钮，打开【设置背景格式】任务窗格。

提示

插入幻灯片母版之后，为了区分母版的类型，也为了便于选择不同母版下的幻灯片版式，还需要执行【幻灯片母版】|【编辑母版】|【重命名】命令，重命名母版。

提示

插入形状之后，右击形状执行【大小和位置】命令，可在弹出的【设置形状格式】任务窗格中，设置形状的大小和位置。

提示

在制作另外一个矩形形状时，绘制形状之后，可执行【绘图工具】|【格式】|【形状样式】|【形状填充】|【取色器】命令，吸取第一个矩形形状中的填充颜色，即可快速设置填充颜色。

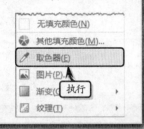

提示

在绘制直线形状时，按住鼠标左键的同时，在按住Shift键的同时拖动鼠标左键，至合适位置释放鼠标左键，完成水平或垂直直线的绘制。

提示

用户也可以执行【开始】|【绘图】|【其他】命令，在其级联菜单中选择形状类型，拖动鼠标即可绘制形状。

提示

选择形状，执行【绘图工具】|【插入形状】|【编辑形状】|【更改形状】命令，在展开的级联菜单中选择一种形状，即可在保持已设置形状格式的前提下更改形状。

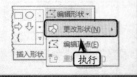

STEP|05 设置形状格式。执行【绘图工具】|【格式】|【形状样式】|【形状填充】|【其他填充颜色】命令，自定义填充颜色。同时，执行【绘图工具】|【格式】|【形状样式】|【形状轮廓】|【无轮廓】命令。使用同样方法，制作另外一个矩形形状。

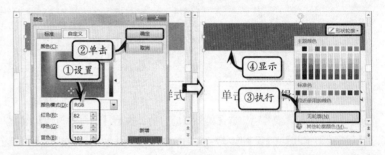

STEP|06 插入直线形状。执行【插入】|【插图】|【形状】|【直线】命令，在幻灯片中插入一个直线形状。然后，在【绘图工具】上选项卡【格式】选项卡中的【大小】选项组中，设置形状的高度和宽度。

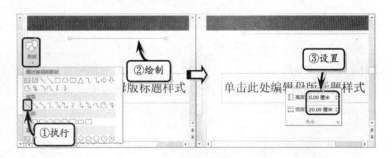

STEP|07 设置形状格式。执行【绘图工具】|【格式】|【形状样式】|【形状轮廓】|【其他轮廓颜色】命令，自定义轮廓颜色。同时，执行【形状轮廓】|【粗细】|【0.75磅】命令，设置直线的粗细度。

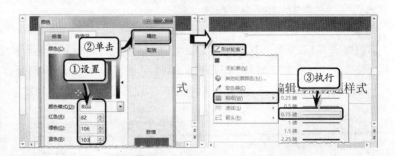

STEP|08 设置文本标题。在标题占位符中输入文本内容，并在【开始】选项卡【字体】选项组中设置文本的字体格式。然后，复制标题占位符，并更改文本的内容、字体格式及位置。

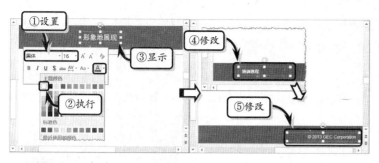

STEP|09 绘制分割线。执行【插入】|【插图】|【形状】|【直线】命令,在标题文本框前面绘制一条垂直线。然后,将鼠标移至线条的上端控制点处,拖动鼠标调整直线的长度。

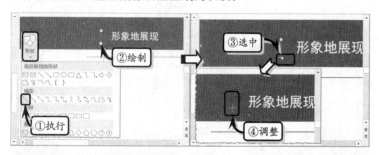

STEP|10 设置分割线格式。选择直线,执行【绘图工具】|【格式】|【形状样式】|【形状轮廓】|【白色,背景 1】命令,设置轮廓颜色。同时,执行【形状轮廓】|【粗细】|【0.75 磅】命令,设置直线的粗细度。使用同样方法,制作另外一条分割线。

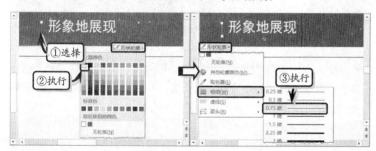

STEP|11 插入图片。执行【插入】|【图像】|【图片】命令,选择图片文件,单击【插入】按钮,插入图片并调整图片的位置。然后,选择左上角的图片,执行【图片工具】|【图片样式】|【快速样式】|【柔化边缘椭圆】命令,设置图片的样式。

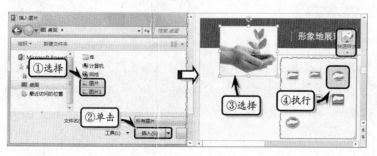

提示

用户也可以执行【视图】|【演示文稿视图】|【普通】命令，来关闭幻灯片母版视图。

提示

选择形状，执行【绘图工具】|【排列】|【对齐】命令，在其级联菜单中选择一种选项，即可对齐形状。

提示

在设置渐变颜色时，可通过单击【添加渐变光圈】按钮，来添加渐变颜色光圈，以增加渐变颜色的种类。

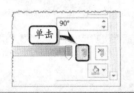

提示

设置完形状的渐变填充颜色之后，选择形状，执行【绘图工具】|【格式】|【形状样式】|【形状轮廓】|【其他轮廓颜色】命令，在【标准】选项卡中设置形状的轮廓颜色。

STEP|12 制作标题页幻灯片。执行【幻灯片母版】|【关闭】|【关闭母版视图】命令，切换到普通视图中。然后，选择第 1 张幻灯片，执行【开始】|【幻灯片】|【版式】|【空白】命令，更改幻灯片的版式。

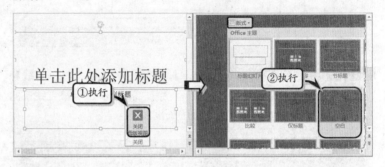

STEP|13 执行【插入】|【插图】|【矩形】命令，在幻灯片中绘制一个矩形形状。然后，在【绘图工具】上选项卡【格式】选项卡中的【大小】选项组中，设置形状的高度和宽度。

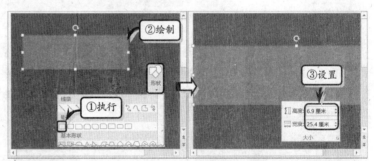

STEP|14 右击形状，执行【设置形状格式】命令，打开【设置形状格式】任务窗格。然后，选中【渐变填充】选项，选中一个渐变光圈，单击【删除渐变光圈】按钮，删除一个渐变光圈。

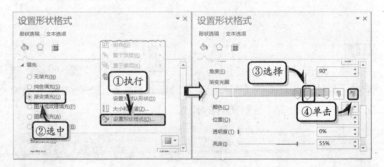

STEP|15 选中左侧的渐变光圈，单击【颜色】下拉按钮，选中【其他颜色】选项，自定义颜色。然后，选中中间的渐变光圈，将【位置】设置为"50%"，单击【颜色】下拉按钮，选择【白色,背景 1】色块。使用同样方法，设置右侧渐变光圈的颜色。

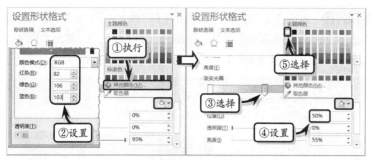

STEP|16 执行【插入】|【图像】|【图片】命令，选择图片文件，单击【插入】按钮，插入图片。然后，选择单个图片，分别调整图片的大小和位置。

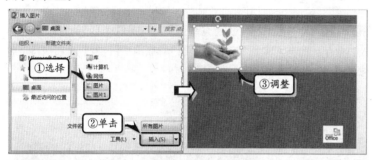

STEP|17 选择大图片，执行【图片工具】|【格式】|【图片样式】|【柔化边缘椭圆】命令，设置图片的样式。选择小图片，执行【图片工具】|【格式】|【图片样式】|【棱台透视】命令，设置图片的样式。

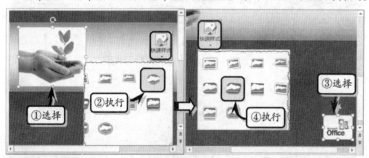

STEP|18 执行【插入】|【文本】|【艺术字】|【填充-白色,轮廓-着色1,阴影】命令，插入艺术字并输入艺术字的文本内容。然后，执行【绘图工具】|【格式】|【艺术字样式】|【文本效果】|【倒三角形】命令，设置艺术字的文本效果。

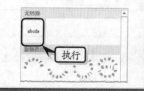

STEP|19 选择左上角的图片，执行【动画】|【动画】|【动画样式】|【翻转式由远及近】命令，为图片添加动画效果。然后，在【计时】选项组中，将【开始】设置为"上一动画之后"。

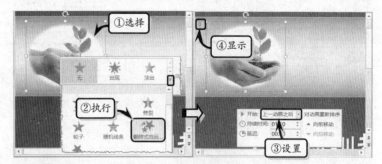

提示

在设置动画效果时，绿色的图标表示"进入"动画效果。另外，执行【动画】|【其他】|【更多进入效果】命令，可以在弹出的对话框中选择其他动画效果。

提示

为对象添加动画效果之后，其默认的【开始】选项为"单击时"，该状态下的动画序号为"1"。当用户更改【开始】选项时，其动画序号自动更改为"0"。

STEP|20 选择艺术字，执行【动画】|【动画】|【动画样式】|【浮入】命令，为艺术字添加动画效果。然后，在【计时】选项组中，将【开始】设置为"上一动画之后"。

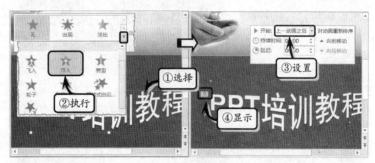

STEP|21 选择右下角的图片，执行【动画】|【动画】|【动画样式】|【淡出】命令，为图片添加动画效果。然后，在【计时】选项组中，将【开始】设置为"上一动画之后"。

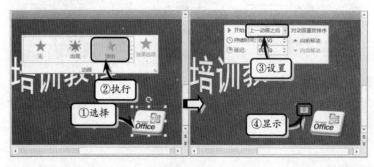

7.8 高手答疑

问题1：如何更改形状？

解答1：选择形状，执行【格式】|【插入形状】|【编辑形状】|【更改形状】命令，在其级联菜单中选择一种形状，即可更改已选中的形状。

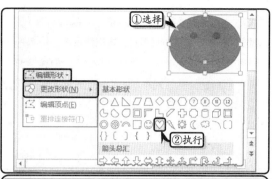

问题 2：如何使用幻灯片的背景填充形状？

解答 2：幻灯片背景填充是使用演示文稿背景作为形状、线条或字符进行填充。选择形状，单击【形状样式】选项组中的【对话框启动器】按钮，在【设置形状格式】任务窗格中的【填充】选项卡中，选中【幻灯片背景填充】选项即可。

问题 3：如何将形状保存为图片？

解答 3：选择形状，右击执行【另存为图片】命令，将形状保存为图片。

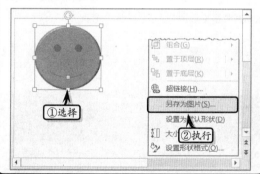

问题 4：如何保留多个形状相交部分？

解答 4：同时选择多个形状，执行【绘图工具】|【格式】|【插入形状】|【合并形状】|【相交】命令，即可只保留多个形状的相交部分。

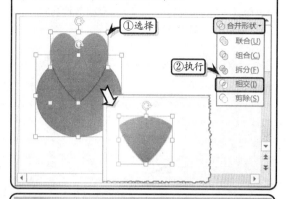

问题 5：如何拆分多个形状相交部分？

解答 5：同时选择多个形状，执行【绘图工具】|【格式】|【插入形状】|【合并形状】|【拆分】命令，即可拆分多个形状的相交部分。

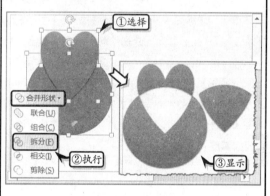

PowerPoin
7.9　新手训练营

练习 1：立体心形形状

⬤downloads\第 7 章\新手训练营\立体心形

提示：本练习中，首先执行【插入】|【插图】|【形状】|【心形】命令，在文档中插入一个心形形状。

然后，执行【格式】|【形状样式】|【其他】|【强烈效果-红色，强调颜色2】命令，设置形状的样式。同时，执行【形状样式】|【形状效果】|【三维旋转】|【等轴右上】命令，设置形状的三维旋转效果。最后，取消填充颜色，右击形状执行【设置形状格式】命令，设置形状的三维效果参数。

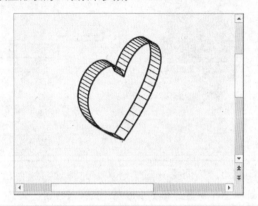

练习 2：贝塞尔曲线

⊙downloads\第 7 章\新手训练营\贝塞尔曲线

提示：本练习中，首先执行【插入】|【插图】|【形状】|【箭头】命令，分别绘制一条水平和垂直箭头形状，并调整形状的大小和位置。然后，执行【插入】|【插图】|【形状】|【曲线】命令，在箭头形状上方绘制一个曲线形状。最后，右击曲线形状执行【编辑顶点】命令，调整顶点的位置，同时调整顶点附近线段的弧度。

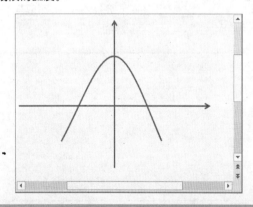

练习 3：立体圆形

⊙downloads\第 7 章\新手训练营\立体圆形

提示：本练习中，首先执行【插入】|【插图】|【形状】|【椭圆】命令，绘制椭圆形形状并设置形状

的大小。同时，执行【绘图工具】|【格式】|【形状样式】|【形状填充】和【形状轮廓】命令，设置形状的填充颜色和轮廓颜色。然后，在幻灯片中绘制两个小椭圆形形状，并设置形状的大小。然后，右击小椭圆形形状，执行【设置形状格式】命令，选中【渐变填充】选项，设置形状的渐变填充效果。最后，重新排列所有的椭圆形形状。

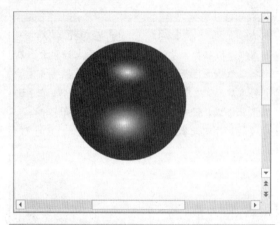

练习 4：竹条形

⊙downloads\第 7 章\新手训练营\竹条形

提示：本练习中，首先执行【插入】|【插图】|【形状】|【矩形】命令，插入一个矩形形状。同时，右击形状执行【设置形状格式】命令，选中【渐变填充】选项，并设置其渐变填充颜色。然后，在幻灯片中绘制一个小矩形形状，并设置小矩形形状的渐变填充效果。最后，复制多个小矩形形状，并横向对齐形状。

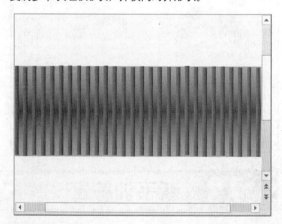

第 8 章

创建表格

　　表格是组织数据最有用的工具之一，能够以易于理解的方式显示数字或者文本。使用表格工具，便于用户将大量数据进行归纳和汇总，并通过设置表格中单元格的样式，以使表格数据更加清晰和美观。在 PowerPoint 中创建表格的方法与 Word 中很类似，只是在 PowerPoint 中创建的表格不能做计算或者排序。本章将详细介绍绘制表格、插入数据表格，以及为表格输入内容、编辑表格单元格的方法。除此之外，还将介绍表格的各种样式设置。

8.1 创建表格

创建表格，是在 PowerPoint 中运用系统自带的表格插入功能按要求插入规定行数与列数的表格；或者运用 PowerPoint 中绘制表格的功能，按照数据需求绘制表格。

1. 插入表格

选择幻灯片，执行【插入】|【表格】|【表格】|【插入表格】命令，在弹出【插入表格】对话框中输入行数与列数即可。

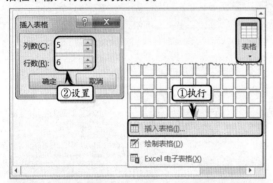

注意

在包含内容版式的幻灯片中，单击占位符中的【插入表格】按钮，在弹出【插入表格】对话框中设置行数与列数，也可插入表格。

另外，执行【表格】命令，在弹出的下拉列表中，直接选择行数和列数，即可在幻灯片中插入相对应的表格。

注意

使用快速表格方式插入表格时，只能插入最大行数为 8 行，最大列数为 10 列的表格。

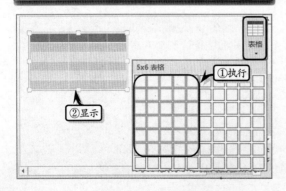

2. 绘制表格

绘制表格是用户根据数据的具体要求，手动绘制表格的边框与内线。执行【插入】|【表格】|【表格】|【绘制表格】命令，当光标变为"笔"形状时，拖动鼠标在幻灯片中绘制表格边框。

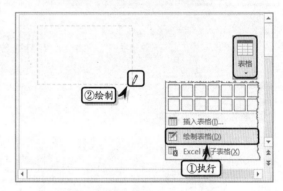

然后，执行【表格工具】|【设计】|【绘图边框】|【绘制表格】命令，将光标放至外边框内部，拖动鼠标绘制表格的行和列。再次执行【绘制表格】命令，即可结束表格的绘制。

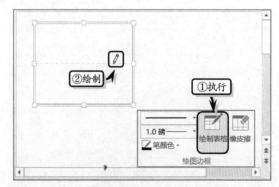

注意

当用户执行【绘制表格】命令后，需要将光标移至表格的内部绘制，否则将会绘制出表格的外边框。

3. 插入 Excel 表格

用户还可以将 Excel 电子表格放置于幻灯片中，并利用公式功能计算表格数据。Excel 电子表格可以对表格中的数据进行排序、计算、使用公式等，而 PowerPoint 系统自带的表格不具备上述功能。

执行【插入】|【表格】|【表格】|【Excel 电子表格】命令，输入数据与计算公式并单击幻灯片的其他位置即可。

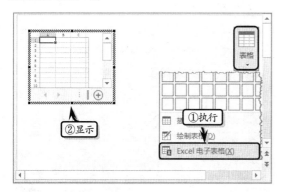

8.2 编辑表格

在 PowerPoint 中，用户不仅可以插入各种表格，还可以对表格及其中的单元格进行编辑。在编辑表格之前，用户需要先选中这些表格或单元格。

1. 选择表格

当用户对表格进行编辑操作时，往往需要选择表格中的行、列、单元格等对象。选择表格对象的具体方法如下表所述。

选 择 区 域	操 作 方 法
选中当前单元格	移动光标至单元格左边界与第一个字符之间，当光标变为"指向斜上方箭头"形状↖时，单击鼠标
选中后（前）一个单元格	按 Tab 或 Shift+Tab 键，可选中插入符所在的单元格后面或前面的单元格。若单元格内没有内容时，则用来定位光标
选中一整行	将光标移动到该行左边界的外侧，待光标变为"指向右箭头"形状➡时，单击鼠标
选择一整列	将鼠标置于该列顶端，待光标变为"指向下箭头"形状↓时，单击鼠标

续表

选 择 区 域	操 作 方 法
选择多个单元格	单击要选择的第一个单元格，按住 Shift 键的同时，单击要选择的最后一个单元格
选择整个表格	将鼠标放在表格的边框线上单击，或者将光标定位于任意单元格内，执行【表格工具】|【布局】|【表】|【选择】|【选择表格】命令

2. 调整行高与列宽

移动鼠标，将光标移至表格的行或列上，当光标变为"双向箭头"的↔与↕形状时，拖动鼠标即可调整工作表的行高与列宽。

另外，将光标定位在某个单元格中，在【布局】选项卡【单元格大小】选项组中，直接输入【表格行高度】和【表格列宽度】选项中的数值即可。

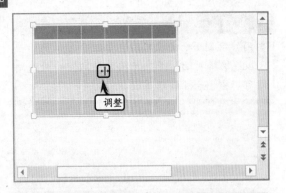

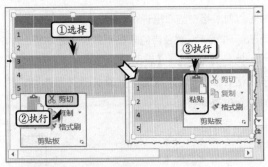

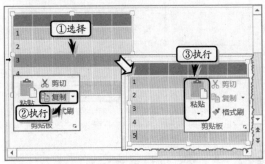

> **注意**
>
> 用户还可以执行【布局】|【单元格大小】|【分布行】或【分布列】命令，将表格中的行列按照整体表格的高度与宽度平均分布。

3. 移动行（列）

选择需要移动的行（列），按住鼠标左键，拖动该行（列）至合适位置时，释放鼠标左键即可。

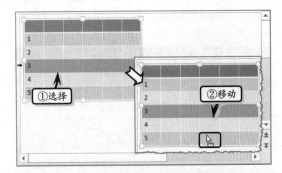

> **技巧**
>
> 选择行之后，将鼠标移至所选行的单元格中，按住鼠标左键即可显示鼠标移动形状，拖动鼠标即可移动行。

另外，选择需要移动的行（列），执行【开始】|【剪贴板】|【剪切】命令，然后将光标移至合适位置，执行【开始】|【剪贴板】|【粘贴】命令，也可以移动行（列）。

4. 复制行（列）

选择将复制的行（列），执行【开始】|【剪贴板】|【复制】命令。再将光标移至合适位置，执行【开始】|【剪贴板】|【粘贴】命令即可。

> **技巧**
>
> 选择行，按下 Ctrl+C 组合键复制行。然后，选择放置位置，按下 Ctrl+V 组合键粘贴行。

5. 插入/删除行（列）

在编辑表格时，需要根据数据的具体类别插入表格行或表格列。此时，用户可通过执行【布局】选项卡【行和列】选项组中各项命令，为表格中插入行或列。其中，插入行与插入列的具体方法与位置如下表所述。

名　称	方　法	位　置
插入行	将光标移至插入位置，执行【表格工具】|【布局】|【行和列】|【在上方插入】命令	在光标所在行的上方插入一行
	将光标移至插入位置，执行【表格工具】|【布局】|【行和列】|【在下方插入】命令	在光标所在行的下方插入一行
插入列	将光标移至插入位置，【表格工具】|【布局】|【行和列】|【在左侧插入】命令	在光标所在列的左侧插入一列
	将光标移至插入位置，【表格工具】|【布局】|【行和列】|【在右侧插入】命令	在光标所在列的右侧插入一列

选择一行后,单击【在左侧插入】按钮,则会在表格的左侧插入与该行的列数相同的几列。

另外,选择需要删除的行(列),执行【表格工具】|【布局】|【行或列】|【删除】命令,在其级联菜单中选项【删除行】或【删除列】选项,即可删除选择的行(列)。

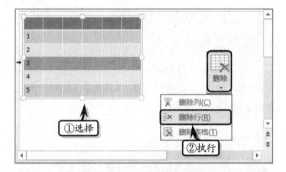

选择将删除的行(列),执行【开始】|【剪贴板】|【剪切】命令,也可以删除选择的行(列)。

6. 合并/拆分单元格

合并单元格是将两个以上的单元格合并成单独的一个单元格。首先,选择需要合并的单元格区域,然后执行【表格工具】|【布局】|【合并】|【合并单元格】命令。

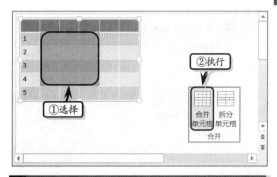

选择合并单元格后,右击鼠标,在弹出的快捷菜单中执行【合并单元格】命令,也可以合并单元格。

拆分单元格是将单独的一个单元格拆分成指定数量的单元格。首先,选择需要拆分的单元格。然后,执行【合并】|【拆分单元格】命令,在弹出的对话框中输入需要拆分的行数与列数。

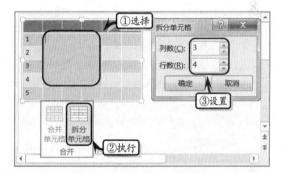

选择单元格,右击鼠标执行【合并单元格】或【拆分单元格】命令,即可快速合并或拆分单元格。

8.3 应用表格样式

设置表格样式是通过 PowerPoint 中内置的表格样式,以及各种美化表格命令,来设置表格的整体样式、边框样式、底纹颜色以及特殊效果等表格外观格式,在适应演示文稿数据与主题的同时,增减表格的美观性。

1. 套用表格样式

PowerPoint 为用户提供了 70 多种内置的表格样式,执行【表格工具】|【设计】|【表格样式】|【其他】命令,在其下拉列表中选择相应的选项即可。

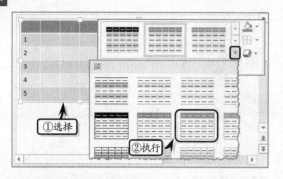

表格组成	作　　用
标题行	通常为表格的第一行，用于显示表格的标题
汇总行	通常为表格的最后一行，用于显示表格的数据汇总部分
镶边行	用于实现表格行数据的区分，以帮助用户辨识表格数据，通常隔行显示
第一列	用于显示表格的副标题
最后一列	用于对表格横列数据进行汇总
镶边列	用于实现表格列数据的区分，以帮助用户辨识表格列数据，通常隔列显示

2．设置表格样式选项

为表格应用样式之后，可通过启用【设计】选项卡【表格样式选项】选项组中的相应复选框，来突出显示表格中的标题或数据。例如，突出显示标题行与汇总行。

3．清除表格样式

为表格应用样式之后，可通过执行【表格工具】|【设计】|【表格样式】|【其他】|【清除表格】命令，清除表格样式。

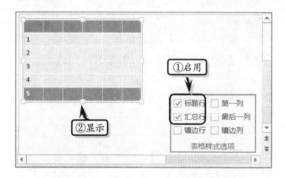

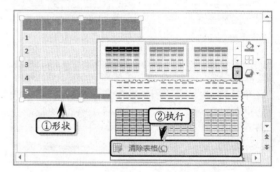

PowerPoint 定义了表格的 6 种样式选项，根据这 6 种选项样式，可以为表格划分内容的显示方式。

PowerPoint 8.4 设置填充颜色

PowerPoint 中默认的表格颜色为白色，为突出表格中的特殊数据，用户可为单个单元格、单元格区域或整个表格设置纯色填充、纹理填充与图表填充等填充颜色与填充效果。

1．纯色填充

纯色填充是为表格设置一种填充颜色。首先，选择单元格区域或整个表格，执行【表格工具】|【设计】|【表格样式】|【底纹】命令，在其级联菜单中选择相应的颜色即可。

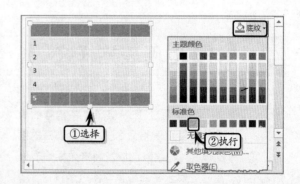

2．图片填充

图片填充是以本地电脑中的图片为表格设置底纹效果。首先，选择表格，执行【表格工具】|【设计】|【表格样式】|【底纹】|【图片】命令，在弹出的【插入图片】对话框中，选择图片文件的来源。

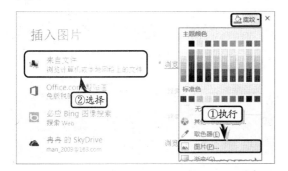

然后，在弹出的【插入图片】对话框中，选择图片文件，单击【插入】按钮即可将图片填充到表格中。

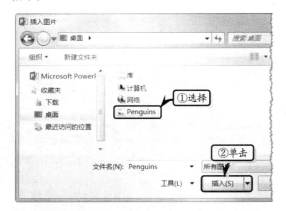

3．渐变填充

渐变填充是以两种以上的颜色来设置底纹效果的一种填充方法，其渐变填充是由两种颜色之中的一种颜色逐渐过渡到另外一种颜色的现象。首先，选择单元格区域或整个表格，执行【表格工具】|【设计】|【表格样式】|【底纹】|【渐变】命令，在其级联菜单中选择相应的渐变样式即可。

4．纹理填充

纹理填充是利用 PowerPoint 中内置的纹理效果设置表格的底纹样式，默认情况下 PowerPoint 为用户提供了 24 种纹理图案。首先，选择单元格区域或整个表格，执行【表格工具】|【设计】|【表格样式】|【底纹】|【纹理】命令，在弹出的列表中选择相应的纹理即可。

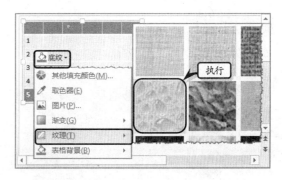

5．表格背景填充

PowerPoint 还为用户提供了填充表格背景颜色的功能，运用该功能可以美化表格的整体样式。选择表格，执行【表格工具】|【设计】|【表格样式】|【底纹】|【表格背景】命令，在弹出的列表中选择一种颜色即可。

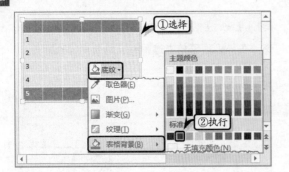

8.5 设置边框样式

在 PowerPoint 中除了套用表格样式，设置表格的整体格式之外。用户还可以运用【边框】命令，单独设置表格的边框样式。

1. 使用内置样式

选择表格，执行【表格工具】|【设计】|【表格样式】|【边框】命令，在其级联菜单中选择相应的选项，即可为表格设置边框格式。

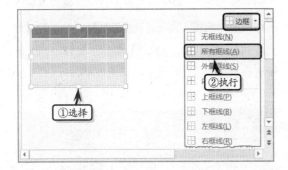

在【边框】命令中，主要包括无框线、所有框线、外侧框线等 12 种样式，每种边框样式的具体含义如下表所述。

图 标	名 称	功 能
	无框线	清除单元格中的边框样式
	所有框线	为单元格添加所有框线
	外侧框线	为单元格添加外部框线
	内部框线	为单元格添加内部框线
	上框线	为单元格添加上框线
	下框线	为单元格添加下框线
	左框线	为单元格添加左框线
	右框线	为单元格添加右框线

续表

图 标	名 称	功 能
	内部横框线	为单元格添加内部横线
	内部竖框线	为单元格添加内部竖线
	斜下框线	为单元格添加左上右下斜线
	斜上框线	为单元格添加右上左下斜线

2. 设置边框颜色

选择表格，执行【表格工具】|【设计】|【绘图边框】|【笔颜色】命令，在级联菜单中选择一种颜色。

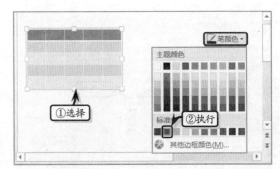

然后，执行【设计】|【表格样式】|【边框】|【所有框线】命令，即可更改表格所有边框的颜色。同样，执行【边框】|【外侧框线】命令，即可只更改表格外侧框线的颜色。

3. 设置边框线型

选择表格，执行【表格工具】|【设计】|【绘

图边框】|【笔样式】命令，在其级联菜单中选择一种线条样式。然后，执行【设计】|【表格样式】|【边框】|【所有框线】命令，即可更改表格所有边框的线条样式。

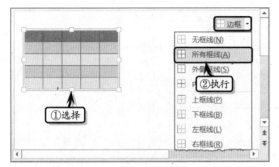

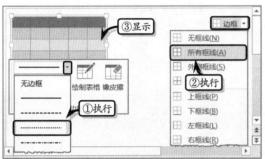

4．设置线条粗细

设置表格边框线条粗细的方法与设置线条样式的方法大体一致。首先，选择表格，执行【表格工具】|【设计】|【绘图边框】|【笔划粗细】命令，在其级联列表中选择一种线条样式。然后，执行【设计】|【表格样式】|【边框】|【所有框线】命令，即可更改表格所有边框的线条样式。

> **注意**
>
> 执行【设计】|【绘图边框】|【擦除】命令，拖动鼠标沿着表格线条移动，即可擦除该区域的表格边框。

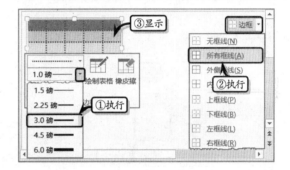

8.6　设置表格效果

特殊效果是 PowerPoint 为用户提供的一种为表格添加外观效果的命令，主要包括单元格的凹凸效果、阴影、映像等效果。

1．设置凹凸效果

选择表格，执行【表格工具】|【设计】|【表格样式】|【效果】|【单元格凹凸效果】|【圆】命令，设置表格的单元格凹凸效果。

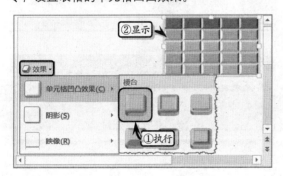

> **提示**
>
> 为表格设置单元格凹凸效果之后，可通过执行【效果】|【单元格凹凸效果】|【无】命令，取消效果。

2．设置阴影效果

选择表格，执行【表格工具】|【设计】|【表格样式】|【效果】|【阴影】|【内部左上角】选项命令，设置表格的阴影效果。

> **提示**
>
> 用户可以通过执行【设计】|【表格样式】|【效果】|【阴影】|【阴影选项】命令，自定义阴影效果。

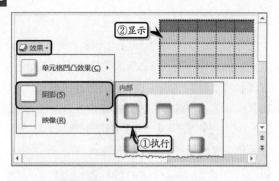

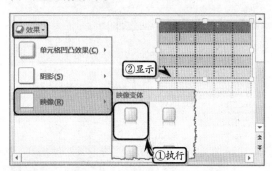

3. 设置映像效果

选择表格，执行【表格工具】|【设计】|【表格样式】|【效果】|【映像】|【紧密映像,接触】命令，设置映像效果。

另外，执行【设计】|【表格样式】|【效果】|【映像】|【映像选项】命令，在弹出的【设置形状格式】任务窗格中，自定义映像效果。

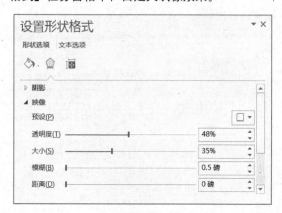

8.7 对齐表格数据

对齐表格数据即是设置表格文本的左对齐、右对齐等对齐格式，以及文本的竖排、横排等显示方向，从而在使数据具有一定规律性的同时，也规范表格中某些特定数据的显示方向。

1. 设置数据的对齐方式

在 PowerPoint 中，选择表格，执行【表格工具】|【布局】|【对齐方式】|【居中对齐】命令，来设置文本的对齐方式。

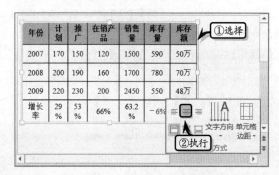

其中，在【对齐方式】选项组中各命令的具体说明如下表所示。

按 钮	名 称	作 用
	文本左对齐	将表格中的文本左对齐
	居中	将表格中的文本居中对齐
	文本右对齐	将表格中的文本右对齐
	顶端对齐	将表格中的文本顶端对齐
	垂直对齐	将表格中的文本垂直居中
	底端对齐	将表格中的文本底端对齐

> **提示**
>
> 选择表格的文本，按下 Ctrl+L 组合键，将文本左对齐。按 Ctrl+B 组合键，将文本居中。按 Alt+R 组合键，将文本右对齐。

2．设置单元格边距

用户可以使用系统预设单元格边距，通过自定义单元格边距的方法，达到设置数据格式的目的。执行【布局】|【对齐方式】|【单元格边距】命令，在其级联菜单中选择一种预设单元格边距。

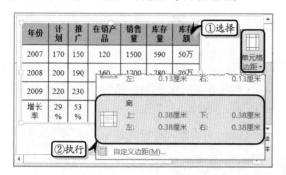

另外，执行【布局】|【对齐方式】|【单元格边距】命令，即可在弹出的【单元格文本布局】对话框中，自定义单元格边距。

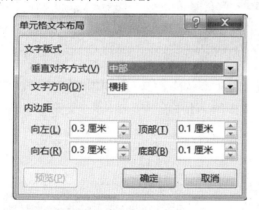

3．设置文本方向

选择表格中的文字，执行【布局】|【对齐方式】|【文字方向】命令，在其级联菜单中选择相应的选项即可。

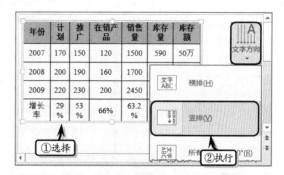

> **提示**
>
> 执行【布局】|【对齐方式】|【文字方向】|【其他选项】命令，可在弹出的【设置形状格式】任务窗格中，设置文本方向。

8.8　"减持宝"简介之二

一个产品的优势，以及产品中针对客户需求所设计的产品特点，是整个推广产品进行展出时的重点内容，也是决定整个产品推广成败的关键。对于"减持宝"服务产品来讲，从前面制作的产品概论来看虽然已经具有一定的优势，但却无法让用户了解具体需求和解决方案。只有针对不同层次的用户制作并展示不同需求下的解决方案，才可以赢得广大用户的青睐。在本练习中，将详细介绍制作产品优势、限售股客户需求及解决方案幻灯片的操作方法与技巧。

> **练习要点**
>
> ● 插入图片
> ● 插入形状
> ● 设置形状格式
> ● 设置文本格式
> ● 添加动画效果

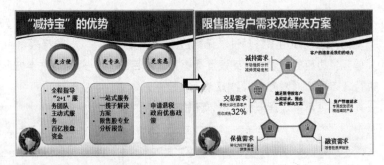

在新建第一张幻灯片后，在【幻灯片选项卡】窗格中，右击该幻灯片，执行【复制幻灯片】命令，即可快速创建相同版式的幻灯片。

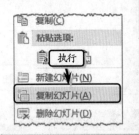

新建第一张幻灯片之后，选择该幻灯片，按下 Enter 键即可快速创建版式相同的幻灯片。

在【插入图片】对话框中，用户可以通过按下 Ctrl 键的方法，同时选择多个需要插入的图片文件。

选择形状，在【绘图工具】上选项卡【格式】选项卡中的【形状样式】选项组中，单击【对话框启动器】按钮，即可打开【设置形状格式】任务窗格。

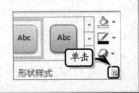

操作步骤 ▷▷▷▷

STEP|01 新建幻灯片。选择第 2 张幻灯片，执行【开始】|【幻灯片】|【新建幻灯片】|【仅标题】命令，新建 9 张幻灯片。然后，选择第 3 张幻灯片，在标题占位符中输入标题文本。

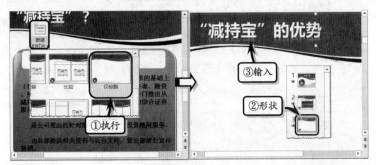

STEP|02 插入图片。执行【开始】|【插入】|【图像】|【图片】命令，选择图片文件，单击【插入】按钮，插入图片并调整图片的位置。然后，复制 3 个标题占位符，更改文本内容并设置文本的字体格式。

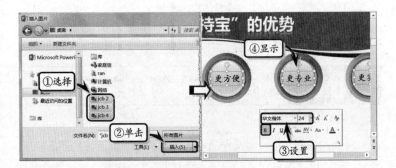

STEP|03 制作形状。执行【插入】|【插图】|【形状】|【圆角矩形】命令，绘制一个圆角矩形形状，并调整形状的大小。然后，执行【绘图工具】|【格式】|【形状样式】|【其他】|【细微效果-绿色,强调颜色 4】命令，设置形状的样式。使用同样的方法，在幻灯片中添加其他圆角矩形形状。

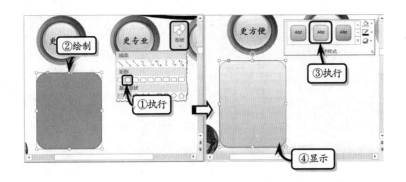

STEP|04 右击左侧的圆角矩形形状,执行【编辑文字】命令,输入
文本内容并设置文本的字体格式。然后,选择文本,执行【开始】|
【段落】|【项目符号】命令,在其级联菜单中选择一种符号样式。使
用同样的方法,为其他圆角矩形形状添加文本。

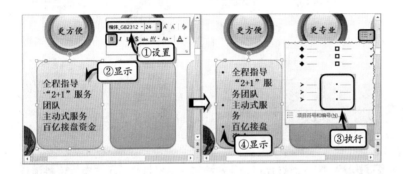

STEP|05 添加动画效果。选择标题占位符,执行【动画】|【动
画】|【动画样式】|【飞入】命令,同时执行【效果选项】|【自左侧】
命令,并将【开始】设置为"与上一动画同时"。

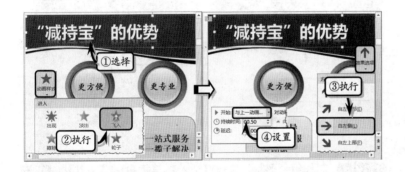

STEP|06 选择左侧图片上方的文本,执行【动画】|【动画样式】|
【淡出】命令,并将【开始】设置为"上一动画之后"。然后,选择左
侧的图片,执行【动画】|【动画样式】|【淡出】命令,并将【开始】
设置为"与上一动画同时"。

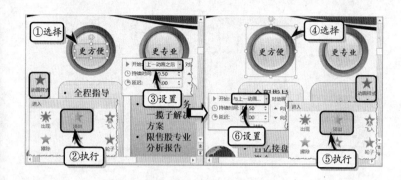

提示

为左侧的文本占位符添加动画效果之后，选择该占位符，执行【动画】|【高级动画】|【动画刷】命令。同时，单击中间图片中的文本占位符，即可将动画效果快速应用到该对象中。

STEP|07 选择左侧的圆角矩形形状，执行【动画】|【动画样式】|【浮入】命令，并将【开始】设置为"上一动画之后"。使用同样的方法，分别为其他对象添加动画效果。

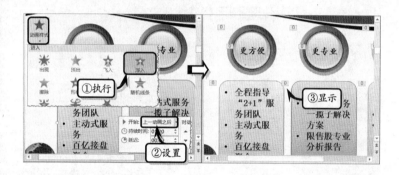

提示

复制标题占位符并修改文本内容之后，可以右击占位符，在弹出的【浮动工具栏】中，设置文本的字体格式。

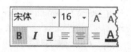

STEP|08 制作幻灯片标题。选择第4张幻灯片，在标题占位符中输入标题文本。然后，复制标题占位符，修改文本设置文本的字体格式，并调整占位符的位置。

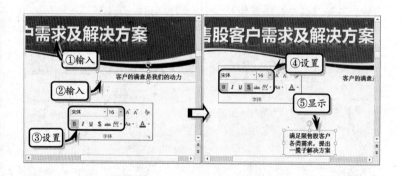

提示

在设置填充颜色透明度时，用户也可以执行【形状填充】|【其他填充颜色】命令，在弹出的【颜色】对话框中，自定义透明度。

STEP|09 制作组合形状。执行【插入】|【插图】|【形状】|【正五边形】命令，绘制一个正五边形形状。然后，右击形状执行【设置形状格式】命令，选中【纯色填充】选项，单击【颜色】下拉按钮，选择【其他颜色】选项，自定义填充颜色。同时，将【透明度】设置为"50%"。

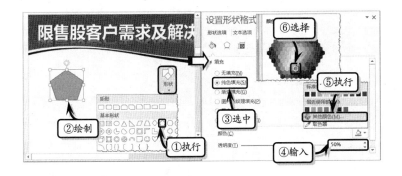

STEP|10 执行【绘图工具】|【格式】|【形状样式】|【形状轮廓】|【其他轮廓颜色】命令，设置轮廓颜色。同时，执行【形状轮廓】|【粗细】|【6磅】命令，设置轮廓样式。

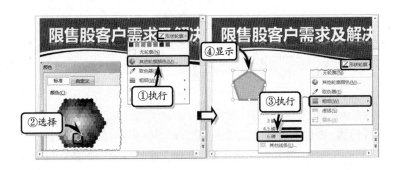

STEP|11 执行【插入】|【插图】|【形状】|【立方体】命令，在幻灯片中绘制一个立方体形状。然后，右击形状执行【设置形状格式】命令，选中【纯色填充】选项，单击【颜色】下拉按钮，选择【其他颜色】选项，自定义填充颜色。同时，将【透明度】设置为"50%"。

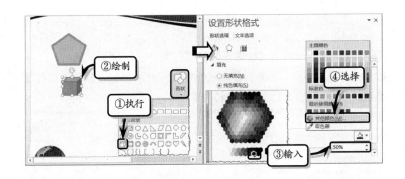

STEP|12 执行【绘图工具】|【格式】|【形状样式】|【形状轮廓】|【白色，背景1】命令，设置轮廓颜色。同时，执行【形状轮廓】|【粗细】|【1.5磅】命令，设置轮廓的线条粗细度。

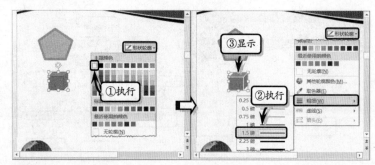

STEP|13 调整立方体形状和正五边形形状的位置，同时选择两个形状，右击执行【组合】|【组合】命令，组合形状。使用同样的方法，制作其他组合形状。

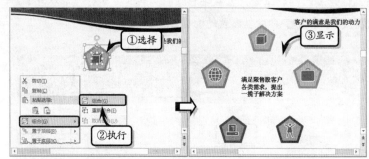

STEP|14 制作连接线条。执行【插入】|【插图】|【形状】|【直线】命令，在幻灯片中绘制一条直线。同时，执行【绘图工具】|【形状样式】|【形状轮廓】|【其他轮廓颜色】命令，设置轮廓颜色。

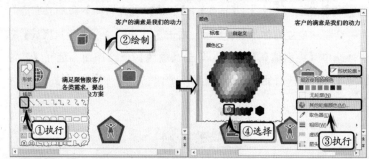

STEP|15 然后，执行【绘图工具】|【形状样式】|【形状轮廓】|【粗细】|【6磅】命令，设置轮廓样式。使用同样的方法，制作其他连接直线，并调整连接直线的方向和位置。

STEP|16 制作线形状标注形状。执行【插入】|【插图】|【形状】|【线形标注 2（带强调线）】命令，在幻灯片中绘制一个线形标注形状，并调整形状的显示方向。然后，执行【绘图工具】|【格式】|【形状样式】|【形状填充】|【无填充颜色】命令。

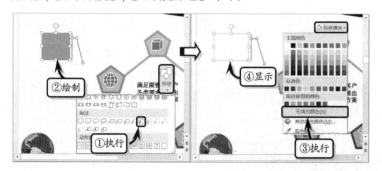

STEP|17 同时，执行【绘图工具】|【格式】|【形状样式】|【形状轮廓】|【黑色,文字 1】命令，并执行【粗细】|【0.75 磅】命令。然后，右击文本执行【编辑文字】命令，输入文本并设置文本的字体格式。使用同样的方法，制作其他线形标注形状。

STEP|18 添加动画效果。选择标题占位符，执行【动画】|【动画】|【动画样式】|【飞入】命令，同时执行【效果选项】|【自左侧】命令，并将【开始】设置为"与上一动画同时"。

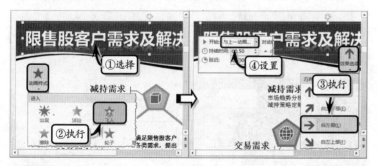

STEP|19 选择除标题占位符之外的所有对象，右击执行【组合】|【组合】命令。同时，选择组合后的对象，执行【动画】|【动画】|【动画样式】|【翻转由远及近】命令，并将【开始】设置为"上一动

提示

当用户为对象添加动画效果之后，系统默认为自动预览动画效果。用户可通过执行【动画】|【预览】|【自动预览】命令，来取消或添加自动预览功能。

画之后"。

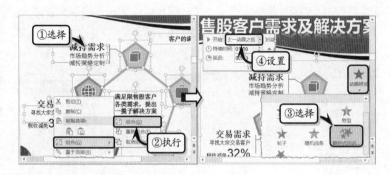

8.9 职业生涯与自我管理之二

时间管理是职业生涯与自我管理中的重要元素之一，对于大学生和新入职者具有非常重要的意义。在本练习中，将运用 PowerPoint 中的基础知识，介绍制作时间管理元素中的测定时间法、工作时间的分配和创造时间等职业生涯与自我管理内容的制作方法和操作步骤。

练习要点

- 插入图片
- 设置图片样式
- 插入形状
- 设置形状格式
- 添加动画效果

操作步骤 ▶▶▶▶

STEP|01 制作圆角矩形形状。复制第 2 张幻灯片，并删除幻灯片中所有的对象。然后，执行【插入】|【插图】|【形状】|【圆角矩形】命令，绘制圆角矩形形状。同时，右击圆角矩形形状，执行【设置形状格式】命令，选中【渐变填充】选项，并设置其【类型】和【角度】选项。

提示

绘制圆角矩形形状之后，为了合理布局幻灯片，还需要在【绘图工具】|【格式】|【大小】选项组中，设置圆角矩形的大小。

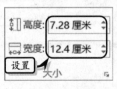

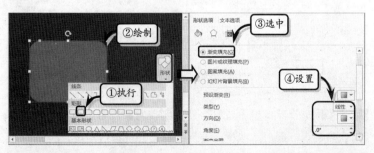

STEP|02 保留 3 个渐变光圈，选择左侧的渐变光圈，单击【颜色】

下拉按钮，选择【橙色】选项。选中中间的渐变光圈，设置其【位置】
和【透明度】值，并单击【颜色】下拉按钮，选择【其他颜色】选项，
自定义颜色。使用同样方法，设置右侧渐变光圈的颜色。

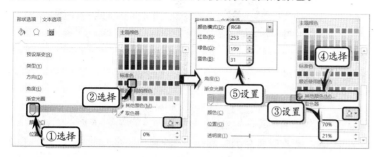

提示

在设置右侧渐变光圈颜色时，需要将【透明度】设置为 54%，并单击【颜色】下拉按钮，选择【其他颜色】选项，自定义下列颜色值。

STEP|03 选择圆角矩形形状，执行【绘图工具】|【格式】|【形状
样式】|【形状效果】|【映像】|【紧密映像,接触】命令。同时，执行
【插入】|【文本】|【文本框】|【横向文本框】命令，插入文本框，
输入文本并设置文本的字体格式。

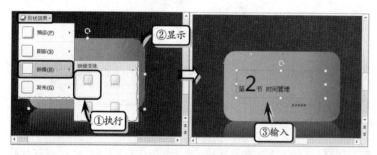

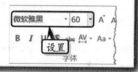

提示

在文本框中输入文本时，其"第 2 节时间管理"文本的字体样式为"微软雅黑"，字号为"18"。而文本框中的"2"文本的字号为"60"。

STEP|04 插入图片。执行【插入】|【图像】|【图片】命令，选择
图片文件，单击【插入】按钮。选择图片，执行【图片工具】|【格
式】|【图片样式】|【图片效果】|【映像】|【映像选项】命令，自定
义映像效果。

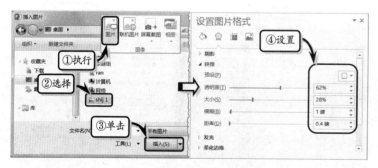

提示

插入图片之后，选择图片，执行【图片工具】|【格式】|【大小】|【裁剪】|【裁剪为形状】命令，在其级联菜单中选择【圆角矩形】类型，即可将图片裁剪为圆角矩形形状。

STEP|05 制作矩形形状。新建一张空白幻灯片，绘制一个矩形形状，
执行【绘图工具】|【格式】|【形状样式】|【形状填充】|【其他填充
颜色】命令，自定义填充色。同时，执行【形状轮廓】|【无轮廓】
命令。使用同样方法，制作其他矩形形状。

绘制矩形形状之后，需要在【格式】选项卡【大小】选项组中，设置形状的高度和宽度值，以准确地调整形状的大小。

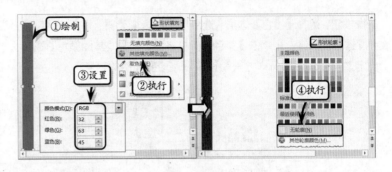

STEP|06 制作直线形状。执行【插入】|【插图】|【形状】|【直线】命令，绘制 3 条不同方向的直线形状。选择上方的横向直线，执行【绘图工具】|【格式】|【形状样式】|【形状轮廓】|【其他轮廓颜色】命令，自定义轮廓色。

制作矩形形状之后，可通过复制形状的方法，来制作底部矩形形状。底部矩形形状的大小为：

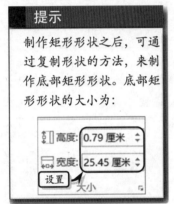

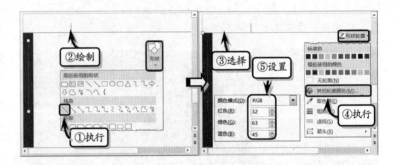

STEP|07 选择上方垂直直线形状，【绘图工具】|【格式】|【形状样式】|【形状轮廓】|【其他轮廓颜色】命令，自定义轮廓颜色。同时，执行【形状轮廓】|【粗细】|【4.5 磅】命令。使用同样的方法，分别设置其他直线形状的样式。(提示，垂直白色直线)

右侧垂直直线的形状轮廓的"粗细"为"1.5 磅"。另外，执行【绘图工具】|【格式】|【形状样式】|【形状轮廓】|【其他轮廓颜色】命令，在弹出的【颜色】对话框中自定义轮廓颜色。

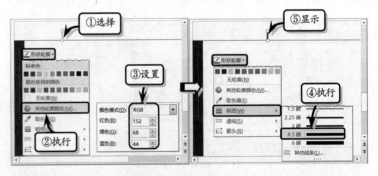

STEP|08 制作圆角矩形形状。执行【插入】|【插图】|【形状】|【圆角矩形】命令，绘制椭圆形形状并调整形状。然后，执行【绘图工具】|【格式】|【形状样式】|【形状填充】|【白色,背景 1】命令，同时执行【形状轮廓】|【无轮廓】命令。

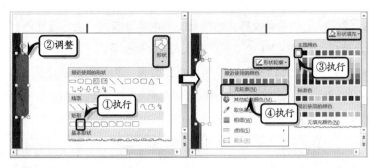

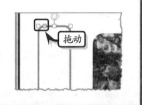
STEP|09 制作幻灯片文本。执行【插入】|【文本】|【文本框】|【横向文本框】命令，绘制文本框，输入文本并设置文本的字体格式。使用同样的方法，制作垂直文本框，输入文本并设置文本的字体格式。

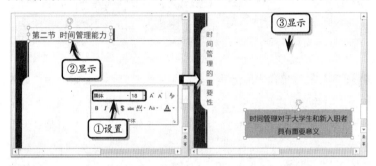

STEP|10 插入图片。执行【插入】|【图像】|【图片】命令，选择图片文件，单击【插入】按钮，插入图片。然后，排列图片的位置，并设置图片的映像样式。

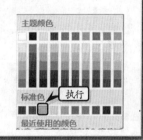
STEP|11 制作虚线。执行【插入】|【插图】|【形状】|【直线】命令，绘制多条直线。选择所有直线，分别设置直线的轮廓颜色、轮廓粗细和虚线样式。

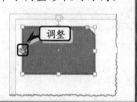

STEP|12 添加动画效果。选择最上方的垂直直线，执行【动画】|【动画样式】|【飞入】命令，同时执行【效果选项】|【自左侧】命令，并设置其【计时】选项。使用同样的方法，为其他对象添加动画效果。

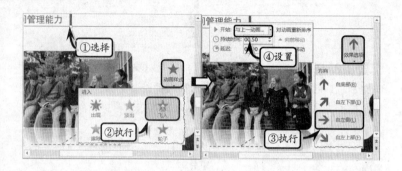

STEP|13 制作单角矩形形状。复制第 4 张幻灯片，删除不相关的内容。复制并修改占位符中的文本。然后，执行【插入】|【插图】|【形状】|【剪去单角的矩形】命令，绘制单角矩形形状，并调整其大小和方向。

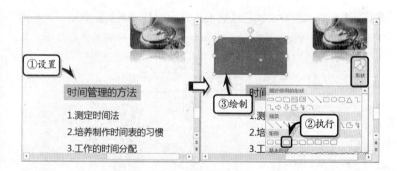

STEP|14 右击形状执行【设置形状格式】命令，选中【渐变填充】命令，并设置其【类型】和【角度】选项。然后，选择左侧的渐变光圈，单击【颜色】下拉按钮，选择【其他颜色】命令，自定义渐变颜色。使用同样方法，设置右侧渐变光圈的颜色。

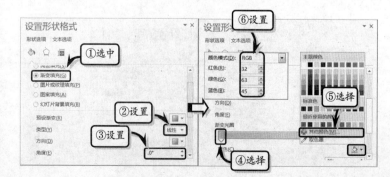

STEP|15 执行【插入】|【图像】|【图片】命令，选择图片文件，单击【插入】按钮。调整插入图片，复制文本框修改文本并设置文本的字体格式。

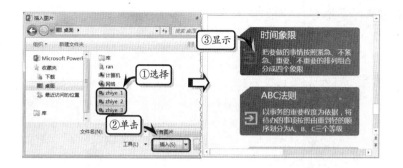

STEP|16 制作直线形状。在单角矩形形状中插入直线形状，执行【绘图工具】|【格式】|【形状样式】|【形状轮廓】|【白色,背景 1】命令。同时，执行【形状轮廓】|【粗细】|【1 磅】和【虚线】|【短划线】命令。使用同样方法，制作其他直线形状。

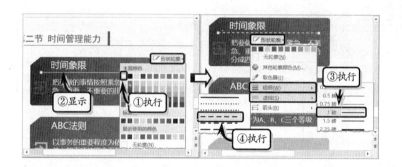

STEP|17 添加动画效果。删除当前已有的动画效果，从上到下选择中间的 3 个直线形状，执行【动画】|【动画样式】|【擦除】命令，同时执行【效果选项】|【自左侧】命令。然后，分别选择第 2 个和第 3 个直线形状的动画效果，更改其【开始】选项。使用同样方法，为其他对象添加动画效果。

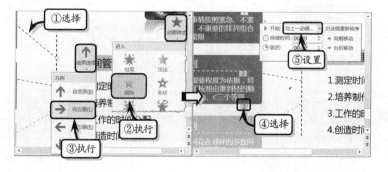

8.10 高手答疑

问题 1：如何将表格以图片方式复制到幻灯片中？

解答 1：选择表格，执行【开始】|【剪贴板】|【复制】命令，然后执行【开始】|【剪贴板】|【粘贴】|【选择性粘贴】命令，在弹出的对话框中选择一种图片格式，单击【确定】按钮。

问题 2：如何调整表格尺寸？

解答 2：选择表格，在【布局】选项卡【表格尺寸】选项组中，输入【高度】与【宽度】值即可调整表格的实际尺寸。

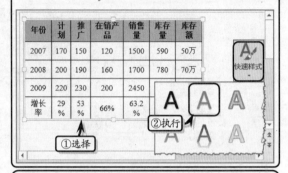

提示

用户还可以通过启用【表格尺寸】选项组中的【锁定纵横比】复选框，防止调整表格尺寸时更改表格的纵横比例。

问题 3：如何设置表格文本的艺术字效果？

解答 3：选择表格，执行【表格工具】|【艺术字样式】|【快速样式】命令，在其级联菜单中选择一种

艺术字样式，即可设置表格文本的艺术字效果。

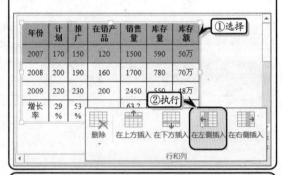

问题 4：如何快速一次插入多列？

解答 4：选择一行，执行【表格工具】|【布局】|【行和列】|【在左侧插入】命令，便会在表格左侧插入几列与所选行列数相同的几列。

问题 5：如何设置表格的显示层次？

解答 5：当幻灯片中存在多个对象时，例如同时存在形状和表格对象时，当形状位于表格上方时，会遮挡表格中的内容。此时，可以选择表格，执行【表格工具】|【布局】|【排列】|【上移一层】|【置于顶层】命令，将表格显示在形状的上方。

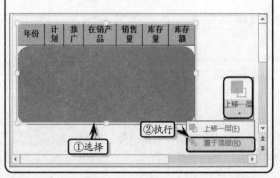

8.11 新手训练营

练习 1：销售数据统计表

downloads\第8章\新手训练营\销售数据统计表

提示：本练习中，首先执行【插入】|【表格】|【插入表格】命令，插入一个 5 列 4 行的表格，并调整表格的大小。然后，在【设计】选项卡【表格样式】选项组中，设置表格的整体样式和边框样式。同时，在表格中输入销售数据，并设置文本的字体和对齐格式。最后，选择第 1 个单元格，执行【设计】|【表格样式】|【边框】|【斜下框线】命令，并设置文本的"左对齐"样式。同时，在表格上方插入艺术字，输入文本并设置艺术字的样式。

销售数据统计表

项目 年份	销售数量	销售额	毛利润	净利润
2008年	3600	4000万	3000万	1500万
2009年	4100	5200万	4300万	2200万
2010年	4200	5600万	4400万	2400万

练习 2：立体表格

downloads\第8章\新手训练营\立体表格

提示：本练习中，首先执行【插入】|【表格】|【表格】|【Excel 电子表格】命令，插入 Excel 电子表格，并调整电子表格的大小。然后，在 Excel 表格中输入基础数据，并设置行高和字体格式。同时，设置单元格区域的边框格式和背景填充颜色。最后，设置第 2 行文本的显示方向，并在数据区域外围添加直线形状。同时，设置直线形状的填充颜色和轮廓样式，并取消表格中的网格线。

日期	姓名	性别	所属部门	最早到岗时间	最晚离岗时间	备注
2009-7-1	刘静	女	财务部	14:00	14:45	
2009-7-3	红枫	男	销售部	9:00	10:00	
2009-7-7	秀琴	男	企划部	11:00	11:20	
2009-7-19	果尔	男	生产部	10:05	10:55	
2009-7-15	璎璎	女	企划部	16:15	17:05	

练习 3：条形纹背景

downloads\第8章\新手训练营\条形纹背景

提示：本练习中，首先执行【插入】|【表格】|【Excel 电子表格】命令，插入 Excel 电子表格，并输入表格数据。然后，在 Excel 工作表中选择单元格区域，执行【开始】|【样式】|【条件格式】|【新建规则】命令。选择【使用公式确定要设置格式的单元格】选项，并在【为符合此公式的值设置格式】文本框中输入公式。单击【格式】按钮，在弹出的【设置单元格格式】对话框中，选择【填充】选项。并在【背景色】列表框中，选择相应的颜色。最后，使用同样的方法，设置其他条件格式。

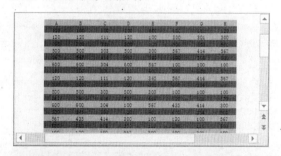

练习 4：库存数据统计表

downloads\第8章\新手训练营\库存数据统计表

提示：本练习中，首先执行【插入】|【表格】|

【表格】|【插入表格】命令，插入一个 5 行 7 列的表格。然后，执行【设计】|【表格样式】|【底纹】|【无填充颜色】命令，同时执行【表格样式】|【边框】|【所有框线】命令。输入库存数据，并设置数据的字体格式。最后，设置表格第一行的背景填充色，并设置整个表格的居中和垂直居中样式。

年份	计划	推广	在销产品	销售量	库存量	库存额
2007	170	150	120	1500	590	50万
2008	200	190	160	1700	780	70万
2009	220	230	200	2450	550	48万
增长率	29%	53%	66%	63.2%	－6%	－4%

第 9 章

使用图表

图表是数据的一种可视表现形式，是按照图形格式显示系列数值数据，可以用来比较数据并分析数据之间的关系。当用户需要在演示文稿中做一些简单的数据比较时，可以使用图表功能，根据输入表格的数据以柱形图、趋势图等方式，生动地展示数据内容，并描绘数据变化的趋势等信息。PowerPoint 提供了强大的图表显示功能，本章就将通过介绍这一功能，帮助用户理解 PowerPoint 的进阶使用。

9.1　创建表格

图表是一种生动的描述数据的方式,可以将表中的数据转换为各种图形信息,方便用户对数据进行观察。

1．命令创建

执行【插入】|【插图】|【图表】命令,在弹出的【插入图表】对话框中选择相应的图表类型,并单击【确定】按钮。

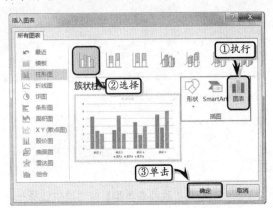

此时,系统会自动弹出 Excel 窗口,输入图表数据并关闭窗口后,在幻灯片中将显示创建的图表。

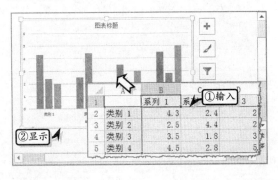

技巧

用户也可以单击【文本】组中的【对象】按钮,在弹出的【插入对象】对话框中创建图表。

2．占位符创建

在幻灯片中,单击占位符中的【插入图表】按钮,在弹出的对话框中选择相应的图表类型,并在弹出的 Excel 工作表中输入图表数据即可。

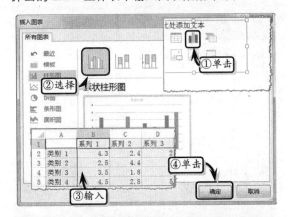

注意

只有在包含图表占位符的幻灯片版式中,才能通过单击【插入图表】按钮创建图表。

9.2　调整表格

在幻灯片中创建图表之后,需要通过调整图表的位置、大小与类型等编辑图表的操作,来使图表符合幻灯片的布局与数据要求。

1．调整图表的位置

选择图表,将鼠标移至图表边框或图表空白处,当鼠标变为"四向箭头"时,拖动鼠标即可调整图表位置。

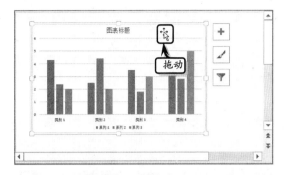

2．调整图表的大小

选择图表，将鼠标移至图表四周边框的控制点上，当鼠标变为"双向箭头"↖↘时，拖动即可调整图表大小。

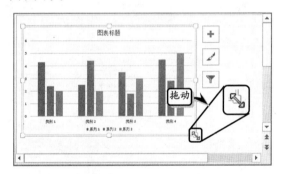

另外，选择图表，在【格式】选项卡【大小】选项组中，输入图表的【高度】与【宽度】值，即可调整图表的大小。

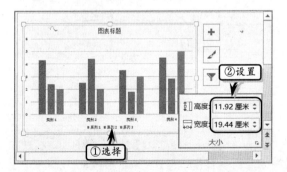

除此之外，用户还可以单击【格式】选项卡【大小】选项组中的【对话框启动器】按钮，在弹出的

【设置图表区格式】任务窗格中的【大小】选项卡中，设置图片的【高度】与【宽度】值。

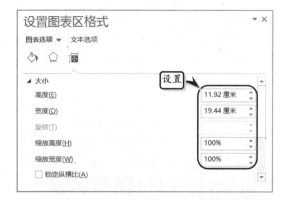

3．更改图表类型

更改图表类型是将图表由当前的类型更改为另外一种类型，通常用于多方位分析数据。执行【图表工具】|【设计】|【类型】|【更改图表类型】命令，在弹出的【更改图表类型】对话框中选择一种图表类型。

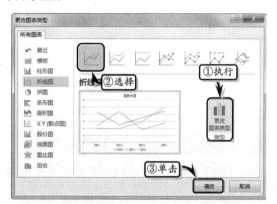

另外，选择图表，执行【插入】|【插图】|【图表】命令，在弹出的【更改图表类型】对话框中，选择图表类型即可。

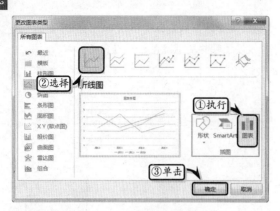

9.3 编辑图表数据

创建图表之后，为了达到详细分析图表数据的目的，用户还需要对图表中的数据进行选择、添加与删除操作，以满足分析各类数据的要求。

1. 编辑现有数据

选择图表，执行【图表工具】|【设计】|【数据】|【编辑数据】命令，在弹出的 Excel 工作表中编辑图表数据。

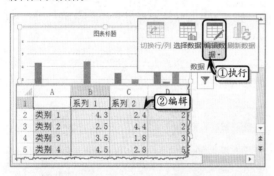

技巧

用户也可以右击图表，执行【编辑数据】命令，在弹出的 Excel 工作表中输入示例数据。

2. 重新定位数据区域

执行【图表工具】|【设计】|【数据】|【选择数据】命令，在弹出的【选择数据源】对话框中，执行【图表数据区域】右侧的折叠按钮，并在 Excel 工作表中重新选择数据区域。

3. 添加数据区域

执行【图表工具】|【数据】|【选择数据】命令，在弹出的【选择数据源】对话框中单击【添加】按钮。然后，在弹出的【编辑数据系列】对话框中，分别设置【系列名称】和【系列值】选项。

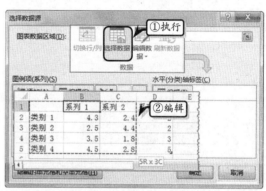

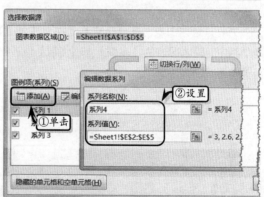

技巧

在【编辑数据系列】对话框中的【系列名称】和【系列值】文本框中直接输入数据区域，也可以选择相应的数据区域。

4．删除数据区域

执行【图表工具】|【数据】|【选择数据】命令，在弹出的【选择数据源】对话框中的【图例项（系列）】列表框中，选择需要删除的系列名称，并单击【删除】按钮。

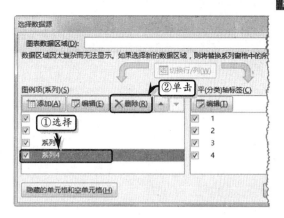

技巧

用户也可以在幻灯片图表中选择所要删除的系列，按下 Delete 或【退格】键，即可删除所选系列。

9.4 编辑图表文字

编辑文字可以更改图表中的标题文字，另外还可以切换水平轴与图例元素中的显示文字。

1．更改图表标题

选择标题文字，将光标定位于标题文字中，按 Delete 键删除原有标题文本输入替换文本即可。另外，用户还可以右击标题执行【编辑文字】命令，按 Delete 键删除原有标题文本输入替换文本。

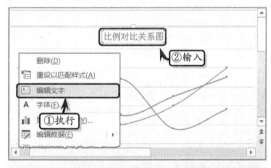

注意

用户可以在【开始】选项卡【字体】选项组中，设置图表中的文本格式。

2．切换水平轴与图例文字

选择图表，执行【图表工具】|【设计】|【数据】|【切换行/列】命令，即可切换图表中的类别轴和图例项。

注意

用户也可以单击【数据】组中的【选择数据】按钮，在弹出的【选择数据源】对话框中，单击【切换行/列】按钮。

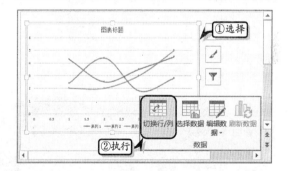

9.5 设置图表的布局和样式

图表布局直接影响到图表的整体效果，用户可根据工作习惯设置图表的布局以及图表样式，从而达到美化图表的目的。

1．使用预定义图表布局

用户可以使用 PowerPoint 提供的内置图表布局样式来设置图表布局。

选择图表，执行【图表工具】|【设计】|【图表布局】|【快速布局】命令，在其级联菜单中选择相应的布局。

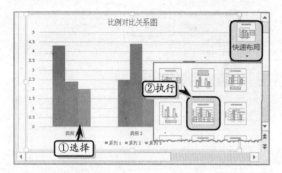

2. 自定义图表布局

除了使用预定义图表布局之外，用户还可以通过手动设置来调整图表元素的显示方式。

□ 设置图表标题

选择图表，执行【图表工具】|【设计】|【图表布局】|【添加图表元素】|【图表标题】命令，在其级联菜单中选择相应的选项即可。

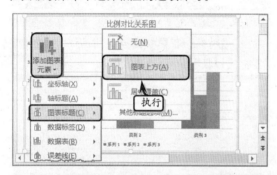

注意

在【图表标题】级联菜单中的【居中覆盖】选项表示在不调整图表大小的基础上，将标题以居中的方式覆盖在图表上。

□ 设置数据表

选择图表，执行【图表工具】|【设计】|【图表布局】|【添加图表元素】|【数据表】命令，在其级联菜单中选择相应的选项即可。

在【数据表】级联菜单中主要包括下列选项：

● **无** 选中该选项表示不显示数据表。

● **显示图例项标示** 表示在图表下方显示图例项标示。

● **无图例项标示** 表示在图表的下方显示不带有图例项标示的数据表。

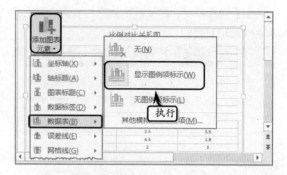

□ 设置数据标签

选择图表，执行【图表工具】|【设计】|【图表布局】|【添加图表元素】|【数据标签】命令，在其级联菜单中选择相应的选项即可。

提示

使用同样的方法，用户还可以通过执行【添加图表元素】命令，添加图例、网格线、坐标轴等图表元素。

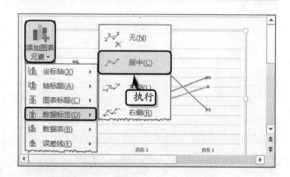

3. 添加分析线

分析线适用于部分图表，主要包括误差线、趋势线、线条和涨/跌柱线。

□ 添加误差线

误差线主要用来显示图表中每个数据点或数据标记的潜在误差值，每个数据点可以显示一个误差线。选择图表，执行【图表工具】|【设计】|【图表布局】|【添加图表元素】|【误差线】命令，在其级联菜单中选择误差线类型即可。

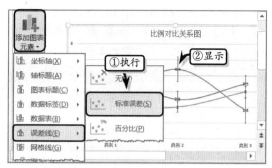

在【误差线】级联菜单中，主要包括下列误差线类型：

- **标准误差误差线** 显示使用标准误差的所选图表的误差线。
- **百分比误差线** 显示包含 5% 值的所选图表的误差线。
- **标准偏差误差线** 显示包含一个标准偏差的所选图表的误差线。

❏ **添加趋势线**

趋势线主要用来显示各系列中数据的发展趋势。选择图表，执行【图表工具】|【设计】|【图表布局】|【添加图表元素】|【趋势线】命令，在其级联菜单中选择趋势线类型，在弹出的【添加趋势线】对话框中，选择数据系列即可。

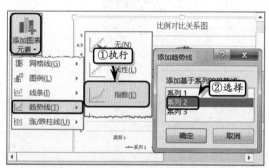

在【趋势线】级联菜单中，各类型的趋势线类型如下所述。

- **线性** 为选择的数据系列添加线性趋势线。
- **指数** 为选择的数据系列添加指数趋势线。
- **线性预测** 为选择的数据系列添加两个周期预测的线性趋势线。

- **移动平均** 为选择的数据系列添加双周期移动平均趋势线。

提示

在 PowerPoint 中，不能向三维图表、堆积型图表、雷达图、饼图与圆环图中添加趋势线。

❏ **添加线条**

选择图表，执行【图表工具】|【设计】|【图表布局】|【添加图表元素】|【线条】命令，在其级联菜单中选择线条类型。

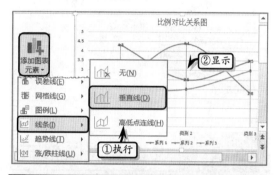

注意

用户为图表添加线条之后，可执行【添加图表元素】|【线条】|【无】命令，取消已添加的线条。

❏ **添加涨/跌柱线**

选择图表，执行【图表工具】|【设计】|【图表布局】|【添加图表元素】|【涨/跌柱线】|【涨/跌柱线】命令，即可为图表添加涨/跌柱线。

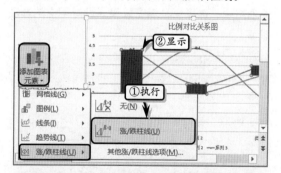

技巧

用户也可以单击图表右侧的 + 按钮，即可在弹出的列表中快速添加图表元素。

4．设置图表样式

图表样式主要包括图表中对象区域的颜色属性。PowerPoint 也内置了一些图表样式，允许用户快速对其进行应用。

选择图表，执行【图表工具】|【设计】|【图表样式】|【快速样式】命令，在下拉列表中选择相应的样式即可。

另外，执行【图表工具】|【设计】|【图表样式】|【更改颜色】命令，在其级联菜单中选择一种颜色类型，即可更改图表的主题颜色。

> **注意**
>
> 用户也可以单击图表右侧的 ✍ 按钮，即可在弹出的列表中快速设置图表的样式，以及更改图表的主题颜色。

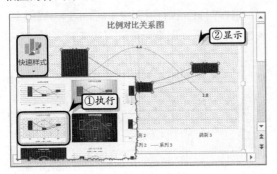

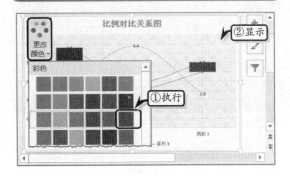

9.6 设置图表区格式

在 PowerPoint 中，可以通过设置图表区的边框颜色、边框样式、三维格式与旋转等操作，来美化图表区。

1．设置填充效果

执行【图表工具】|【格式】|【当前所选内容】|【图表元素】命令，在其下拉列表中选择【图表区】选项。然后，执行【设置所选内容格式】命令，在弹出的【设置图表区格式】任务窗格中，在【填充】选项组中，选择一种填充效果，设置相应的选项即可。

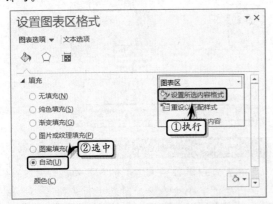

在【填充】选项组中，主要包括 6 种填充方式，其具体情况如下表所示。

选项	子选项	说明
无填充		不设置填充效果
纯色填充	颜色	设置一种填充颜色
	透明度	设置填充颜色透明状态
渐变填充	预设渐变	用来设置渐变颜色，共包含 30 种渐变颜色
	类型	表示颜色渐变的类型，包括线性、射线、矩形与路径
	方向	表示颜色渐变的方向，包括线性对角、线性向下、线性向左等 8 种方向
	角度	表示渐变颜色的角度，其值介于 1~360 度之间
	渐变光圈	可以设置渐变光圈的结束位置、颜色与透明度
图片或纹理填充	纹理	用来设置纹理类型，一共包括 25 种纹理样式
	插入图片来自	可以插入来自文件、剪贴板与剪贴画中的图片

续表

选项	子选项	说 明
图 片 或 纹 理 填 充	将图片平铺为纹理	表示纹理的显示类型,选择该选项则显示【平铺选项】,禁用该选项则显示【伸展选项】
	伸展选项	主要用来设置纹理的偏移量
	平铺选项	主要用来设置纹理的偏移量、对齐方式与镜像类型
	透明度	用来设置纹理填充的透明状态
图 案 填 充	图案	用来设置图案的类型,一共包括48种类型
	前景	主要用来设置图案填充的前景颜色
	背景	主要用来设置图案填充的背景颜色
自动		选择该选项,表示图表的图表区填充颜色将随机进行显示,一般默认为白色

2.设置边框颜色

在【设置图表区格式】任务窗格中的【边框】选项组中,设置边框的样式和颜色即可。在该选项组中,包括【无线条】、【实线】、【渐变线】与【自动】4种选项。例如,选中【实线】选项,在列表中设置【颜色】与【透明度】选项,然后设置【宽度】、【复合类型】和【短划线类型】选项。

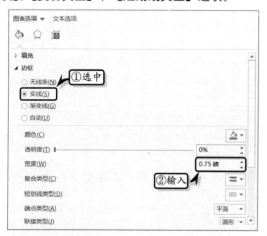

3.设置阴影格式

在【设置图表区格式】任务窗格中,激活【效果】选项卡,在【阴影】选项组中设置图表区的阴影效果。

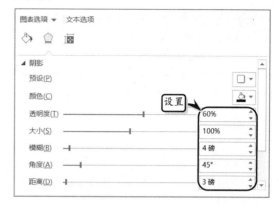

在该选项组中,主要包括预设与颜色选项:

❑ **预设** 用来设置阴影的样式,主要包括内容、外部与透视3类共23种样式。

❑ **颜色** 用来设置阴影的颜色,主要包括主题颜色、标准色与其他颜色3种类型。

另外,【透明度】、【大小】、【模糊】、【角度】与【距离】选项,会随着【预设】选项的改变而改变。当然,用户也可以拖动滑块或在微调框中输入数值来单独调整某种选项的具体数值。

4.设置三维格式

在【设置图表区格式】任务窗格中的【三维格式】选项组中,设置图表区的顶部棱台、底部棱台和材料选项。

> **注意**
>
> 在【效果】选项卡中,还可以设置图表区的发光和柔化边缘效果。

9.7 设置数据系列格式

数据系列是图表中的重要元素之一，用户可以通过设置数据系列的形状、填充、边框颜色和样式、阴影以及三维格式等效果，达到美化数据系列的目的。

执行【当前所选内容】|【图表元素】命令，在其下拉列表中选择一个数据系列。然后，执行【设置所选内容格式】命令，在弹出的【设置数据系列格式】任务窗格中的【系列选项】选项卡，选中一种形状。然后在微调框中输入【系列间距】和【分类间距】值。

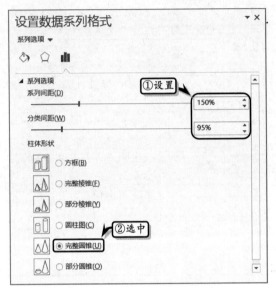

> **注意**
>
> 在【系列选项】选项卡中，其形状的样式会随着图表类型的改变而改变。

另外，激活【填充线条】选项卡，在该选项卡中可以设置数据系列的填充颜色，包括纯色填充、渐变填充、图片和纹理填充、图案填充等。

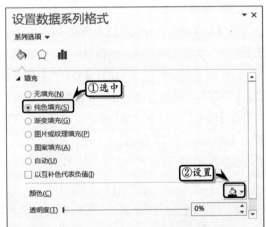

9.8 设置坐标轴格式

坐标轴是表示图表数据类别的坐标线，用户可以在【设置坐标轴格式】任务窗格中，设置坐标轴的数字类别与对齐方式。

1. 调整数字类别

双击坐标轴，在弹出的【设置坐标轴格式】任务窗格中，激活【坐标轴选项】下的【坐标轴选项】选项卡。然后在【数字】选项组中的【类别】列表框中选择相应的选项，并设置其小数位数与样式。

2. 调整对齐方式

在【设置坐标轴格式】任务窗格中，激活【坐标轴选项】下的【大小属性】选项卡。在【对齐方式】选项组中，设置对齐方式、文字方向与自定义角度。

3．调整坐标轴选项

双击水平坐标轴，在【设置坐标轴格式】任务窗格中，激活【坐标轴选项】下的【坐标轴选项】选项卡。在【坐标轴选项】选项组中，设置各项选项即可。

其中，在【坐标轴选项】选项组中，主要包括下表中的各项选项。

选 项	子选项	说 明
坐标轴类型	根据数据自动选择	选中该单选按钮将根据数据类型设置坐标轴类型
	文本坐标轴	选中该单选按钮表示使用文本类型的坐标轴
	日期坐标轴	选中该单选按钮表示使用日期类型的坐标轴
纵坐标轴交叉	自动	设置图表中数据系列与纵坐标轴之间的距离为默认值
	分类编号	自定义数据系列与纵坐标轴之间的距离

续表

选 项	子选项	说 明
纵坐标轴交叉	最大分类	设置数据系列与纵坐标轴之间的距离为最大显示
坐标轴位置	逆序类别	选中该复选框，坐标轴中的标签顺序将按逆序进行排列

另外，双击垂直坐标轴，在【设置坐标轴格式】任务窗格中，激活【坐标轴选项】下的【坐标轴选项】选项卡。在【坐标轴选项】选项组中，设置各项选项即可。

在【坐标轴选项】选项卡中，主要包括下列选项：

❑ **边界** 将坐标轴标签的最小值及最大值，设置为固定值或自动值。

❑ **单位** 将坐标轴标签的主要刻度值及次要刻度值，设置为固定值或自动值。

❑ **基底交叉点** 用于设置水平坐标轴的显示方式，包括自动、坐标轴值和最大坐标

轴值 3 种方式。

❑ **对数刻度** 启用该选项，可以将坐标轴标签中的值按对数类型进行显示。

❑ **逆序刻度值** 用于坐标轴中的标签顺序将按逆序进行显示。

❑ **显示单位** 启用该选项，可以在坐标轴上显示单位类型。

9.9 职业生涯与自我管理之三

随着社会竞争日益激烈和职场风云的变幻莫测，客观上要求职员必须具备一定的先见力，以便在胜任当前职位的同时达到超越自我的目的。在本练习中，将运用 PowerPoint 中强大的图形和形状功能，制作职业生涯与自我管理中的"先见力"内容幻灯片。

练习要点
- 插入图片
- 插入形状
- 设置形状格式
- 设置文本格式
- 更改图片

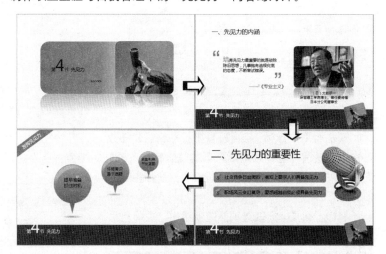

操作步骤 》》》

STEP|01 复制幻灯片。复制第 3 张幻灯片，调整幻灯片的顺序，同时更改文本框内容。

STEP|02 更改图片。右击图片执行【更改图片】

命令，选择【From a file】选项，然后选择图片文件，单击【插入】按钮。

STEP|03 设置形状颜色。右击圆角矩形形状,执行【设置形状格式】命令。选择左侧的渐变光圈,单击【颜色】下拉按钮,选择【其他颜色】选项,自定义渐变颜色。

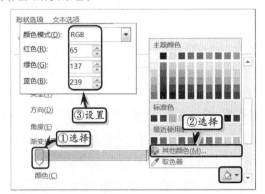

STEP|04 选择中间的渐变光圈颜色,将【位置】设置为"70%",将【透明度】设置为"21%"。然后,单击【颜色】下拉按钮,选择【其他颜色】选项,自定义渐变颜色。

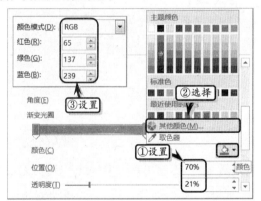

STEP|05 选择右侧的渐变光圈颜色,将【透明度】设置为"68%"。然后,单击【颜色】下拉按钮,选择【其他颜色】选项,自定义渐变颜色。

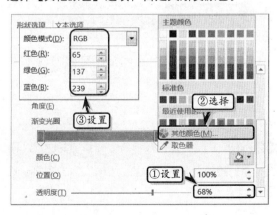

STEP|06 复制形状。新建空白幻灯片,复制第 5张幻灯片底部的矩形形状,并调整形状的大小。

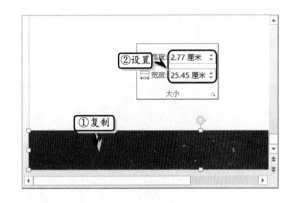

STEP|07 制作文本。执行【插入】|【文本】|【文本框】|【横排文本框】命令,绘制文本框,输入文本并设置文本的字体格式。

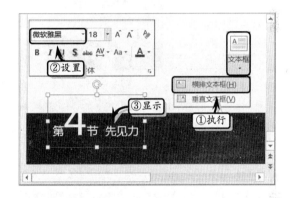

STEP|08 然后,复制多个文本框,分别修改文本框内的文本,并分别设置其字体格式。

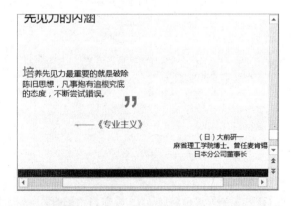

STEP|09 插入图片。执行【插入】|【图像】|【图片】命令,选择图片文件,单击【插入】按钮。

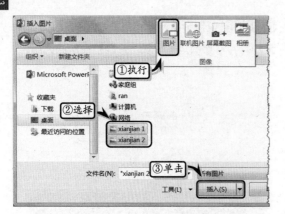

STEP|10 裁剪图片。排列图片的位置，并旋转图片。然后，选择所有的图片，执行【图片工具】|【格式】|【大小】|【裁剪】|【裁剪为形状】|【圆角矩形】命令，将图片裁剪为圆角矩形形状。

STEP|11 设置图片的映像效果。执行【绘图工具】|【格式】|【图片样式】|【图片效果】|【映像】选项命令，自定义映像效果。

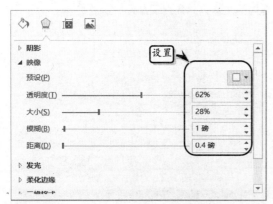

STEP|12 制作圆角矩形形状。复制当前幻灯片，删除幻灯片中的相应内容。执行【插入】|【插图】|【形状】|【圆角矩形】命令，绘制形状。

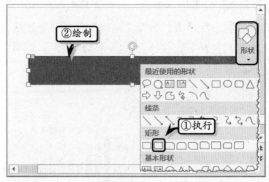

STEP|13 选择圆角矩形形状，执行【绘图工具】|【格式】|【形状样式】|【形状填充】|【其他填充颜色】命令，自定义填充色。

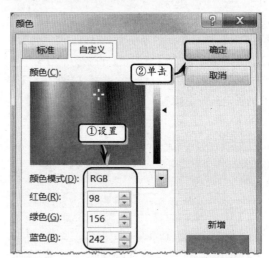

STEP|14 执行【绘图工具】|【格式】|【形状样式】|【形状轮廓】|【无轮廓】命令，取消轮廓颜色。

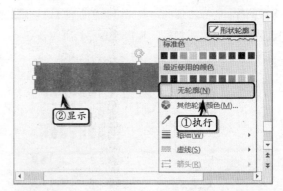

STEP|15 复制圆角矩形形状，并排列其位置。同时，复制底部的标题文本框，更改文本内容并设置文本的字体格式。

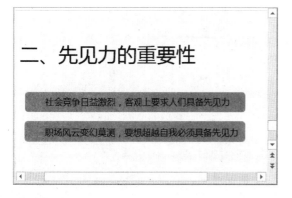

STEP|16 插入图片。执行【插入】|【图像】|【图片】命令,选择图片文件,单击【插入】按钮,插入图片并排列图片的位置。

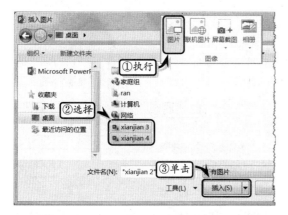

STEP|17 制作矩形形状。复制当前幻灯片,并删除幻灯片中的部分内容。执行【插入】|【插图】|【形状】|【矩形】命令,绘制矩形形状并旋转形状。

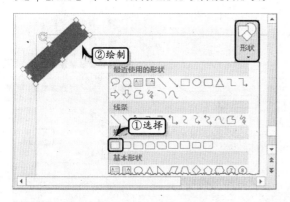

STEP|18 选择矩形形状,执行【绘图工具】|【格式】|【形状样式】|【形状填充】|【其他填充颜色】命令,自定义填充色。

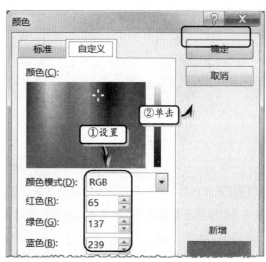

STEP|19 同时,执行【形状样式】|【形状轮廓】|【无轮廓】命令,取消轮廓颜色。

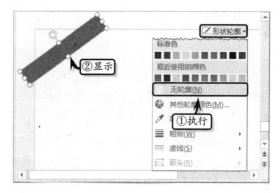

STEP|20 然后,右击形状执行【编辑文字】命令,为形状添加文本,并设置文本的字体格式。

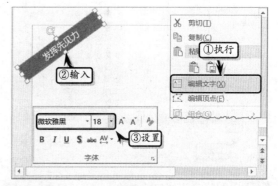

STEP|21 制作椭圆形标注形状。执行【插入】|【插图】|【形状】|【椭圆形标注】命令,绘制该形状。

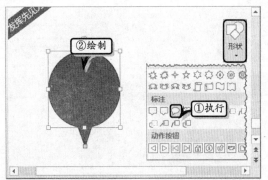

STEP|22 右击形状，执行【设置形状格式】命令。选中【渐变填充】选项，并设置其【类型】和【角度】选项。

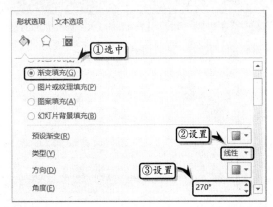

STEP|23 保留 3 个渐变光圈，选择左侧的渐变光圈，单击【颜色】下拉按钮，选择【其他颜色】选项，自定义渐变颜色。

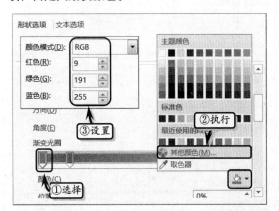

STEP|24 选择中间的渐变光圈，将【位置】设置为"17%"，并单击【颜色】下拉按钮，选择【其他颜色】选项，自定义渐变颜色。

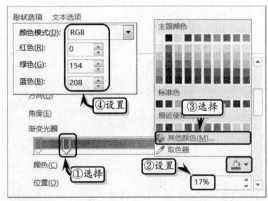

STEP|25 选择右侧的渐变光圈，单击【颜色】下拉按钮，选择【其他颜色】选项，自定义渐变颜色。

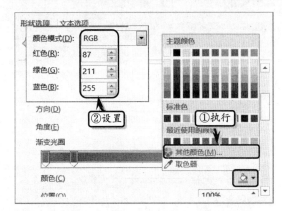

STEP|26 展开【线条】选项组，选中【实线】选项，将【宽度】设置为"1.5磅"，并设置其颜色值。使用同样的方法，制作其他椭圆形标注形状。

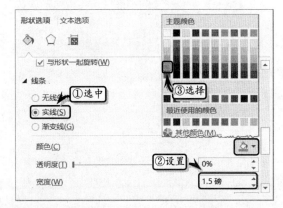

STEP|27 制作椭圆形形状。执行【插入】|【插图】|【形状】|【椭圆】命令，绘制一个椭圆形形状，并调整形状的大小。

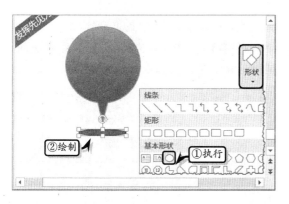

STEP|28 右击形状，执行【设置形状格式】命令，选中【渐变填充】选项，并设置【类型】和【角度】选项。

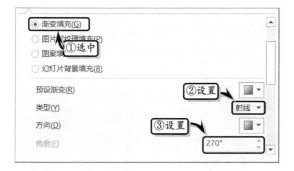

STEP|29 保留两个渐变光圈，选择左侧的渐变光圈，单击【颜色】下拉按钮，选择【其他颜色】选项，自定义颜色值，并将【透明度】设置为"55%"。

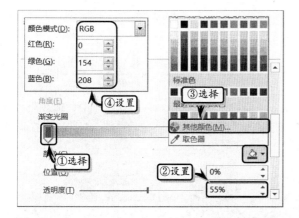

STEP|30 选择右侧的渐变光圈，将【位置】设置为"80%"，将【透明度】设置为"65%"，同时单击【颜色】下拉按钮，选择【白色,背景1】选项。使用同样方法，制作其他椭圆形形状。

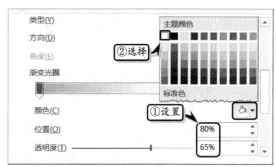

STEP|31 制作新月形形状。执行【插入】|【插图】|【形状】|【新月形】命令，绘制新月形形状，调整形状大小并旋转形状。

STEP|32 右击形状执行【设置形状格式】命令，选中【渐变填充】选项，并设置其【类型】和【角度】选项。

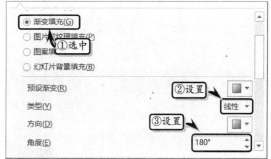

STEP|33 保留 3 个渐变光圈，选择左侧的渐变光圈，将【透明度】设置为"100%"，将【亮度】设置为"9%"。同时，单击【颜色】下拉按钮，选择【其他颜色】选项，自定义颜色。

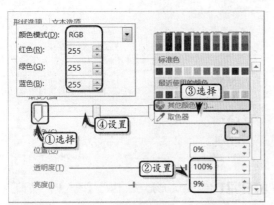

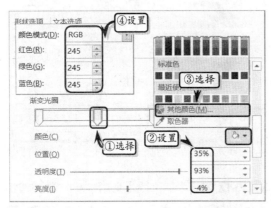

STEP|34 选择中间的渐变光圈，将【位置】设置为 "35%"，将【透明度】设置为 "93%"，将【亮度】设置为 "−4%"。同时，单击【颜色】下拉按钮，选择【其他颜色】选项，自定义颜色。

STEP|35 选择右侧的渐变光圈，将【位置】设置

为 "69%"，将【透明度】设置为 "62%"。同时，单击【颜色】下拉按钮，选择【白色,背景 1】选项。使用同样的方法，制作其他新月形形状。

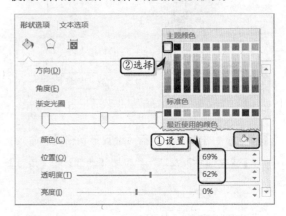

STEP|36 最后，复制文本框，更改文本框中的文本内容，并设置文本的字体格式。

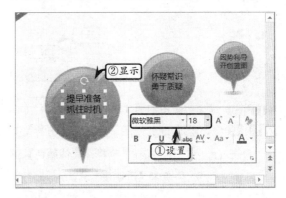

9.10　社会保障概论之一

练习要点

- 使用图片
- 使用形状
- 设置形状格式
- 添加动画效果
- 设置幻灯片母版

　　社会保障是指国家和社会通过立法对国民收入进行分配和再分配，对社会成员特别是生活有特殊困难的人们的基本生活权利给予保障的一种社会安全制度。在本练习中，将以 PowerPoint 幻灯片的形式，展示社会保障概论中保险产生的原因的部分内容。

操作步骤 》》》》

STEP|01 制作标题幻灯片。新建原始文稿，执行【视图】|【母版视图】|【幻灯片母版】命令，切换到幻灯片母版中。

STEP|02 执行【插入】|【图像】|【图片】命令，选择图片文件，单击【打开】按钮。

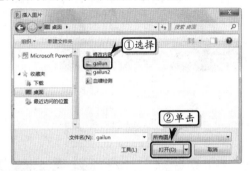

STEP|03 选择母版中的第 1 张幻灯片，执行【插入】|【图像】|【图片】命令，选择图片文件，单击【打开】按钮。

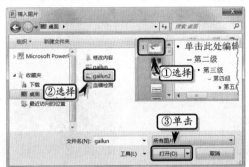

STEP|04 执行【视图】|【演示文稿视图】|【普通视图】命令，并删除幻灯片中的所有占位符。

STEP|05 执行【插入】|【文本】|【艺术字】|【填充-白色,轮廓-着色 1,阴影】命令，插入艺术字。

STEP|06 在艺术字文本框中输入文本，并设置文本的字体格式，并设置白色填充颜色和轮廓颜色。

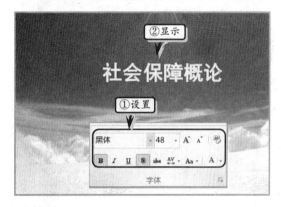

STEP|07 制作"保险产生的原因"幻灯片之一。执行【开始】|【幻灯片】|【新建幻灯片】|【空白】命令，新建空白幻灯片。

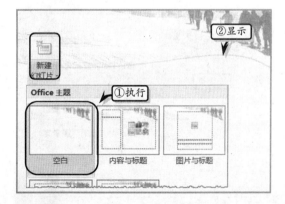

STEP|08 执行【插入】|【插图】|【形状】|【圆角矩形】命令，在幻灯片中绘制一个圆角矩形形状。

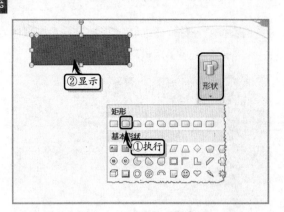

STEP|09 选择形状，执行【绘图工具】|【格式】|【形状样式】|【形状填充】|【其他填充颜色】命令。在【自定义】选项卡中，自定义颜色值。

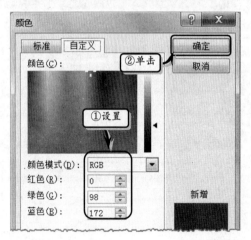

STEP|10 执行【绘图工具】|【格式】|【形状样式】|【形状轮廓】|【浅蓝】命令，设置形状的轮廓颜色。

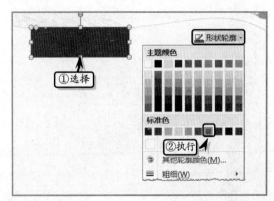

STEP|11 右击形状，执行【设置形状格式】命令。展开【线条】选项组，将【宽度】设置为"2磅"。

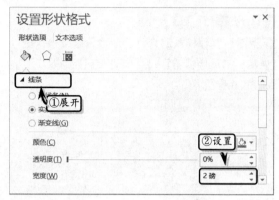

STEP|12 右击形状，执行【编辑文字】命令，在形状中输入文本并设置文本的字体格式。

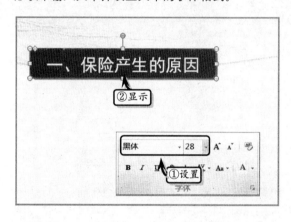

STEP|13 执行【插入】|【插图】|【形状】|【圆角矩形】命令，在幻灯片中绘制一个圆角矩形形状，并调整形状的大小与位置。

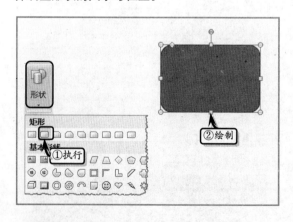

STEP|14 右击形状，执行【设置形状格式】命令。在【设置形状格式】任务窗格中，选中【渐变填充】选项，并将【角度】设置为"90°"。

STEP|15 选择左侧的渐变光圈，单击【颜色】下拉按钮，选择【其他颜色】选项。在【自定义】选项卡中，自定义颜色值。

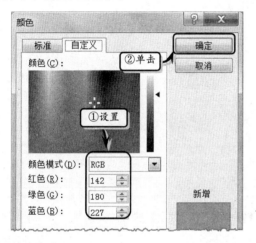

STEP|16 选择右侧的渐变光圈，单击【颜色】下拉按钮，选择【其他颜色】选项。在【自定义】选项卡中，自定义颜色值。

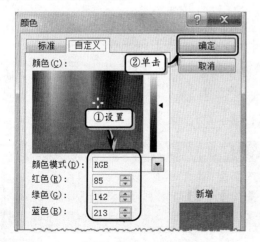

STEP|17 执行【插入】|【插图】|【形状】|【矩形】

命令，在幻灯片中绘制一个矩形形状。

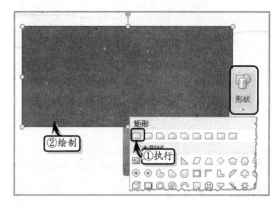

STEP|18 选择形状，执行【格式】|【形状样式】|【形状填充】|【无填充颜色】命令，同时执行【形状轮廓】|【无轮廓】命令。

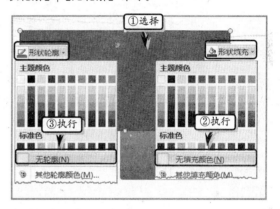

STEP|19 右击形状，执行【编辑文字】命令，输入文本并设置文本的字体与对齐格式。

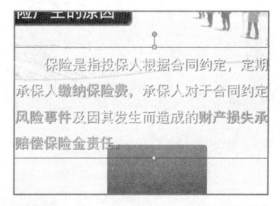

STEP|20 选择圆角矩形形状，执行【动画】|【动画】|【动画样式】|【浮入】命令，同时执行【效果选项】|【下浮】命令。

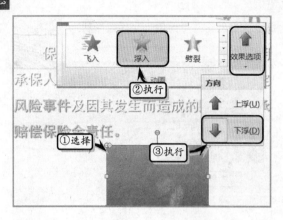

STEP|21 在【计时】选项卡中，将【开始】设置为"与上一动画同时"，将【持续时间】设置为"00.25"。

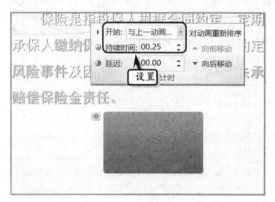

STEP|22 执行【动画】|【高级动画】|【添加动画】|【放大/缩小】命令，执行【效果选项】|【垂直】命令，并将【开始】设置为"与上一动画同时"。

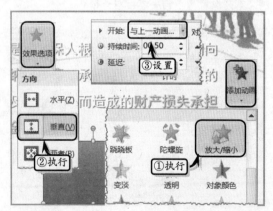

STEP|23 同样，执行【动画】|【高级动画】|【添加动画】|【放大/缩小】命令，并执行【效果选项】|【水平】命令，将【开始】设置为"与上一动画同时"。

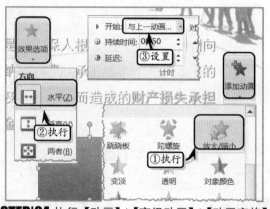

STEP|24 执行【动画】|【高级动画】|【动画窗格】命令，选择第2个动画效果，单击后面的下拉按钮，选择【效果选项】选项。

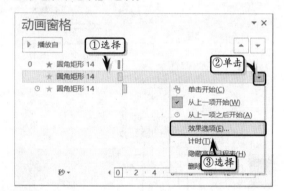

STEP|25 在【效果】选项卡中，将【尺寸】设置为"250%垂直"，并单击【确定】按钮。使用同样方法，设置第3个动画效果的尺寸。

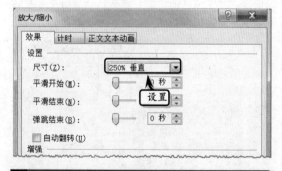

> **注意**
> 在设置"放大/缩小"动画效果的尺寸时，需要在【尺寸】下拉列表中选择【自定义】选项，并在选项中的文本框中输入尺寸值。然后，按下 Enter 键即可。

STEP|26 选择矩形形状，执行【动画】|【动画样式】|【更多进入效果】命令，选择【挥鞭式】选项，并将【开始】设置为"上一动画之后"。

STEP|27 选择圆角矩形形状，执行【动画】|【高级动画】|【添加动画】|【退出】|【淡出】命令。

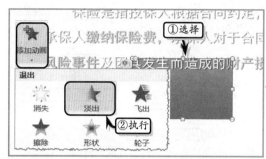

STEP|28 选择矩形形状，执行【动画】|【高级动画】|【添加动画】|【退出】|【淡出】命令，并将【开始】设置为"与上一动画同时"。

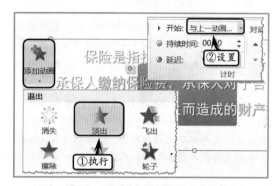

9.11 高手答疑

问题 1：如何设置图表的标题样式？

解答 1：选择图表标题，执行【图表工具】|【形状样式】|【其他】|【强烈效果-橙色,强调颜色 6】命令，设置图表标题的样式。

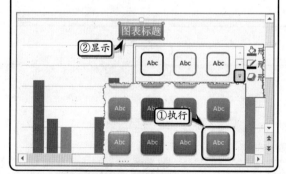

问题 2：如何设置图例的显示位置？

解答 2：选择图例，右击执行【设置图例格式】命令。在弹出的【设置图例格式】任务窗格中，激活【图例选项】下的【图例选项】选项卡，在【图例位置】选项组中，选择图例的显示位置。

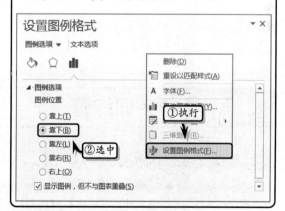

问题 3：如何将图表保存为图片？

解答 3：选择图表，右击执行【另存为图片】命令，在弹出的【另存为图片】对话框中，设置保存类型和保存位置，单击【保存】按钮，即可将图表保存为指定格式的图片文件。

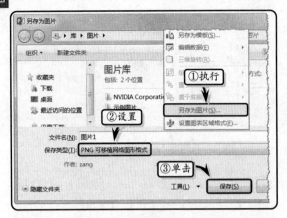

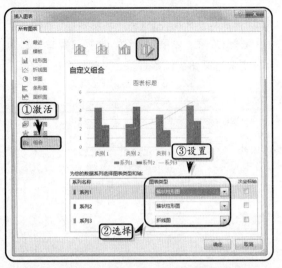

问题 4：如何创建组合图表？

解答 4：组合图表是由两种以上的图表类型组合而成的图表，PowerPoint 2013 为用户提供了方便、快捷的组合图表的制作功能，以帮助用户对数据进行一些特殊的分析。

执行【插入】|【插图】|【图表】命令，在弹出的【插入图表】对话框中，激活【组合】选项卡。在列表中选择相应的组合类型，或者在【为您的数据系列选择图表类型和轴】列表框中，自定义图表类型。

问题 5：如何将 Excel 中已创建好的图表插入到幻灯片中？

解答 5：执行【插入】|【文本】|【对象】命令，在弹出的【插入对象】对话框中，选择【由文件创建】选项。然后单击【浏览】按钮，在弹出的【浏览】对话框中选择文件，并依次单击【确定】按钮。

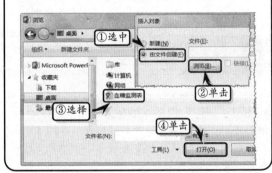

9.12 新手训练营

练习 1：年销售比率分析图

🔵 downloads\第 9 章\新手训练营\年销售比率分析图

提示：本练习中，首先执行【插入】|【插图】|【图表】命令，选择【分离型三维饼图】选项，插入图表。同时，删除图表标题并设置图表的布局样式。然后设置图表的样式，以及数据系列的填充颜色和棱台效果。同时，设置图表区域的填充颜色、轮廓样式和字体颜色。最后，为图表插入艺术字标题，并设置艺术字的字体格式。

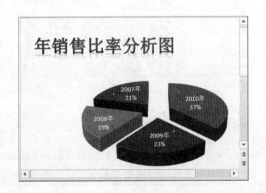

练习 2：销售数据分析图

downloads\第 9 章\新手训练营\销售数据分析图

提示：本练习中，首先执行【插入】|【插图】|【图表】命令，选择【簇状圆柱图】选项，插入图表。然后，执行【设计】|【图表样式】|【样式 26】命令，设置图表的样式。右击图表执行【设置图表区域格式】命令，设置其渐变填充效果。最后，双击垂直坐标轴，设置坐标轴的格式。同时，设置图例的显示位置，以及数据系列的填充颜色，并添加图表标题。

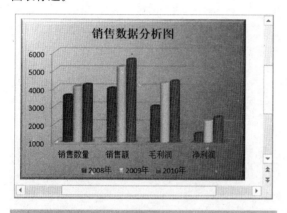

练习 3：人员业绩分析图

downloads\第 9 章\新手训练营\人员业绩分析图

提示：本练习中，首先执行【插入】|【插图】|【图表】命令，选择【带数据标记的折线图】选项，插入图表。然后，执行【设计】|【图表样式】|【其他】|【样式 29】命令，设置图表样式，并设置图表的轮廓样式和曹皮棱台效果。最后，双击垂直坐标轴，设置坐标轴的最大值和最小值。同时，添加数据标签和垂直线，并取消主要横网格线。

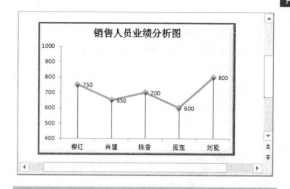

练习 4：瀑布图

downloads\第 9 章\新手训练营\瀑布图

提示：本练习中，首先执行【插入】|【插图】|【图表】命令，选择【堆积柱形图】选项，插入图表。然后，选择"辅助数据"数据系列，右击执行【设置数据系列格式】命令，选中【无填充】选项。同时，选择"2008 年销售额"数据系列，右击执行【设置数据系列格式】命令。在【系列选项】选项卡中，将【分类间距】设置为"0"。最后，选择"2008 年销售额"数据系列，执行【布局】|【标签】|【数据标签】|【居中】命令，并执行【布局】|【坐标轴】|【网格线】|【主要横网格线】|【无】命令。

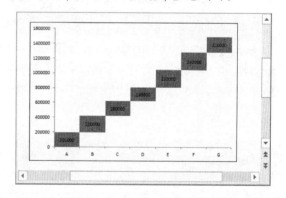

第 **10** 章

创建 SmartArt 图形

在表现演示文稿中若干元素之间的逻辑结构关系时，用户可以使用 SmartArt 图形功能，以各种几何图形的位置关系来显示这些文本，从而使演示文稿更加美观和生动。PowerPoint 2013 为用户提供了多种类型的 SmartArt 预设，并允许用户自由地调用。在本章中，将向用户详细介绍 SmartArt 图形创建、编辑和美化的操作方法和技巧，以让用户了解并掌握这一特定功能。

10.1 SmartArt 图形概述

　　SmartArt 图形是 Microsoft Office 2007 系列软件开始引入的一种全新的显示对象，其不仅可以应用在 PowerPoint 软件中，而且在 Word、Excel、Outlook 等其他套装组件中，用户均可使用这一功能。

1. SmartArt 图形的类型

　　SmartArt 图形本质上是 Office 系列软件内置的一些形状图形的集合，其比文本更有利于用户的理解和记忆，因此通常应用在各种富文本文档、电子邮件、数据表格和演示文稿中。

　　在 PowerPoint 2013 中，对 SmartArt 图形功能进行了改进，允许用户创建的 SmartArt 类型主要包括以下几种。

类　别	说　明
列表	显示无序信息
流程	在流程或时间线中显示步骤
循环	显示连续而可重复的流程
层次结构	显示树状列表关系
关系	对连接进行图解
矩阵	以矩形阵列的方式显示并列的 4 种元素
棱锥图	以金字塔的结构显示元素之间的比例关系
图片	允许用户为 SmartArt 插入图片背景
Office.com	显示 Office.com 上可用的其他布局，该类型的布局会定期进行更新

2. SmartArt 图形布局技巧

　　在使用 SmartArt 显示内容时，用户需要根据其中各元素的实际关系，以及需要传达的信息的重要程度，来决定使用何种 SmartArt 布局。另外，决定 SmartArt 图形布局的因素主要包括以下几种。

❑ 信息数量

　　决定使用 SmartArt 图形布局的最主要因素之一就是需要显示的信息数量。通常某些特定的 SmartArt 图形的类型适合显示特定数量的信息。例如，在 "矩阵" 类型中，适合显示由 4 种信息组成的 SmartArt 图形，而 "循环" 结构则适合显示超过 3 组，且不多于 8 组的图形。

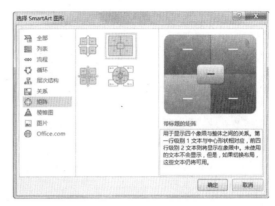

❑ 信息的文本字数

　　信息的文本字数也可以决定用户应选择哪种 SmartArt 图形。对于每条信息字数较少的图形，用户可选择 "齿轮"、"射线群集" 等类型的 SmartArt 图形布局。

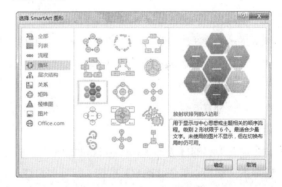

　　而对于文本字数较多的信息，用户则可考虑选择一些面积较大的 SmartArt 图形，防止 SmartArt 图形的自动缩放文本功能将文本内容缩小，使用户难于识别。

❑ 信息的逻辑关系

　　决定使用 SmartArt 图形布局的因素还包括这些信息之间的逻辑关系。例如，当这些信息之间为并列关系时，用户可选择 "列表"、"矩阵" 类别的 SmartArt 图形。而当这些信息之间有明显的递进关系时，则应选择 "流程" 或 "循环" 类别。

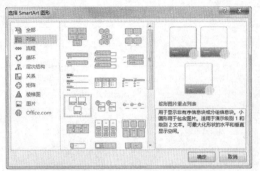

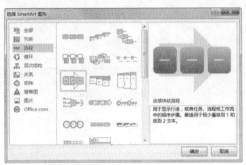

10.2 创建 SmartArt 图形

在 PowerPoint 中,用户可以通过多种方式创建 SmartArt 图形,包括直接插入 SmartArt 图形以及从占位符中创建 SmartArt 图形等。

1. 直接创建

直接创建是使用 PowerPoint 中的命令,来创建 SmartArt 图形。执行【插入】|【插图】|【SmartArt】命令,在弹出的【选择 SmartArt 图形】对话框中,选择图形类型,单击【确定】按钮,即可在幻灯片中插入 SmartArt 图形。

2. 占位符创建

在包含"内容"版式的幻灯片中,单击占位符中的【插入 SmartArt 图形】按钮。然后,在弹出的【选择 SmartArt 图形】对话框中,激活【列表】选项卡,选择相应的图形类型,单击【确定】按钮即可。

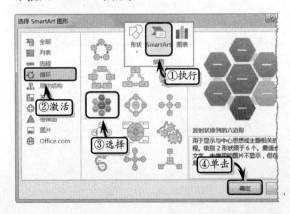

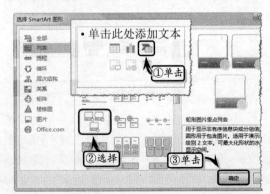

PowerPoint

10.3　编辑 SmartArt 图形

为幻灯片添加完 SmartArt 图形之后，还需要对图形进行编辑，完成 SmartArt 图形的制作。

1．输入文本

创建 SmartArt 图形之后，右击形状执行【编辑文字】命令，在形状中输入相应的文字。

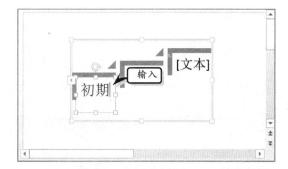

技巧

选择图形，直接单击形状内部或按两次 Enter 键，当光标定位于形状中时，输入文字即可。

另外，选择形状后，执行【SMARTART 工具】|【设计】|【创建图形】|【文本窗格】命令，在弹出的【文本】窗格中输入相应的文字。

技巧

选择图形，单击图形左侧的【文本窗格】按钮【◄】，在展开的【文本】窗格中输入文本。

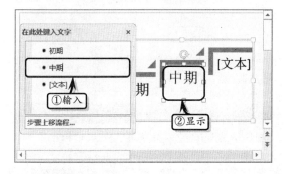

2．添加形状

执行【SMARTART 工具】|【设计】|【创建图形】|【添加形状】命令，在其级联菜单中选择相应的选项，即可为图像添加相应的形状。

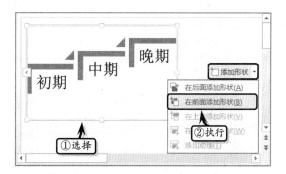

另外，选择图形中的某个形状，右击形状执行【添加形状】命令中的相应选项，即可为图形添加相应的形状。

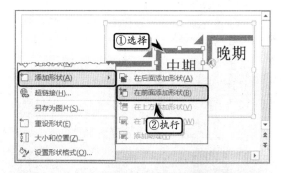

提示

选择形状，右击，可通过执行不同的命令，分别在图形的上、下、前、后添加形状，也可为形状添加助理形状。

3．添加项目符号

将光标定位于形状中，执行【SMARTART 工具】|【设计】|【创建图形】|【添加项目符号】命令，并在项目符号后输入文字。

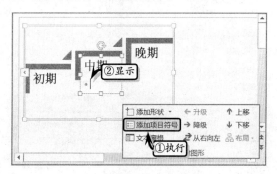

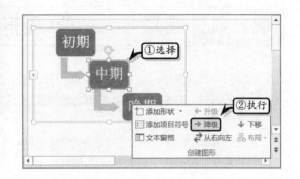

提示

在 SmartArt 图形中添加文本项目符号，仅当所选布局支持带项目符号的文本时，才能使用此选项；而且无法通过【段落】组中的【项目符号】进行添加。

4．设置级别

选择形状，执行【SMARTART 工具】|【设计】|【创建图形】|【降级】或【升级】命令，即可减小所选形状级别。

10.4 设置布局和样式

在 PowerPoint 中，为了美化 SmartArt 图形，还需要设置 SmartArt 图形的整体布局、单个形状的布局和整体样式。

1．设置 SmartArt 图形的整体布局

选择 SmartArt 图形，执行【SMARTART 工具】|【设计】|【布局】|【更改布局】命令，在其级联菜单中选择相应的布局样式即可。

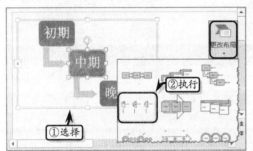

另外，执行【更改布局】|【其他布局】命令，在弹出的【选择 SmartArt 图形】对话框中，选择相应的选项，即可设置图形的布局。

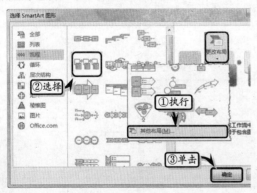

提示

右击 SmartArt 图形，执行【更改布局】命令，在弹出的【选择 SmartArt 图形】对话框选择相应的布局。

2．设置单个形状的布局

选择图形中的某个形状，执行【SMARTART 工具】|【设计】|【创建图形】|【布局】命令，在其下拉列表中选择相应的选项，即可设置形状的布局。

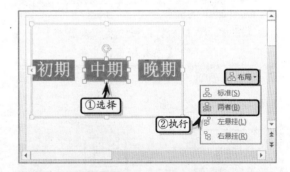

注意

在 PowerPoint 中，只有在"组织结构图"布局下，才可以设置单元格形状的布局。

3．设置图形样式

执行【SMARTART 工具】|【设计】|【SmartArt 样式】|【快速样式】命令，在其级联菜单中选择

相应的样式，即可为图像应用新的样式。

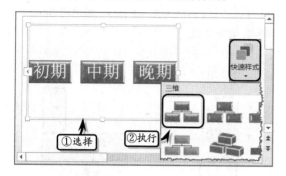

同时，执行【设计】|【SmartArt 样式】|【更

改颜色】命令，在其级联菜单中选择相应的选项，即可为图形应用新的颜色。

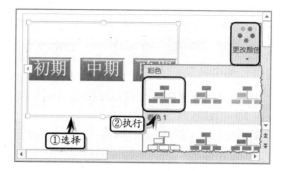

PowerPoint

10.5　调整 SmartArt 图形

调整 SmartArt 图形主要是设置图形的大小和位置、更改图形中形状的外观，以及转换 SmartArt 图形的使用方法和技巧。

1．调整 SmartArt 图形大小

选择 SmartArt 图形，将鼠标移至图形周围的控制点上，当鼠标变成双向箭头时，拖动鼠标即可调整图形的大小。另外，在【格式】选项卡【大小】选项组中，设置【高度】和【宽度】的数值，即可更改形状的大小。

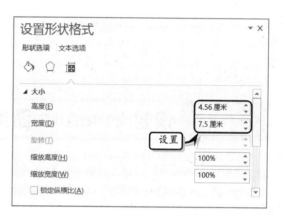

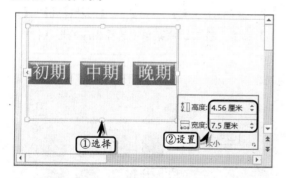

除此之外，右击 SmartArt 图形执行【大小和位置】命令，在弹出的【设置形状格式】任务窗格中的【大小】选项组中，设置【高度】与【宽度】值。

2．调整图形中单个图形的大小

选择 SmartArt 图形中的单个形状，执行【SmartArt 工具】|【格式】|【形状】|【减小】或【增大】命令即可。

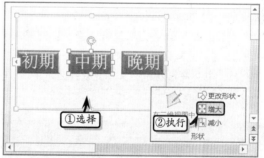

3．更改图形形状

选择 SmartArt 图形中的某个形状，执行【SmartArt 工具】|【格式】|【形状】|【更改形状】命令，在其级联菜单中选择相应的形状。

4．将 SmartArt 图形转换为形状或文本

选择 SmartArt 图形，执行【SMARTART 工具】|【设计】|【重置】|【转换】|【转换为形状】命令，

即可将 SmartArt 图形转换为形状。

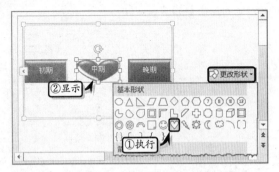

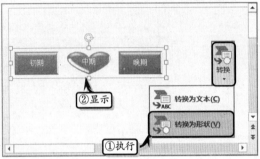

同样，选择 SmartArt 图形，执行【设计】|【重置】|【转换】|【转换为文本】命令，即可将 SmartArt 图形转换为文本。

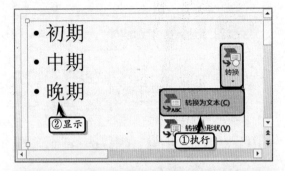

注意

选择 SmartArt 图形，右击执行【转换为文本】【或转换为形状】命令，即可将图形转换为文本或形状。

10.6 设置 SmartArt 图形格式

在 PowerPoint 中，可通过设置 SmartArt 图形的填充颜色、形状效果、轮廓样式等方法，来增加 SmartArt 图形的可视化效果。

1. 设置艺术字样式

选择 SmartArt 图形，执行【格式】|【艺术字样式】|【其他】命令，在其级联菜单中选择相应的样式，即可将形状中的文本更改为艺术字。

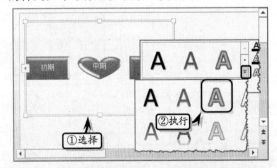

提示

SmartArt 形状中的艺术字样式的设置方法，与直接在幻灯片中插入艺术字的设置方法相同。

2. 设置形状样式

选择 SmartArt 图形中的某个形状，执行【SMARTART 工具】|【格式】|【形状样式】|【其他】命令，在其级联菜单中选择相应的形状样式。

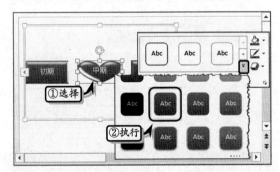

3. 自定义形状效果

选择 SmartArt 图形中的某个形状，执行【SMARTART 工具】|【格式】|【形状样式】|【形状效果】|【棱台】命令，在其级联菜单中选择相应的形状样式。

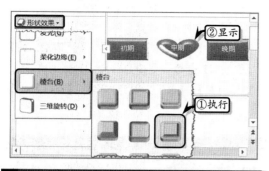

另外，按住 Ctrl 键，逐个单击图形中的其他形状，选择多个形状。然后，执行【格式】|【形状样式】|【形状填充】|【无填充颜色】命令。同时，执行【形状样式】|【轮廓填充】|【无轮廓】命令，即可只隐藏所选形状。

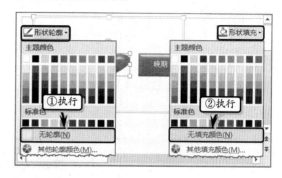

注意

用户还可以执行【格式】|【形状样式】|【形状填充】命令或【形状轮廓】命令，自定义形状的填充和轮廓格式。

4．隐藏图形

执行【SMARTART 工具】|【格式】|【排列】|【选择窗格】命令，在弹出的【选择】任务窗格中，单击【全部隐藏】按钮。

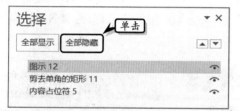

技巧

在【选择和可见性】任务窗格中，执行形状后面的"眼睛"按钮，也可隐藏所有的图形。

5．设置对齐格式

选择 SmartArt 图形，执行【SMARTART 工具】|【格式】|【排列】|【对齐】命令，在其级联菜单中选择相应的选项即可。

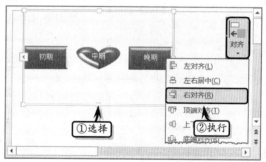

10.7 PPT 培训教程之二

逻辑思维、文化底蕴、图解思想和美化生活是成功制作 PPT 的四要素，而逻辑思维则是四要素中的首要要素，也是成功制作 PPT 的重要要素。在本练习中，将运用 PowerPoint 中的插入图片、绘制形状和美化形状等基础功能，详细介绍制作成功 PPT 四要素中的逻辑思维要素的操作方法和技巧。

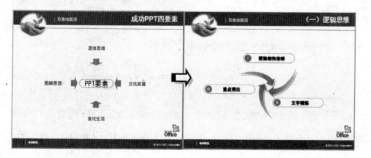

练习要点

- 新建幻灯片
- 插入形状
- 设置形状格式
- 插入图片
- 使用艺术字
- 添加动画效果

提示

新建幻灯片时，执行【开始】|【幻灯片】|【新建幻灯片】|【幻灯片（从大纲）】命令，即可在弹出的对话框中选择演示文稿之外的幻灯片版式。

提示

在制作幻灯片的标题文本时，需要选择占位符，执行【开始】|【段落】|【右对齐】命令，设置文本的右对齐格式。

提示

在设置文本的字体格式时，选择文本，执行【开始】|【字体】|【字符间距】命令，在其级联菜单中选择一种选项，即可设置文本的字符间距。

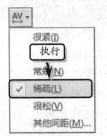

STEP|01 新建幻灯片。执行【开始】|【幻灯片】|【新建幻灯片】|【自定义设计方案】|【仅标题】命令，新建幻灯片。另外，执行【开始】|【幻灯片】|【新建幻灯片】|【自定义设计方案】|【空白】命令，新建 5 张空白幻灯片。

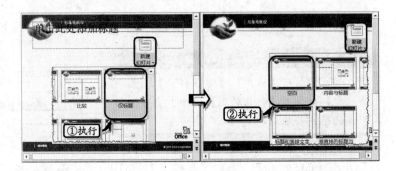

STEP|02 制作幻灯片标题。选择第 2 张幻灯片，在标题文本框中输入标题文本。选择占位符，在【开始】选项卡【字体】选项组中设置文本的字体格式。同时，执行【字体颜色】|【白色，背景 1】命令，并调整占位符的位置。

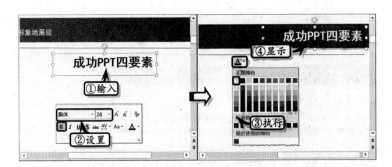

STEP|03 制作四要素文本。复制标题文本占位符，选择占位符，执行【开始】|【字体】|【字体颜色】|【其他颜色】命令，在弹出的对话框中自定义字体颜色。然后，更改文本内容，并设置其字体格式。使用同样方法，制作其他四要素文本。

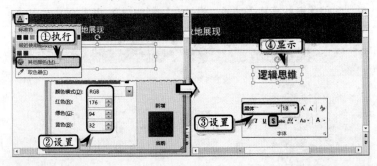

STEP|04 制作箭头形状。执行【插入】|【插图】|【形状】|【下箭

头】命令，在幻灯片中绘制一个下箭头。然后，拖动形状中黄色的控制点调整形状箭头的大小，同时调整形状的整体大小。

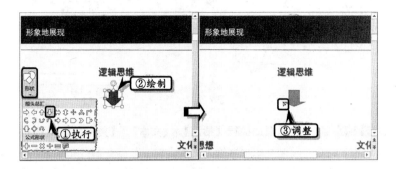

STEP|05 选择箭头形状，执行【绘图工具】|【形状样式】|【形状填充】|【其他填充颜色】命令，自定义填充颜色。同时，执行【形状样式】|【形状轮廓】|【无轮廓】命令，设置其轮廓样式。使用同样的方法，制作其他箭头形状。

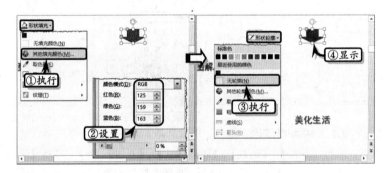

STEP|06 制作八边形形状。执行【插入】|【插图】|【形状】|【八边形】命令，在幻灯片中绘制一个八边形形状。然后，执行【绘图工具】|【形状样式】|【形状填充】|【无填充颜色】命令。

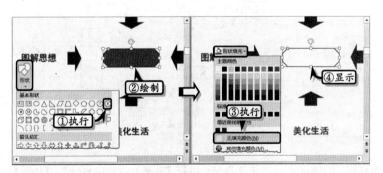

STEP|07 然后，执行【绘图工具】|【形状样式】|【形状轮廓】|【其他轮廓颜色】命令，自定义轮廓颜色。同时，右击形状执行【设置形状格式】命令，在展开的【设置形状格式】任务窗格中，将【宽度】设置为"1.75 磅"。

提示

在制作"PPT 要素"文本时，用户也可以执行【插入】|【文本】|【艺术字】|【渐变填充-蓝色，着色 1,反射】命令，直接插入艺术字文本。

技巧

在组合文本和箭头形状时，同时选择文本和箭头，右击执行【组合】|【组合】命令，即可组合文本和形状。

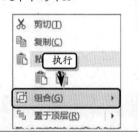

提示

单击【动画】选项组中的【对话框启动器】按钮，可在弹出的对话框中设置动画的声音效果。

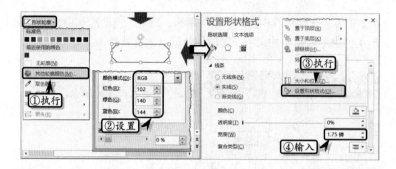

STEP|08 插入文本框。执行【插入】|【文本】|【文本框】|【横向文本框】命令，绘制文本框并输入文本内容。选择文本，执行【绘图工具】|【艺术字样式】|【快速样式】|【渐变填充-蓝色,着色 1,反射】命令，将文本更改为艺术字样式，并设置其字体格式。

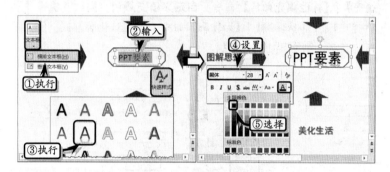

STEP|09 添加动画效果。首先，组合文本和箭头形状。然后选择文本框，执行【动画】|【动画】|【动画样式】|【淡出】命令，并将【开始】设置为"上一动画之后"。然后，选择左侧的组合形状，执行【动画】|【动画样式】|【切入】命令，同时执行【效果选项】|【自左侧】命令，并将【开始】设置为"与上一动画同时"。

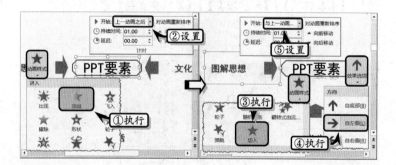

STEP|10 选择上方的组合形状，执行【动画】|【动画样式】|【切入】命令，同时执行【效果选项】|【自顶部】命令，并将【开始】设置为"与上一动画同时"。使用同样方法，添加其他两个组合形状的动画效果。然后，选择八角形形状，执行【动画】|【动画样式】|【淡出】命令，并将【开始】设置为"上一动画之后"。

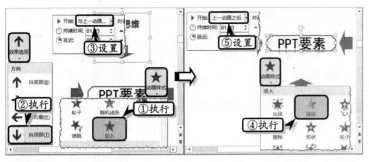

为幻灯片插入图片之后，右击图片执行【更改图片】命令，可在弹出的对话框中选择新图片，以替换现有图片。

STEP|11 制作"逻辑思维"幻灯片。选择第 3 张幻灯片，复制第 2 张幻灯片中的标题占位符，并修改占位符文本。然后，执行【插入】|【图像】|【图片】命令，选择图片文件，单击【插入】按钮，插入并调整图片。

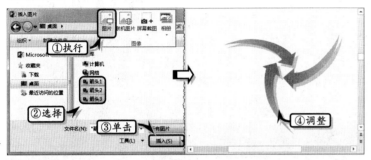

右击椭圆形形状，执行【大小和位置】命令，即可在弹出的【设置形状格式】任务窗格中，自定义形状的高度和宽度。

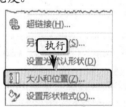

STEP|12 制作组合形状。执行【插入】|【插图】|【形状】|【椭圆】命令，在幻灯片中绘制一个椭圆形状。然后，在【绘图工具】的【格式】选项卡中的【大小】选项组中，设置椭圆形状的大小。

对于多次使用的颜色，系统将自动保存在【最近使用的颜色】栏中，用户只需执行【形状轮廓】命令，在【最近使用的颜色】栏中选择色块即可。

STEP|13 选择椭圆形状，执行【绘图工具】|【格式】|【形状样式】|【形状填充】|【其他填充颜色】命令，自定义形状的填充颜色。然后，执行【形状样式】|【形状轮廓】|【无轮廓】命令，取消轮廓颜色。

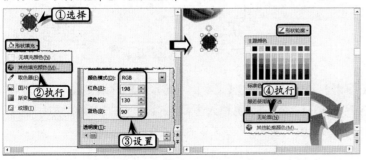

提示

如果用户没有禁用【形状中的文字自动换行】复选框，那么在形状中输入 2 个"II"时，系统将自动在下一行中显示第 2 个"I"，无法在同一行中显示 2 个或 3 个"I"字母。

提示

在幻灯片中插入圆角矩形形状之后，还需要拖动形状左上角边框中的黄色空间点，来调整圆角的弧度。

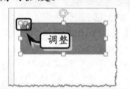

技巧

选择圆角矩形形状，右击执行【设置形状格式】命令，可在弹出的【设置形状格式】任务窗格中，设置形状的填充和轮廓样式。

STEP|14 右击椭圆形形状执行【编辑文字】命令，输入大写字母"I"。然后，右击形状执行【设置形状格式】命令，在【设置形状格式】对话框中，激活【文本选项】中的【文本框】选项卡，禁用【形状中的文字自动换行】命令。

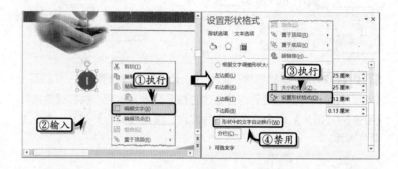

STEP|15 执行【插入】|【插图】|【形状】|【圆角矩形形状】命令，绘制一个圆角矩形形状。然后，执行【绘图工具】|【格式】|【形状样式】|【形状填充】|【无填充颜色】命令，设置其填充效果。

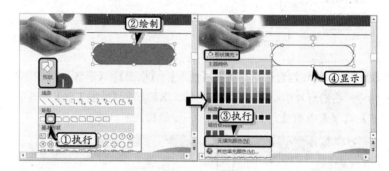

STEP|16 同时，执行【绘图工具】|【格式】|【形状样式】|【形状轮廓】|【其他轮廓颜色】命令，自定义轮廓颜色。然后，执行【形状轮廓】|【粗细】|【2.25 磅】命令，设置轮廓线条的粗细度。

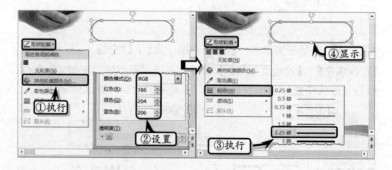

STEP|17 执行【插入】|【文本】|【艺术字】|【渐变填充-蓝色，着色 1，反射】命令，插入并输入艺术字。然后，在【开始】选项卡【字体】选项组中，设置艺术字文本的字体格式。

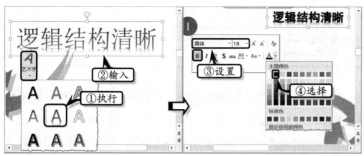

STEP|18 组合形状。调整艺术字、圆角矩形形状和椭圆形状的位置，并同时选择它们，执行【绘图工具】|【格式】|【排列】|【组合】|【组合】命令，组合所选形状。使用同样的方法，制作其他组合形状。

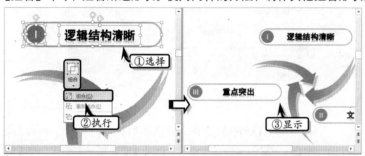

STEP19 添加动画效果。选择上方的箭头图片，执行【动画】|【动画】|【动画样式】|【擦除】命令，同时执行【效果选项】|【自左侧】命令，并将【开始】设置为"上一动画之后"。

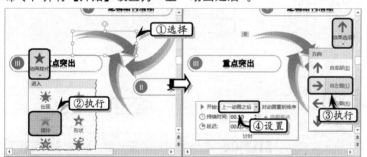

STEP|20 选择上方的组合形状，执行【动画】|【动画】|【动画样式】|【切入】命令，同时执行【效果选项】|【自底部】命令，并将【开始】设置为"上一动画之后"。使用同样的方法，分别为其他对象添加动画效果。

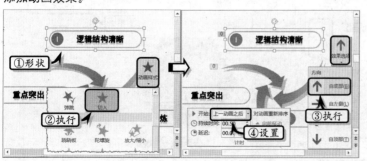

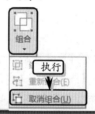

10.8 社会保障概论之二

练习要点

- 使用图片
- 使用形状
- 设置形状格式
- 添加动画效果

在为客户介绍社会保障概论时，还需要介绍一下保险的基本流程与保险的内涵，以使客户完全了解保险的运作机制。在本练习中，将运用 PowerPoint 中的插入图片等基础知识，制作社会保障概率中的"保险产生的原因"内容中的剩余部分。

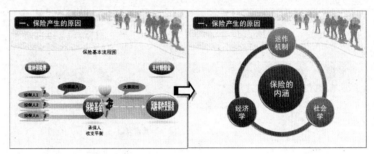

操作步骤 》》》》

STEP|01 制作"保险基本流程图"幻灯片。新建一张空白幻灯片，复制第 2 张幻灯片中的标题形状，执行【插入】|【文本】|【文本框】|【横排文本框】命令，绘制文本框，输入文本并设置文本的字体格式。

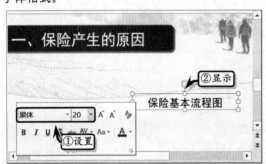

STEP|02 执行【插入】|【插图】|【形状】|【椭圆】命令，在幻灯片中绘制两个椭圆形形状。

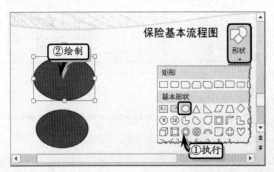

STEP|03 选择大椭圆形形状，右击形状，执行【设置形状格式】命令，选中【渐变填充】选项，将【角度】设置为 90°。

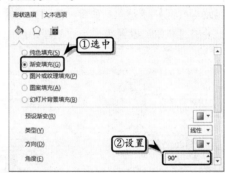

STEP|04 选择左侧的渐变光圈，单击【颜色】下拉按钮，选择【其他颜色】选项，在【标准】选项卡中选择一种颜色。

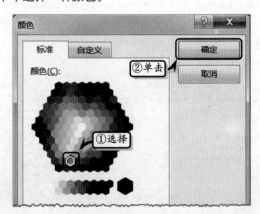

STEP|05 选择右侧的渐变光圈，单击【颜色】下拉按钮，选择【其他颜色】选项，在【标准】选项卡中选择一种颜色。

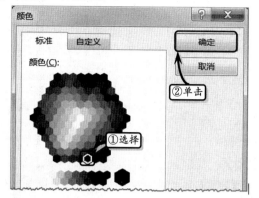

STEP|06 展开【线条】选项组，选中【实线】选项，并将【颜色】设置为"白色,背景 1"，并将【宽度】设置为"1.5 磅"。

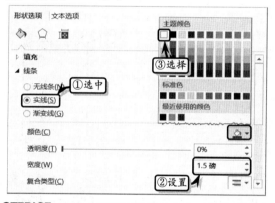

STEP|07 选择小椭圆形形状并右击，执行【设置形状格式】命令，选中【渐变填充】选项，将【类型】设置为"路径"。

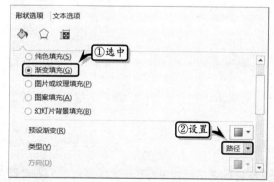

STEP|08 选择左侧的渐变光圈，单击【颜色】下拉按钮，选择【其他颜色】选项，在【标准】选项

卡中选择一种颜色，并将【透明度】设置为 80%。

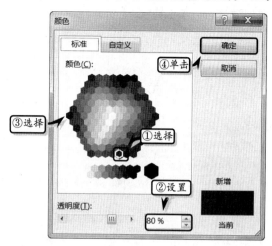

STEP|09 选择右侧的渐变光圈，单击【颜色】下拉按钮，选择【其他颜色】选项，在【标准】选项卡中选择一种颜色，并将【透明度】设置为 100%。

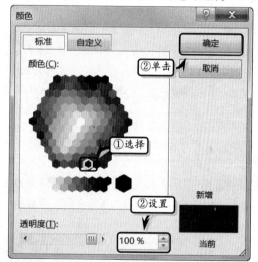

STEP|10 激活【线条颜色】选项组，选中【无线条】选项，取消小椭圆形的轮廓颜色。

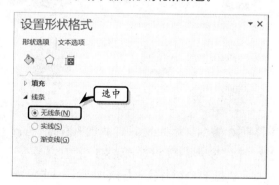

STEP|11 执行【插入】|【图像】|【图片】命令，选择图片文件，单击【插入】按钮。

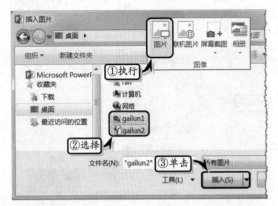

STEP|12 执行【插入】|【文本】|【艺术字】|【填充-茶色，文本 2，轮廓-背景 2】命令，输入文本，并将艺术字文本的填充与轮廓颜色设置为"白色"。

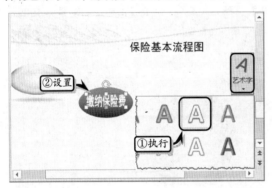

STEP|13 调整图片与对象的位置，设置对象的显示层次，并组合所有的对象与图片。使用同样的方法，制作其他对象组合。

STEP|14 在幻灯片中绘制一个椭圆形形状，执行【格式】|【形状样式】|【形状填充】|【橙色】命令。同时，执行【形状样式】|【形状轮廓】|【白色,背景 1】命令。

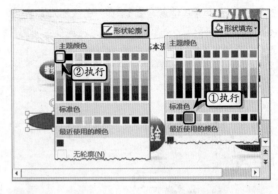

STEP|15 右击形状，执行【设置形状格式】命令，激活【效果】选项卡，在【阴影】选项组中自定义阴影效果。

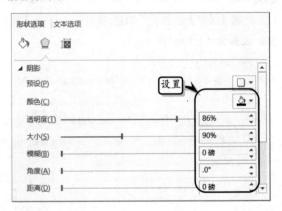

STEP|16 右击形状，执行【编辑文字】命令，输入文本并设置文本的字体格式。使用同样的方法，制作其他椭圆形形状。

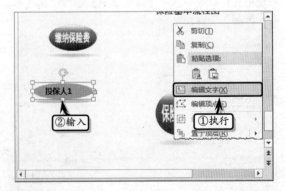

STEP|17 在幻灯片中绘制一个矩形形状，右击形状，执行【设置形状格式】命令，选中【渐变填充】选项，将【角度】设置为"315°"。

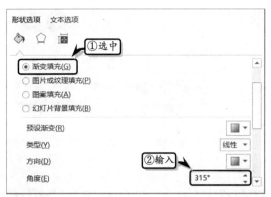

STEP|18 选择左侧的渐变光圈，单击【颜色】下拉按钮，选择【其他颜色】选项，在【标准】选项卡中选择一种颜色。

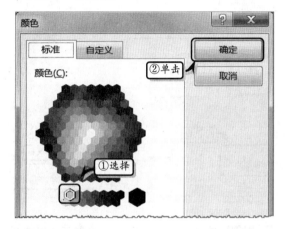

STEP|19 选择右侧的渐变光圈，单击【颜色】下拉按钮，选择【其他颜色】选项，在【标准】选项卡中选择一种颜色。

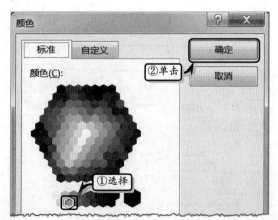

STEP|20 展开【线条颜色】选项组，选中【无线条】选项。使用同样的方法，制作其他矩形形状。

STEP|21 在形状上方插入图片，并调整图片的大小与位置。然后，执行【插入】|【插图】|【形状】|【椭圆形标注】命令，在幻灯片中绘制一个椭圆形标注形状。

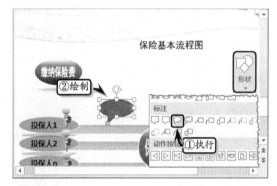

STEP|22 选中椭圆形标注形状，执行【格式】|【形状样式】|【形状填充】|【其他填充颜色】命令，在【自定义】选项卡中自定义颜色值。

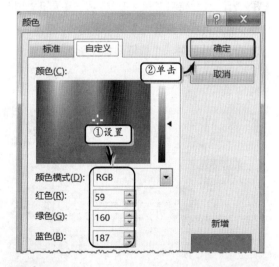

STEP|23 同时，执行【格式】|【形状样式】|【形状轮廓】|【白色,背景 1】命令，设置形状的轮廓

颜色。

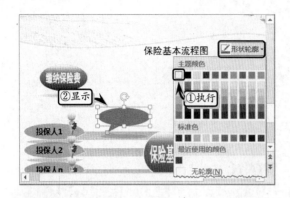

STEP|24 右击椭圆形标注形状，执行【设置形状格式】命令，激活【效果】选项卡，在【阴影】选项组中，自定义阴影参数。

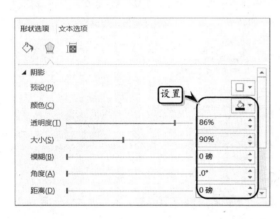

STEP|25 右击椭圆形标注形状，执行【编辑文字】命令，输入文本并设置文本的字体格式。采用同样的方法，制作另外一个椭圆形标注形状。

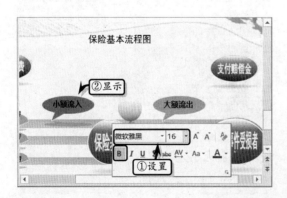

STEP|26 在幻灯片中绘制一个箭头形状，并设置形状的轮廓颜色、粗细与虚线样式。

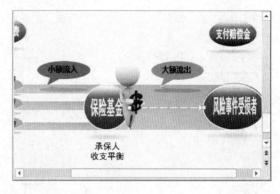

STEP|27 选择最上方的文本框，执行【动画】|【动画】|【擦除】命令，同时执行【效果选项】|【自顶部】命令，并将【开始】选项设置为"与上一动画同时"。

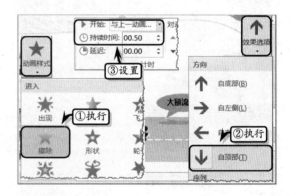

STEP|28 同时选择文本框下方左右两个组合对象，执行【动画】|【浮入】命令，同时执行【效果选项】|【下浮】命令，并设置其【计时】选项。

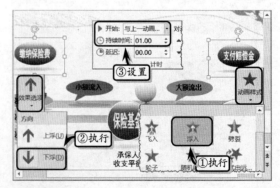

STEP|29 同时选择左侧的 3 个椭圆形形状，执行【动画】|【擦除】命令，并执行【效果选项】|【自

左侧】命令。

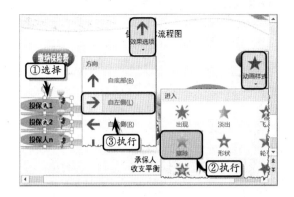

STEP|30 在【计时】选项卡中，分别设置 3 个椭圆形形状的【开始】、【持续时间】与【延迟】选项。使用同样的方法，分别为其他对象添加动画效果。

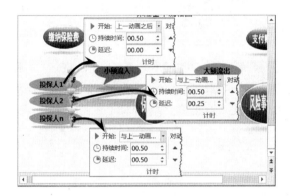

STEP|31 制作"保险内涵"幻灯片。选择第 3 张幻灯片，按 Enter 键，新建一张空白幻灯片，并复制第 3 张幻灯片中的标题对象。

STEP|32 执行【插入】|【图像】|【图片】命令，选择需要插入的多张图片，单击【插入】按钮。

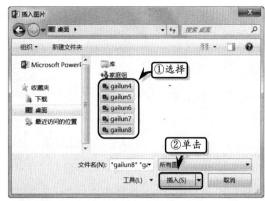

STEP|33 排列图片的位置与层次，执行【插入】|【文本】|【文本框】|【横排文本框】命令，绘制横排文本框，输入文本并设置文本的字体格式。

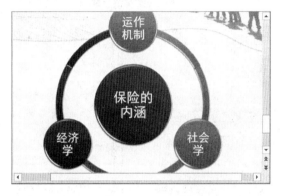

STEP|34 组合圆圈图片与小圆形图片，选择中间大圆形图片，执行【动画】|【淡出】命令，并将【开始】选项设置为"上一动画之后"。

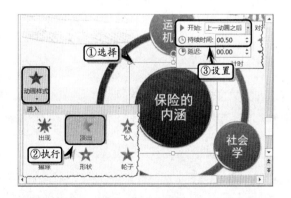

STEP|35 选择组合后的圆圈图片，执行【动画】|【翻转由远及近】命令，并将【开始】选项设置为"与上一动画同时"，【持续时间】设置为 00.70，将【延迟】设置为 00.50。

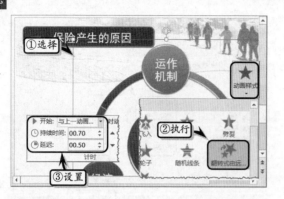

STEP|36 选择中间的大圆形图片，执行【动画】|
【高级动画】|【添加动画】|【动作路径】|【直线】
命令，并调整动画路径线的方向与长度。

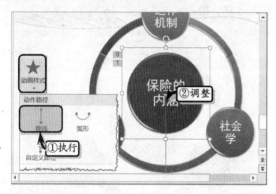

STEP|37 选择组合后的圆圈图片，执行【动画】|
【高级动画】|【添加动画】|【动作路径】|【直线】
命令，将【开始】选项设置为"与上一动画同时"。

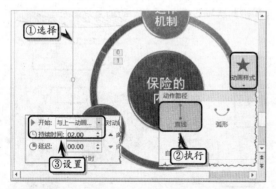

STEP|38 选择第 4 张幻灯片，按 Enter 键，新建一
张空白幻灯片，并复制第 4 张幻灯片中的标题对象。

STEP|39 复制第 4 张幻灯片中的图片对象，将所
有的图片对象组合在一起，并调整小圆形图片中的
文字方向。

STEP|40 将图片对象移动到幻灯片的底部，然后
复制第 2 张幻灯片中的文本矩形与圆角矩形形状，
并修改文本矩形形状中的内容。

STEP|41 复制文本矩形形状，修改形状中的文本，
并按照一定的层次排列文本矩形形状。

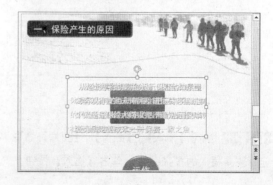

STEP|42 执行【动画】|【高级动画】|【动画窗格】命令，选择最后两个动画效果，按 Delete 键，删除动画效果。

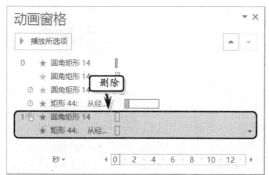

STEP|43 选择幻灯片中的组合图片，执行【动画】|【动画】|【强调】|【陀螺旋】命令，并将【持续时间】设置为 00.75。

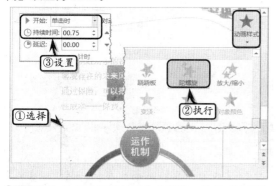

STEP|44 选择底层的矩形文本形状，执行【动画】|

【高级动画】|【添加动画】|【退出】|【擦除】命令，并将【开始】选项设置为"与上一动画同时"。

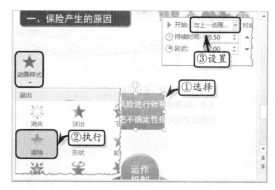

STEP|45 选择中间的文本矩形形状，执行【动画】|【其他】|【更多进入效果】命令，选择【挥鞭式】选项，并将【开始】选项设置为"上一动画之后"。使用同样的方法，为其他对象添加动画效果。

10.9 高手答疑

问题 1：如何恢复到图形的最初样貌？

解答 1：重设图形是放弃对 SmartArt 图形所做的全部格式的更改。选择 SmartArt 图形，执行【设计】|【重置】|【重设图形】命令，恢复图形的最初样貌。

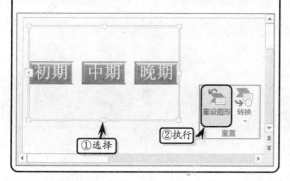

技巧

用户也可以右击图形，执行【重设图形】命令，来重设 SmartArt 图形。

问题 2：如何快速设置 SmartArt 图形的样式？

解答 2：右击 SmartArt 图形的边框，系统会自动弹出快捷菜单，执行【样式】命令，在级联菜单中选择相应的选项即可。

提示

使用同样的方法，还可以快速设置图形的颜色和布局样式。

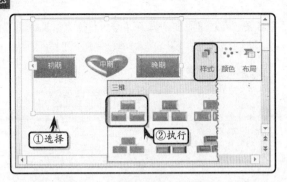

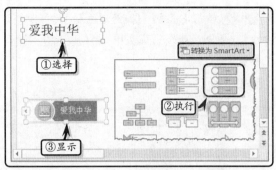

问题 3：如何将 SmartArt 图形还原为形状？

解答 3： SmartArt 图形可以看成是由多个形状组合而成的。选择 SmartArt 图形，右击执行【组合】|【取消组合】命令，将 SmartArt 图形还原为形状。

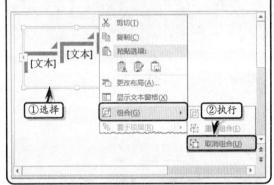

问题 4：如何将文字转换为 SmartArt 图形？

解答 4： 选择文本，执行【开始】|【段落】|【转换为 SmartArt 图形】命令，在其级联菜单中选择相应的图形即可。

问题 5：如何更改 SmartArt 图形的方向？

解答 5： 选择要更改的 SmartArt 图形，执行【SmartArt 工具】|【设计】|【创建图形】|【从右向左】命令即可。

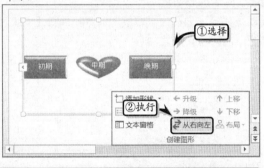

提示

要切换至 SmartArt 图形的原始方向，请再次执行【从右向左】命令；或执行【重设】|【重设图形】命令。

10.10 新手训练营

练习 1：员工素质图

downloads\第 10 章\新手训练营\员工素质图

提示：本练习中，首先在幻灯片中绘制一个椭圆形和矩形形状，设置形状的大小并设置形状的填充颜色和轮廓样式。然后，插入艺术字标题，并设置艺术字的字体格式。同时，执行【插入】|【插图】|【SmartArt】命令，选择【分离射线】选项。为图形输入文本，并设置文本的字体格式。最后，执行【设计】|【SmartArt 样式】|【优雅】命令，设置图形的样式，以及执行【更改颜色】命令，更改图形的颜色。

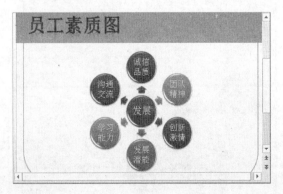

练习 2：组织结构图

downloads\第 10 章\新手训练营\组织结构图

提示：本练习中，首先执行【插入】|【插图】|【SmartArt】命令，选择【组织结构图】选项。在图形中，根据组织结构图的框架删除与添加单个形状，并设置形状的标准布局样式。然后，输入图形文本，并设置文本的字体格式。同时，设置图形的"嵌入"样式和"彩色范围-着色文字颜色 5 至 6"颜色。最后，设置图形的"离轴 1 右"三维旋转效果，并将图形的布局更改为"水平层次结构"样式。

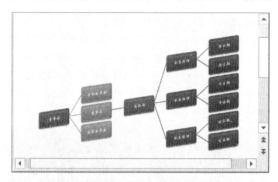

练习 3：薪酬设计方案内容

downloads\第 10 章\新手训练营\薪酬设计方案内容

提示：本练习中，首先设置幻灯片的渐变填充背景样式，插入艺术字，并设置艺术字的字体格式和项目符号样式。然后，执行【插入】|【插图】|【SmartArt】命令，选择【垂直 V 型列表】选项。为图形添加文本内容，并设置文本的字体格式。最后，设置图形的"金属场景"样式和"彩色范围-着色文字颜色 5 至 6"颜色。

练习 4：资产效率分析图

downloads\第 10 章\新手训练营\资产效率分析图

提示：本练习中，首先在幻灯片中插入两个矩形形状，调整形状的大小并设置形状的填充和轮廓颜色。同时，在标题占位符中输入标题文本并设置文本的字体格式。然后，执行【插入】|【插图】|【SmartArt】命令，选择【分段循环】选项。输入图形文本，并设置图形的"嵌入"样式和"彩色填充-着色 2"颜色。最后，在图形中插入泪滴形形状，依次设置形状的渐变填充颜色。同时，为形状输入文本并设置文本的字体格式。

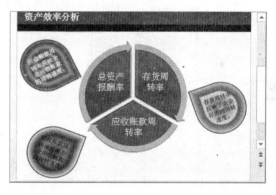

第 11 章

制作多媒体幻灯片

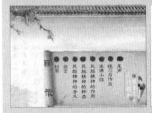   

　　作为一种重要的多媒体演示工具，PowerPoint 允许用户在演示文稿中插入多种类型的媒体，包括文本、图像、图形、动画、音频和视频等。本章将介绍使用 PowerPoint 为演示文稿插入音频、视频以及对音频和视频进行编辑、管理的方法。

11.1　插入音频

　　音频可以记录语声、乐声和环境声等多种自然声音，也可以记录从数字设备采集的数字声音。使用 PowerPoint，用户可以方便地将各种音频插入到演示文稿中。

1. 插入文件中的声音

　　PowerPoint 允许用户为演示文稿插入多种类型的音频，包括各种采集的模拟声音和数字音频，这些音频类型，如下表所述。

音频格式	说　明
AAC	ADTS Audio，Audio Data Transport Stream（用于网络传输的音频数据）
AIFF	音频交换文件格式
AU	UNIX 系统下的波形声音文档
MIDI	乐器数字接口数据，一种乐谱文件
MP3	动态影像专家组制定的第三代音频标准，也是互联网中最常用的音频标准
MP4	动态影像专家组制定的第四代视频压缩标准
WAV	Windows 波形声音
WMA	Windows Media Audio，支持证书加密和版权管理的 Windows 媒体音频

　　在幻灯片中，执行【插入】|【媒体】|【音频】|【PC 上的音频】命令，在弹出的【插入音频】对话框中选择音频文档，单击【插入】按钮，将其插入到演示文稿中。

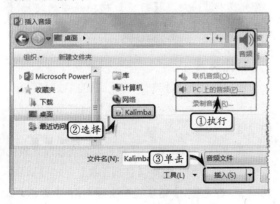

2. 插入联机中的声音

　　PowerPoint 2013 取消了剪贴画音频功能，同时提供了一个联机音频功能，通过该功能可以查找位于 Office.com 中的音频文件。

　　在幻灯片中，执行【插入】|【媒体】|【音频】|【联机音频】命令，在弹出的对话框中的搜索框中，输入搜索内容，并单击【搜索】按钮。

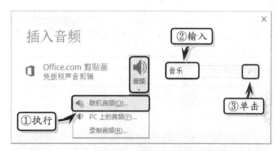

> **注意**
>
> 由于版本的问题，该处的【插入音频】对话框显示为英文状态，也许用户在执行【联机音频】命令时，该对话框会显示为中文状态，语言问题并不影响使用，其操作方法都是一样的。

　　此时，系统会自动搜索 Office.com 中的音频文件，在其结果列表中选择一种音频文件，单击【Insert】按钮即可。

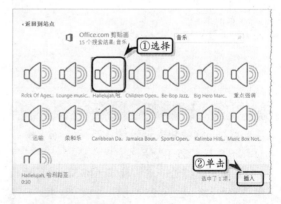

3. 插入录制音频

　　PowerPoint 不仅可以插入储存于本地计算机

和互联网中的音频，还可以通过麦克风采集声音，将其录制为音频并插入到演示文稿中。

在幻灯片中，执行【插入】|【媒体】|【音频】|【录制音频】命令，在弹出的【录制音频】对话框中单击【录制】按钮，录制音频文档。

在完成录制后，用户可及时单击【停止】按钮，完成录制过程，并单击【播放】按钮，试听录制的音频。

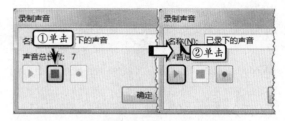

最后，在确认音频无误后，即可单击【确定】按钮，将录制的音频插入到演示文稿中。

11.2 设置声音格式

PowerPoint 不仅允许用户为演示文稿插入音频，而且还允许用户控制声音播放，并设置音频的各种属性。

1. 播放声音

用户可在设计演示文稿时试听插入的声音。选择插入的音频，然后即可在弹出的浮动框上单击试听的各种按钮，以控制音频的播放。

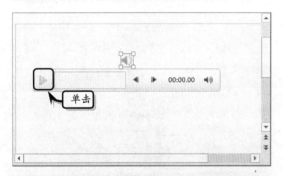

提示

浮动框中的◀按钮表示倒退 0.25 秒，而▶按钮表示前进 0.25 秒。另外，用户还可以按下 Alt+P 组合键播放声音，按下 Alt+Shift+Left 组合键倒退 0.25 秒，以及按下 Alt+Shift+Right 组合键前进 0.25 秒，按下 Alt+U 组合键调整音量。

另外，选择音频图标，执行【音频工具】|【预览】|【播放】按钮，即可播放声音文件。

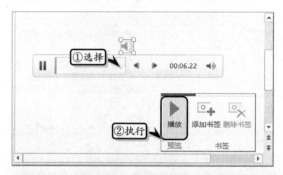

提示

执行【预览】|【播放】命令之后，开始播放音频文件。此时，【预览】选项组中的【播放】命令将变成【暂停】命令。

2. 淡化声音

淡化音频是指控制声音在开始播放时音量从无声到逐渐增大，以及在结束播放时音量逐渐减小的过程。

在 PowerPoint 中，用户可以为音频设置淡化效果。选择音频，选择【音频工具】下的【播放】选项卡，在【编辑】选项组中设置【淡入】值和【淡出】值即可。

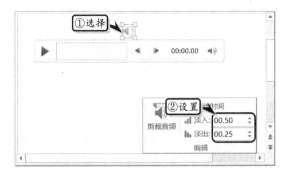

其中，【淡入】值的作用是为音频添加开始播放时的音量放大特效，而【淡出】值的作用则是为音频添加停止播放时的音量缩小特效。

3．裁剪声音

在录制或插入音频后，如需要剪裁并保留音频的一部分，则可使用 PowerPoint 的剪裁音频功能。选中音频，执行【音频工具】|【播放】|【编辑】|【剪裁音频】命令。

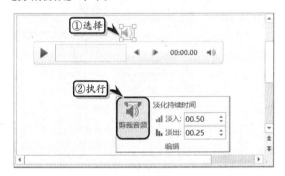

然后，在弹出的【剪裁音频】对话框中，可以手动拖动进度条中的绿色滑块，以调节剪裁的开始时间，同时，也可以调节红色滑块，修改剪裁的结束时间。如需要根据试听的结果来决定剪裁的时间段，用户也可直接单击该对话框中的【播放】按钮，来确定剪裁内容。

4．设置音频选项

音频选项的作用是控制音频在播放时的状态，以及播放音频的方式。PowerPoint 允许用户通过音频选项，控制音频播放的效果。

选择音频，在【音频工具】下的【播放】选项卡中的【音频选项】选项组中，设置各项选项即可设置音频的相关属性。例如，启用【跨幻灯片播放】复选框，将【开始】设置为"单击时"等。

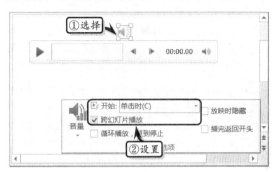

其中，在【音频选项】选项组中，提供了多种按钮和选项，其作用如下所述。

属　　性		作　　用
音量	低	设置音频播放时音量为低
	中	设置音频播放时音量为中
	高	设置音频播放时音量为高
	静音	设置音频播放时音量为静音
开始	自动	设置音频自动开始播放
	单击时	设置音频在鼠标单击幻灯片时开始播放
	自动	设置音频自动进行播放
跨幻灯片播放		表示可以跨越幻灯片播放音频
循环播放，直到停止		设置音频播放完毕后自动重新播放，直到用户手动停止
放映时隐藏		设置音频的图标在幻灯片放映时隐藏
播完返回开头		设置音频播放完毕后自动返回幻灯片开头

5．添加书签

在播放声音的过程中，用户还可以通过添加书签的方法，来标注声音的播放情况。

执行【音频工具】|【播放】|【书签】|【添加书签】命令，即可在音频的播放位置添加一个书签。

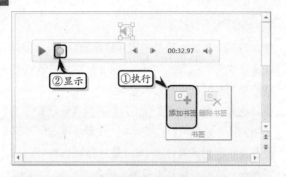

② 显示　　① 执行

添加书签之后，可以按下 Alt+Home 组合键或者 Alt+End 组合键跳过书签。

为音频添加书签之后，选择音频中的书签图标，执行【音频工具】|【播放】|【书签】|【删除书签】命令，即可删除音频中所选择的书签。

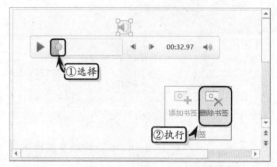

① 选择

② 执行

11.3　插入视频

在使用 PowerPoint 时，用户还可以为演示文稿插入不仅可以记录声音，还可以记录动态图形和图像的视频内容。

1．PowerPoint 视频格式

PowerPoint 支持多种类型的视频文档格式，允许用户将绝大多数视频文档插入到演示文稿中。常见的 PowerPoint 视频格式主要包括以下几种。

视频格式	说　明
ASF	高级流媒体格式，微软开发的视频格式
AVI	Windows 视频音频交互格式
QT，MOV	QuickTime 视频格式
MP4	第 4 代动态图像专家格式
MPEG	动态图像专家格式
MP2	第 2 代动态图像专家格式
WMV	Windows 媒体视频格式

2．通过选项组插入视频

执行【插入】|【媒体】|【视频】|【PC 上的视频】命令，在弹出的【插入视频文件】对话框中，选择视频文件，单击【插入】按钮即可。

用户也可以通过执行【插入】|【媒体】|【视频】|【联机视频】命令，插入联机视频。

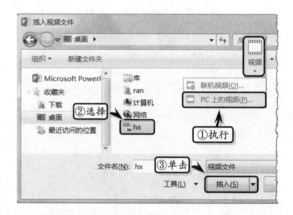

② 选择　　① 执行　　③ 单击

3．通过占位符插入视频

在包含"内容"版式的幻灯片中，单击占位符中的【插入视频文件】图标，在弹出的对话框中选择视频的插入位置，例如选择【From a file】选项，即选择【来自文件】选项。

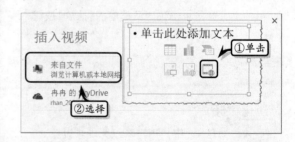

① 单击

② 选择

然后，在弹出的【插入视频文件】对话框中，选择视频文件，单击【插入】按钮即可。

11.4　处理视频

PowerPoint 不仅允许用户为演示文稿插入视频，而且还允许用户控制视频的播放，并设置视频的各种属性。

1．播放视频

用户可在设计演示文稿时试听插入的视频。选择插入的视频，然后即可在弹出的浮动框上单击试听的各种按钮，以控制视频的播放。

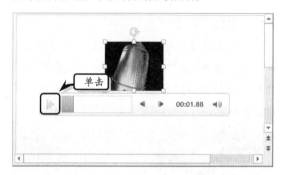

另外，选择视频图标，执行【视频工具】|【预览】|【播放】按钮，即可播放视频文件。

> **注意**
>
> 用户也可以执行【视频工具】|【格式】|【预览】|【播放】命令，或者右击视频执行【预览】命令，来播放视频文件。

2．淡化视频

在 PowerPoint 中，用户可以为视频设置淡化效果。选择视频，然后选择【视频工具】下的【播放】选项卡，在【编辑】选项组中设置【淡入】值

和【淡出】值。

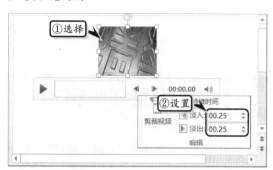

3．剪裁视频

选中视频，执行【音频工具】|【播放】|【编辑】|【剪裁音频】命令。然后，在弹出的【剪裁视频】对话框中，可以手动拖动进度条中的绿色滑块，以调节剪裁的开始时间，同时，也可以调节红色滑块，修改剪裁的结束时间。如需要根据试听的结果来决定剪裁的时间段，用户也可直接单击该对话框中的【播放】按钮，来确定剪裁内容。

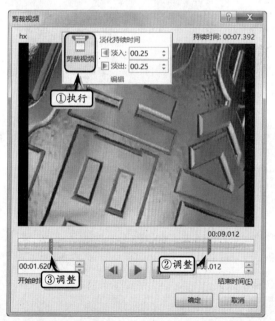

4．设置视频选项

选择视频，在【视频工具】下的【播放】选项

卡中的【视频选项】选项组中，设置各项选项即可设置视频的相关属性。例如，启用【全屏播放】复选框，将【开始】设置为"自动"等。

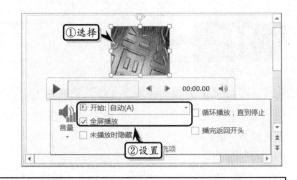

11.5 设置视频格式

在 PowerPoint 中插入视频后，用户还可以对视频进行美化处理，即突出了视频文件，又美化了幻灯片。

1．更正视频

更正视频是提高视频的亮度和对比度，选择视频文件，执行【视频工具】|【调整】|【更正】命令，在其级联菜单中选择一种更正样式。

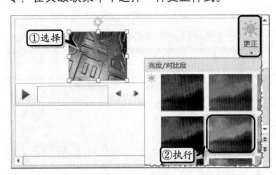

另外，执行【视频工具】|【调整】|【视频更正选项】命令，在弹出的【设置视频格式】任务窗格中，自定义更正选项。

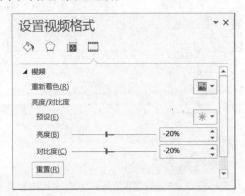

2．设置视频颜色

设置视频颜色是对视频重新着色，使其具有风格效果。选择视频文件，执行【视频工具】|【调整】|【更改颜色】命令，在其级联菜单中选择一种更正样式。

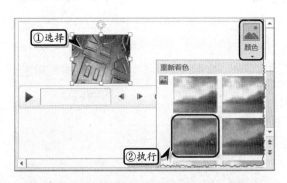

> **注意**
>
> 用户也可以执行【视频工具】|【格式】|【调整】|【颜色】|【其他颜色】命令，自定义视频颜色。

3．设置标牌框架

设置标牌框架是设置视频剪辑的预览图像。选择视频文件，执行【视频工具】|【格式】|【调整】|【标牌框架】|【文件中的图像】命令，在弹出的【插入图片】对话框中，选择【来自文件】选项。

然后，在弹出的【插入图片】对话框中，选择需要插入的图片文件，单击【插入】按钮，即可替换现有视频文件中的显示图像。

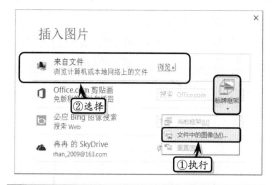

技巧

设置标牌框架之后，可通过执行【调整】|【标牌框架】|【重置】命令，撤销当前所设置的标牌框架。

提示

当用户替换视频显示图像后，在播放条中将显示"标牌框架已设定"字样。

4．设置视频样式

选择视频文件，执行【视频工具】|【视频样式】|【视频样式】命令，在其级联菜单中选择一种样式导入视频图片中。

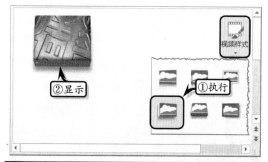

注意

执行【视频样式】|【视频边框】和【视频效果】命令，自定义视频样式。另外，还可以通过执行【视频形状】命令，自定义图形形状。

PowerPoint

11.6 PPT 培训教程之三

在使用 PPT 宣传某内容时，其图片、图表和形状是美化 PPT 的主要元素，也是展现 PPT 内容的主要途径之一。另外，PPT 中的文化底蕴元素则直接影响整个 PPT 的定位和风格，为 PPT 宣传内容时的顶梁柱。在本练习中，将详细讲解"成功 PPT 四要素"中的"图解思想"和"文化底蕴"内容的制作方法和操作技巧。

练习要点

- 设置字体格式
- 插入形状
- 设置形状格式
- 使用艺术字
- 组合形状
- 添加动画效果

操作步骤 ▷▷▷▷

STEP|01 制作幻灯片标题。打开"PPT 培训教程之二"演示文稿，复制第 3 张幻灯片中的标题到第 4 张幻灯片中，并修改标题文本。

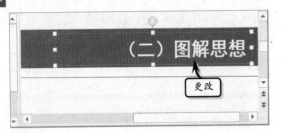

STEP|02 制作圆形背景形状。执行【插入】|【插图】|【形状】|【椭圆】命令，绘制椭圆形形状。并在【格式】选项卡【大小】选项组中，设置形状的大小。

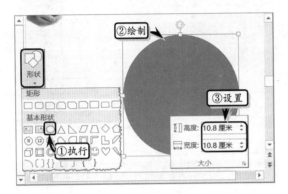

STEP|03 选择椭圆形形状，执行【绘图工具】|【格式】|【形状样式】|【形状填充】|【无填充颜色】命令，设置形状的填充效果。

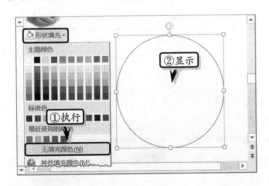

STEP|04 执行【绘图工具】|【格式】|【形状样式】|【形状轮廓】|【其他轮廓颜色】命令，自定义形状的轮廓颜色。

STEP|05 然后，执行【形状样式】|【形状轮廓】|【虚线】|【圆点】命令。使用同样方法，制作其他椭圆形形状。

STEP|06 制作燕尾形形状。执行【插入】|【插图】|【形状】|【燕尾形】命令，绘制一个燕尾形形状，并调整形状的大小与方向。

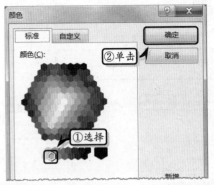

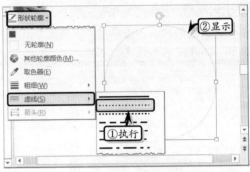

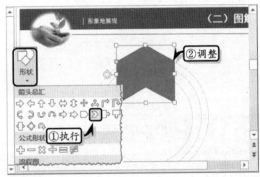

STEP|07 选择形状，执行【绘图工具】|【格式】|【形状样式】|【形状填充】|【其他填充颜色】命令，自定义填充颜色。

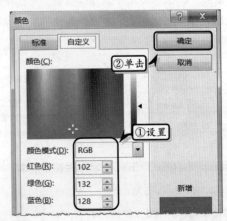

STEP|08 同时，执行【绘图工具】|【格式】|【形状轮廓】|【无轮廓】命令，设置形状的轮廓样式。

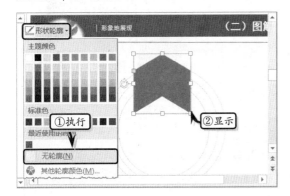

STEP|09 复制标题占位符，修改文本并设置文本的字体格式。然后，同时选择文本占位符和燕尾形形状，右击执行【组合】|【组合】命令，组合形状。

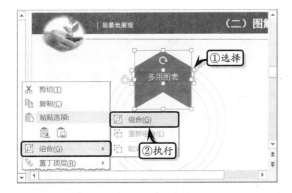

STEP|10 使用同样的方法，制作其他燕尾形形状和文本内容占位符，并调整组合形状的具体位置。

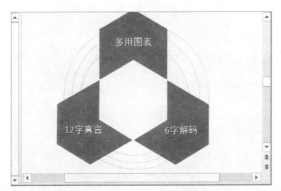

STEP|11 制作中心内容。复制标题占位符，更改文本，并在【开始】选项卡【字体】选项组中，分别设置不同文本的字体格式。

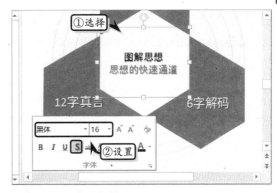

STEP|12 然后，选择"图解思想"文本，执行【绘图工具】|【艺术字样式】|【其他】|【渐变填充-蓝色,着色 1,反射】命令，并设置其字体格式。

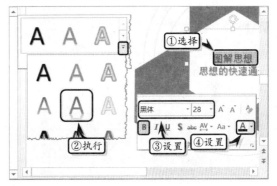

STEP|13 制作阐述文本。复制多个标题占位符，分别更改文本并设置文本的字体格式。

STEP|14 在阐述文本小标题的下方插入一个直线形状，设置形状格式。然后，分别合并直线形状和文本占位符。

STEP|15 添加动画效果。选择最大的椭圆形形状，执行【动画】|【动画】|【动画样式】|【淡出】命令，并将【开始】设置为"与上一动画同时"。

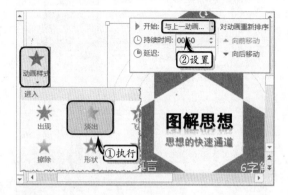

STEP|16 同时选择剩余的椭圆形形状，执行【动画】|【动画】|【动画样式】|【淡出】命令，并将【开始】设置为"上一动画之后"。

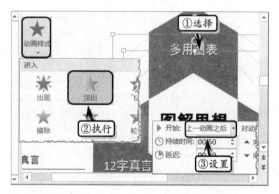

STEP|17 选择中间的中心内容占位符，执行【动画】|【动画】|【动画样式】|【淡出】命令，并将【开始】设置为"上一动画之后"。

STEP|18 同时选择 3 个燕尾形组合形状，执行【动画】|【动画】|【动画样式】|【淡出】命令。

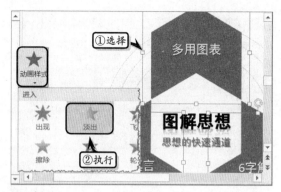

STEP|19 选择右上角的阐述文本组合对象，执行【动画】|【动画样式】|【更多进入效果】命令，自定义进入动画效果。

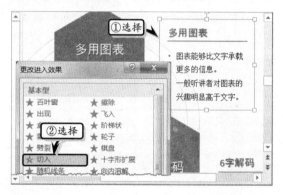

STEP|20 同时，执行【动画】|【高级动画】|【添加动画】|【更多退出效果】命令，自定义退出动画效果。使用同样的方法，分别为其他阐述文本组合对象添加动画效果。

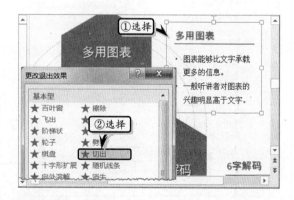

STEP|21 制作触发器。选择上方的燕尾形组合形状，执行【动画】|【高级动画】|【触发】|【单击】|【组合 46】命令，添加触发效果。

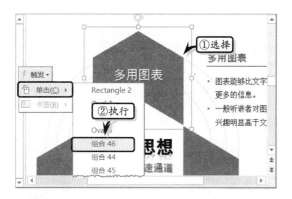

STEP|22 执行【动画】|【高级动画】|【动画窗格】命令，在动画效果列表中将"多用图表"阐述文本对象的动画效果调整到"触发器:组合 46"下方。

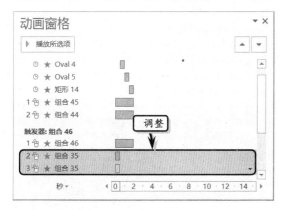

STEP|23 然后，"触发器:组合 46"下方的"组合 46"动画效果调整到"组合 45"动画效果上方，并将【开始】设置为"上一动画之后"。使用同样方法，制作其他触发器。

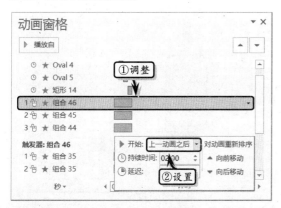

STEP|24 制作幻灯片标题。选择第 5 张幻灯片，复制第 4 张幻灯片中的标题占位符，并更改标题文本。

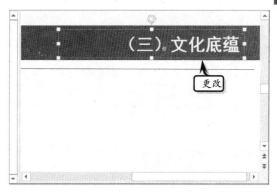

STEP|25 制作幻灯片内容文本。复制多个标题占位符，更改文本内容，并设置文本的艺术字样式和字体格式。

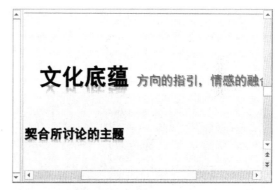

STEP|26 插入椭圆形形状。执行【插入】|【插图】|【形状】|【椭圆形】命令，绘制椭圆形形状并调整形状的大小。

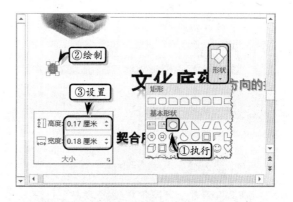

STEP|27 选择椭圆形形状，执行【绘图工具】|【形状样式】|【形状填充】|【其他填充颜色】命令，自定义填充色。

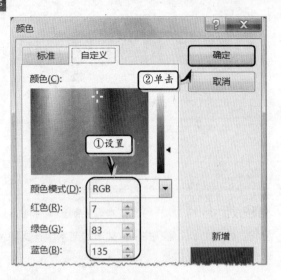

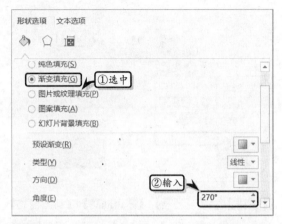

STEP|31 删除多余的渐变光圈，选中左侧的渐变光圈，单击【颜色】下拉按钮，选中【其他颜色】命令，自定义颜色。

STEP|28 然后，执行【形状样式】|【形状轮廓】|【无轮廓】命令。使用同样的方法，分别制作其他椭圆形形状，并组合所有的椭圆形形状。

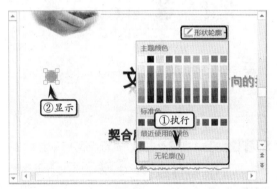

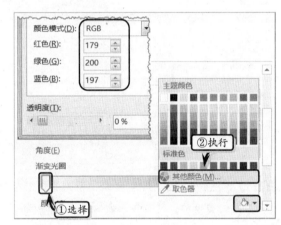

STEP|29 插入圆角矩形形状。执行【插入】|【插图】|【形状】|【圆角矩形】命令，绘制圆角矩形形状并调整形状的大小和圆角弧度。

STEP|32 选中中间的渐变光圈，将【位置】设置为"50%"，单击【颜色】下拉按钮，选中【其他颜色】命令，自定义颜色。

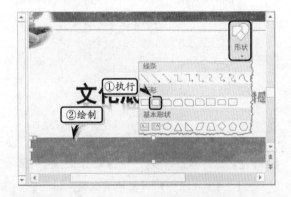

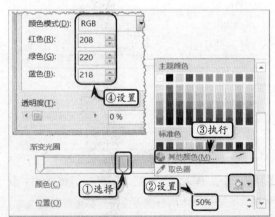

STEP|30 右击形状执行【设置形状格式】命令，选中【渐变填充】选项，并将【角度】设置为"270°"。

STEP|33 选中右侧的渐变光圈，单击【颜色】下拉按钮，选中【其他颜色】命令，自定义颜色。

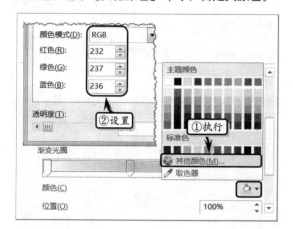

STEP|34 组合形状。调整并选择文本占位符、椭圆和圆角矩形形状，并右击执行【组合】|【组合】命令。复制组合形状，并修改文本占位符中的文本内容。

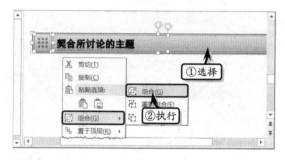

STEP|35 添加动画效果。选择上方的文本占位符，执行【动画】|【动画】|【动画样式】|【飞入】命令，为对象添加动画效果。

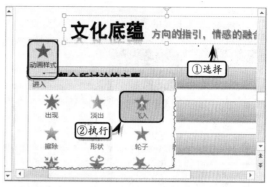

STEP|36 同时执行【效果选项】|【自左侧】命令，并将【开始】设置为"上一动画之后"。

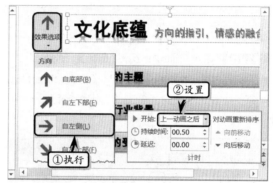

STEP|37 同时选择 3 个组合形状，执行【动画】|【动画】|【动画样式】|【更多进入效果】命令，自定义动画效果。同时，将【开始】设置为"上一动画之后"。

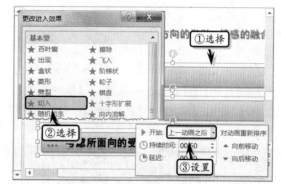

11.7 "减持宝"简介之三

在推广新产品时，除了展示产品的优点等产品特点之外，还需要通过具体案例来体现产品的新功能、新特性和优势性，以便可以充分说服客户，获得客户的认可。在本练习中，将重点介绍"减持宝"服务产品对不同层次客户需求的解决方法，以及通过案例介绍该服务产品的可实用性。

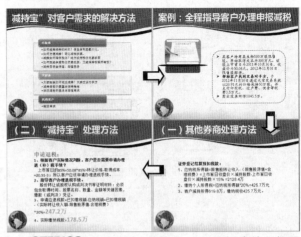

练习要点

- 插入 SmartArt 图形
- 设置 SmartArt 图像格式
- 插入形状
- 设置形状样式
- 添加动画效果

操作步骤 ▶▶▶▶

STEP|01 插入 SmartArt 图形。选择第 5 张幻灯片，输入标题文本，并执行【插入】|【插图】|【SmartArt】命令，选择图形类型，单击【确定】按钮。

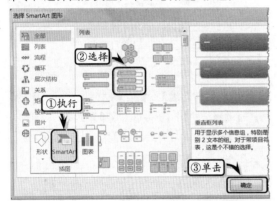

STEP|02 设置 SmartArt 样式。执行【SmartArt 工具】|【设计】|【SmartArt 样式】|【快速样式】|【优雅】命令，同时执行【更改颜色】|【彩色范围-着色 4 至 5】命令。

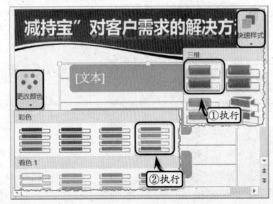

STEP|03 输入文本。在 SmartArt 图形中输入标题和正文文本，并分别设置文本的字体格式。

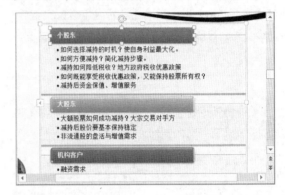

STEP|04 添加动画效果。选择标题占位符，执行【动画】|【动画】|【动画样式】|【飞入】命令，同时执行【效果选项】|【自左侧】命令，并将【开始】设置为"与上一动画同时"。

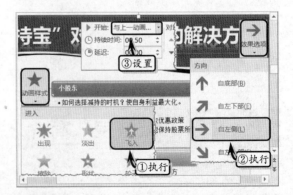

STEP|05 选择 SmartArt 图形，执行【动画】|【动画】|【动画样式】|【擦除】命令，同时执行【效

果选项】|【自左侧】和【逐个】命令，并将【开始】设置为"上一动画之后"。

STEP|06 插入图片。选择第 6 张幻灯片，输入标题文本。然后，执行【插入】|【图像】|【图片】命令，选择图片文件，单击【插入】按钮。

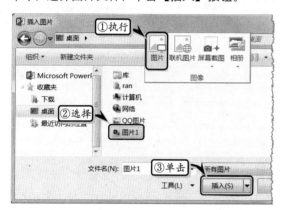

STEP|07 插入形状。执行【插入】|【插图】|【形状】|【圆角矩形】命令，绘制一个圆角矩形形状，并调整形状的大小和位置。

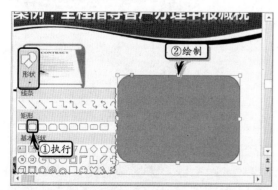

STEP|08 设置形状格式。选择形状，执行【绘图工具】|【格式】|【形状样式】|【形状填充】|【无

填充颜色】命令，取消形状的填充效果。

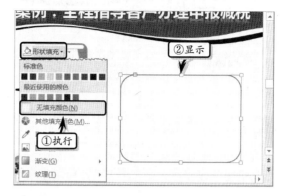

STEP|09 同时，执行【绘图工具】|【格式】|【形状样式】|【形状轮廓】|【其他轮廓颜色】命令，自定义形状的轮廓颜色。

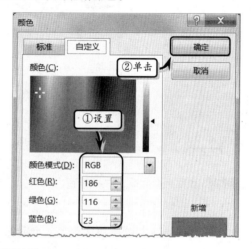

STEP|10 然后，执行【绘图工具】|【格式】|【形状样式】|【形状轮廓】|【粗细】|【2.25 磅】命令，同时执行【形状轮廓】|【虚线】|【方点】命令。

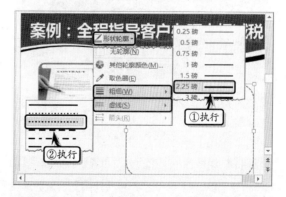

STEP|11 最后，右击形状执行【编辑文字】命令，输入文本并设置文本的字体格式。

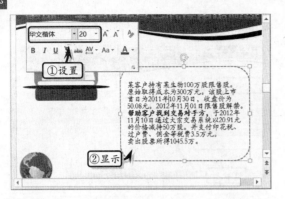

STEP|12 选择形状中的文本，执行【开始】|【段落】|【项目符号】命令，选择一种符号样式，为文本添加项目符号。

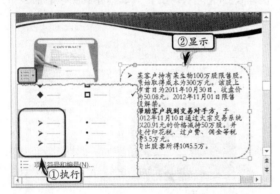

STEP|13 添加动画效果。选择标题占位符，执行【动画】|【动画】|【动画样式】|【飞入】命令，同时执行【效果选项】|【自左侧】命令，并将【开始】设置为"与上一动画同时"。

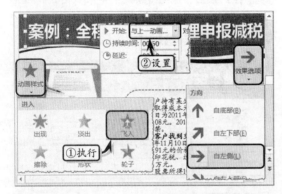

STEP|14 选择图片，执行【动画】|【动画】|【动画样式】|【形状】命令，并将【开始】设置为"上一动画之后"。

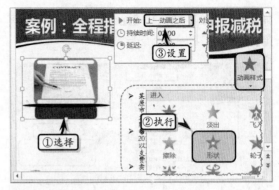

STEP|15 选择圆角矩形形状。执行【动画】|【动画】|【动画样式】|【形状】命令，并执行【效果选项】|【缩小】和【菱形】命令。然后，将【开始】设置为"与上一动画同时"。

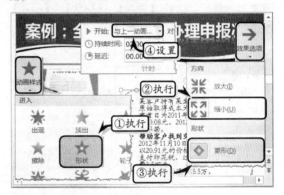

STEP|16 制作第 7 张幻灯片。选择第 7 张幻灯片，输入标题文本。然后，复制标题占位符，输入文本内容并设置文本的字体格式。

STEP|17 选择标题占位符，执行【动画】|【动画】|【动画样式】|【飞入】命令，同时执行【效果选项】|【自左侧】命令，并将【开始】设置为"与上一动画同时"。

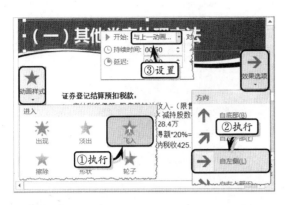

STEP|18 选择正文占位符，执行【动画】|【动画】|
【动画样式】|【更多进入效果】选项，自定义动画
效果。

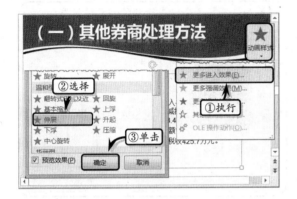

STEP|19 同时，执行【动画】|【动画】|【效果选
项】|【按段落】命令，并将【开始】设置为"上
一动画之后"。

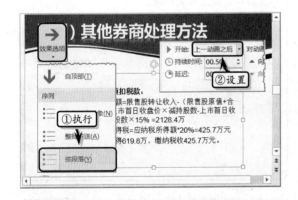

STEP|20 制作第 8 张幻灯片。选择第 7 张幻灯片，
输入标题文本。然后，复制标题占位符，输入文本
内容并设置文本的字体格式。

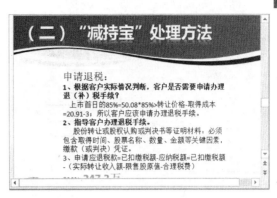

STEP|21 选择标题占位符，执行【动画】|【动画】|
【动画样式】|【飞入】命令，同时执行【效果选项】
|【自左侧】命令，并将【开始】设置为"与上一
动画同时"。

STEP|22 选择正文占位符，执行【动画】|【动画】|
【动画样式】|【更多进入效果】选项，自定义动画
效果。

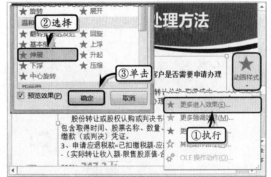

STEP|23 同时，执行【动画】|【动画】|【效果选
项】|【按段落】命令，并将【开始】设置为"上
一动画之后"。

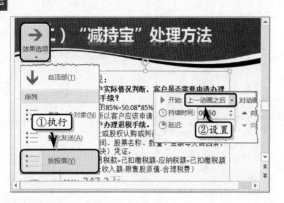

11.8 高手答疑

问题 1：如何设置音频样式？

解答 1：选择音频文件，执行【视频工具】|【播放】|【音频样式】|【在后台播放】命令即可。

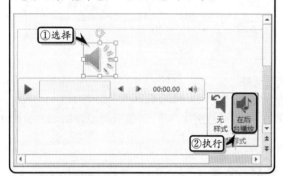

问题 2：如何美化音频图标？

解答 2：选择音频文件，执行【视频工具】|【格式】|【图片样式】|【快速样式】命令，在其级联菜单中选择一种样式即可。

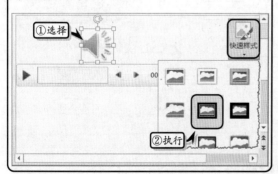

问题 3：如何为视频添加书签？

解答 3：执行【视频工具】|【播放】|【书签】|

【添加书签】命令，在音频的播放位置添加一个书签。

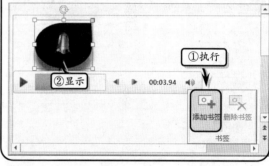

问题 4：如何更改视频图标的形状？

解答 4：选择视频文件，执行【视频工具】|【格式】|【视频样式】|【视频形状】命令，在其级联菜单中选择一种形状样式即可。

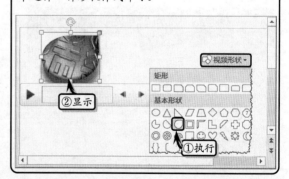

问题 5：如何插入其他类型的文档？

解答 5：PowerPoint 除了允许用户插入音频和视频外，还允许用户插入其他各种多媒体文档，包括 Word 文档、Excel 电子表格、PDF 文档、Flash 动画等。

执行【插入】|【文本】|【对象】命令，选中【新建】选项，在列表框中选择一种文本类型，单击【确定】按钮即可。

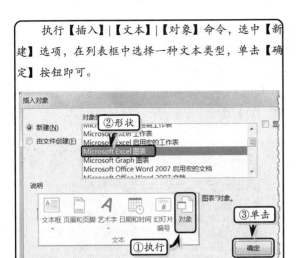

问题 6：如何调整视频文件的大小？

解答 6：选择视频文件，选择【视频工具】下的【格式】选项卡，在【大小】选项组中设置其【高度】和【宽度】，即可调整影片尺寸大小。

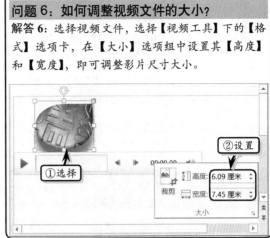

11.9 新手训练营

练习 1：为风景相册添加音乐
downloads\第 11 章\新手训练营\风景相册音乐

提示：本练习中，首先打开"风景相册"演示文稿，选择第 1 张幻灯片，执行【插入】|【媒体】|【音频】|【PC 上的音频】命令，在弹出的【插入音频】对话框中，选择音频文件，单击【插入】按钮。然后，执行【音频工具】|【播放】|【音频样式】|【在后台播放】命令，设置音频的播放方式。

练习 2：为模板文件添加音乐
downloads\第 11 章\新手训练营\水果类型模板音乐

提示：本练习中，首先打开"水果类型模板"演示文稿，执行【视图】|【母版视图】|【幻灯片母版】命令，切换到幻灯片母版视图中。然后，选

择第 2 张幻灯片，执行【插入】|【媒体】|【音频】|【联机音频】命令，在搜索框中输入"轻音乐"，单击【搜索】按钮，在列表中选择音频文件即可。

练习 3：薪酬方案设计思路
downloads\第 11 章\新手训练营\薪酬方案设计思路

提示：本练习中，首先制作渐变填充背景格式，并制作艺术字标题。同时，插入多种形状，制作思路流程图，并设置形状的填充颜色和轮廓样式。然后，执行【插入】|【媒体】|【音频】|【PC 上的音频】命令，选择音频文件，单击【插入】按钮，插入音频文件。最后，选择音频图标，执行【音频工具】|【播放】|【音频样式】|【在后台播放】命令，设置音频的播放样式。

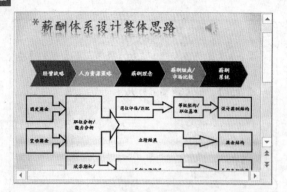

然后，执行【插入】|【媒体】|【视频】|【PC 上的视频】命令，选择视频文件，单击【插入】按钮，插入视频文件。最后，调整视频文件的大小，并执行【视频工具】|【格式】|【视频样式】|【圆形对角,白色】命令，设置视频的外观样式。

练习 4：野生动物视频

⊙ downloads\第 11 章\新手训练营\野生动物视频

提示：本练习中，首先新建空白演示文稿，删除幻灯片中的所有占位符。同时，执行【设计】|【主题】|【平面】命令，设置幻灯片的主题样式。

第 12 章

添加动画效果

　　作为著名的演示文稿设计工具，PowerPoint 除了允许用户插入文本、图形、图像、声音和视频外，还允许用户为这些显示对象添加各种动画效果。另外，用户还可以为幻灯片添加各种切换效果，使演示文稿的内容更加丰富。

　　本章将主要介绍幻灯片的进入动画、退出动画、强调动画等应用于各种显示对象的动画，同时还将介绍路径动画的制作方法。

12.1 幻灯片动画基础

动画是 PowerPoint 幻灯片的一种重要技术，通过这一技术，用户可以将各种幻灯片的内容以活动的方式展示出来，增强幻灯片的互动性。

1. 幻灯片显示对象

显示对象是存在于演示文稿中的所有可显示内容，主要包括各种占位符、文本、表格、SmartArt 形状、艺术字、图形、图像、动画、视频、音频和其他各种插入的文档对象。

显示对象是构成演示文稿的内容基础。在之前的章节中，已介绍了 PowerPoint 中的绝大多数显示对象，PowerPoint 允许为这些显示对象添加各种各样的动画。

> **提示**
>
> 幻灯片也是一种特殊的显示对象。可以说，PowerPoint 演示文稿就是由各种显示对象组成的。

2. 幻灯片动画基础

PowerPoint 中的动画，事实上包括两种基本的要素，即动画的显示对象、显示对象所表现的动作或变化的属性。

在制作 PowerPoint 动画时，用户可以分别改变动画中显示对象的位置及属性，以制作各种类型的动画。根据位置和属性等特点，可将 PowerPoint 动画分为 3 种类型，即动作动画、属性动画和动作属性动画。

（1）动作动画

动作动画是指通过对显示对象的位移体现的动画。在动作动画中，显示对象往往需要向各种方向进行移动。

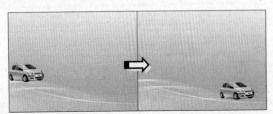

上图中的汽车移动动画就是一个典型的动作动画，在该动画中，汽车自左向右移动。

（2）属性动画

属性动画的特点在于，在这种动画中，显示对象本身的位置并没有发生改变，所改变的是显示对象自身的各种属性。

例如，PowerPoint 中为显示对象添加的【快速样式】、【边框】、【填充】和效果等。属性动画着重体现显示对象自身的变化。

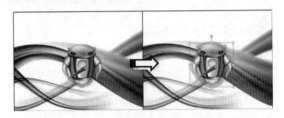

上图中的外星人发光就是一个典型的属性动画。在该动画中，外星人发出的红光逐渐地扩大，但外星人本身却没有发生任何位移。

（3）动作属性动画

动作属性动画是本节之前介绍的两种动画的结合体。在动作属性动画中，显示对象既会发生位移，也会改变自身的属性，这两种变化将同时发生。

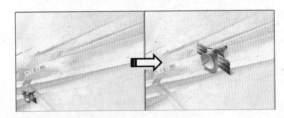

在上图的动画中，卫星的图标不仅发生了位移，其面积也增加了一倍，故为动作属性动画。

> **提示**
>
> 动作属性动画是 PowerPoint 中最常用的动画，绝大多数 PowerPoint 动画都是动作和属性同时应用的动画。

PowerPoint

12.2　添加动画

使用 PowerPoint，用户可以方便地为各种多媒体显示对象添加动画效果。

1. 动画样式分类

在 PowerPoint 中，提供了 4 种类型的动画样式，包括"进入"式、"退出"式、"强调"式以及路径动画等。

❑ "进入"式动画

"进入"式动画的作用是通过设置显示对象的运动路径、样式、艺术效果等属性，制作该对象自隐藏到显示的动画过程。

❑ "强调"式动画

"强调"式动画主要是以突出显示对象自身为目的，为显示对象添加各种动画元素。

❑ "退出"式动画

"退出"式动画的作用是通过设置显示对象的各种属性，制作该对象自显示到消失的动画过程。

❑ 路径动画

路径动画是一种典型的动作动画。在这种动画中，用户可为显示对象指定移动的路径轨迹，控制显示对象按照这一轨迹运动。

2. 应用动画样式

选择幻灯片中的对象，执行【动画】|【动画】|【动画样式】命令，在其级联菜单中选择相应的样式，为对象添加动画效果。

在该菜单中，用户可以方便地选择"进入"、"退出"、"强调"和"动作路径"这 4 种类型的动画预设。

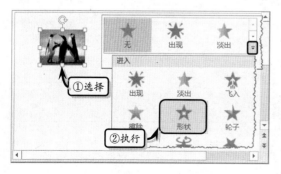

另外，当级联菜单中的动画样式无法满足用户需求时，可执行【动画】|【动画】|【动画样式】|【更多进入效果】命令。在弹出的【更多进入效果】对话框中，选择一种动画效果。

提示

用户还可以通过执行【动画】|【动画样式】|【更多强调】、【更多退出】和【其他动作路径】命令，添加更多种类的动画效果。

3. 添加自定义路径动画

PowerPoint 为用户提供了自定义路径动画效果的功能，以满足用户设置多样式动画效果的需求。

在幻灯片中选择对象，执行【动画】|【动画】|【动画样式】|【自定义路径】命令。然后，拖动鼠标绘制动作路径。

技巧

绘制完动作路径之后，双击鼠标即可结束路径的绘制操作。

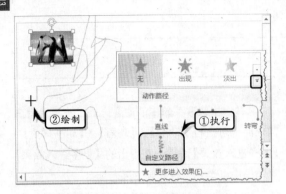

4．设置效果选项

PowerPoint 为绝大多数动画样式提供了一些设置属性，允许用户设置动画样式的类型。PowerPoint 中的设置属性包括方向和序列两种属性类型。

❏ 设置路径方向

对于一个简单的对象，例如形状或图片等对象，PowerPoint 只为其提供的路径方向。选择添加动画效果的对象，执行【动画】|【动画】|【效果选项】命令，在其级联菜单中选择一种进入方向。

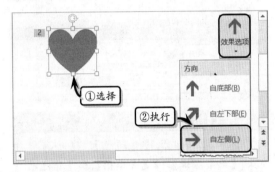

❏ 设置路径序列

当用户为图表或包含多个段落的文本框添加动画效果时，系统会自动显示【序列】选项，以帮助用户调整每个段落或图表数据系列的进入效果。

选择图表或文本框对象，执行【动画】|【动画】|【效果选项】命令，在【序列】栏中选择一种序列选项即可。

提示

为图表或文本框设置效果选项之后，在图表或文本框的左上角将显示动画序号，表示动画播放的先后顺序。

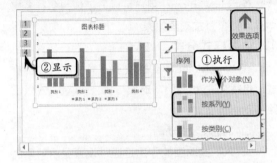

另外，单击【动画】选项组中的【对话框启动器】按钮，在弹出的对话框中，激活【效果】选项卡，在【设置】选项组中设置动画效果的进入方向，以及平滑和弹跳效果。

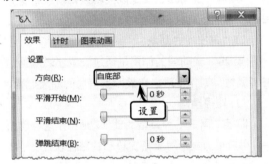

而激活【图表动画】选项卡，则可以设置"组合图表"的进入序列选项。

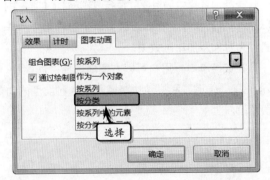

PowerPoint 12.3 调整动作路径

在为显示对象添加动作路径类的动画之后，用户可调节路径，以更改显示对象的运动轨迹。

1．显示路径轨迹

首先，为对象添加"动作路径"类动画效果。然后，选择该对象即可显示由箭头和虚线组成的运动轨迹。另外，当用户选择运动轨迹线时，系统将自动显示运动前后的对象。

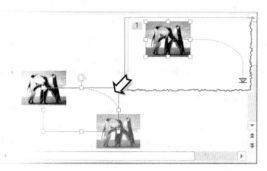

2．移动动作路径

在路径线上，包含一个绿色的起始点和一个红色的结束点。如用户需要移动动作路径的位置，可把鼠标光标置于路径线上之后，其会转换为"十字箭头"。此时，用户拖动鼠标光标，即可移动路径的位置。

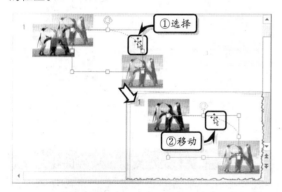

3．旋转动作路径

将鼠标光标置于顶端的位置节点上，其将转换为"环形箭头"标志。然后，用户即可拖动鼠标，旋转动作的路径。

4．编辑路径顶点

选择动作路径，执行【动画】|【动画】|【效果项】|【编辑顶点】命令。此时，系统将自动在路径上方显示编辑点，拖动编辑点即可调整路径的弧度或方向。

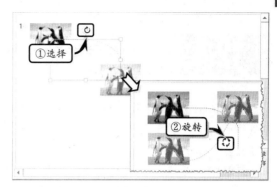

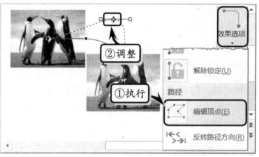

编辑完路径后，可单击路径之外的任意区域，或右击路径，执行【关闭路径】命令，均可进行关闭路径。

技巧

选择路径轨迹，右击鼠标执行【编辑顶点】命令，也可显示路径的编辑点。

5．反转路径方向

反转路径方向是调整动作路径的播放方向。选择对象，执行【动画】|【动画】|【效果选项】|【反转路径】命令，即可反转动作路径。

技巧

选择路径轨迹，右击鼠标执行【反转路径】命令，也可显示路径的编辑点。

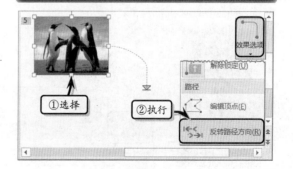

12.4 更改和添加动画效果

在 PowerPoint 中，除了允许用户为动画添加样式外，还允许用户更改已有的动画样式，并为动画添加多个动画样式。

1．更改动画效果

PowerPoint 允许用户为显示对象更改动画样式，将已有的动画样式更改为其他类型的动画样式。

选择包含动画效果的对象，执行【动画】|【动画】|【动画样式】命令，在其级联菜单中选择一种动画效果，即可使用新的动画样式覆盖旧动画样式。

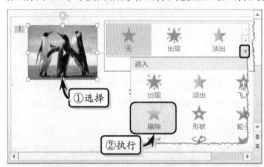

提示

更改后的新动画样式在使用上和原动画样式没有任何区别，用户也可通过【效果选项】按钮设置新动画样式的效果。

2．添加动画效果

在 PowerPoint 中，允许用户为某个显示对象应用多个动画样式，并按照添加的顺序进行播放。

选择包含动画效果的对象，执行【动画】|【高级动画】|【添加动画】命令，在其级联菜单中选择一种动画效果。

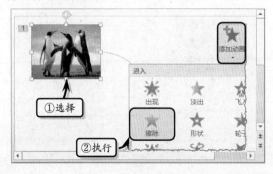

提示

添加了第 2 种动画样式后，在对象的左上角将显示多个数字序号。单击序号按钮，即可切换动画样式，方便对其进行编辑。

3．调整播放顺序

在为显示对象添加多个动画样式后，为了控制动画的播放效果，还需要在【动画窗格】任务窗格中设置动画效果的播放顺序。

首先，执行【动画】|【高级动画】|【动画窗格】命令，显示【动画窗格】任务窗格。然后，在列表中选择动画效果，单击【上移】按钮和【下移】按钮，即可调整动画效果的播放顺序。

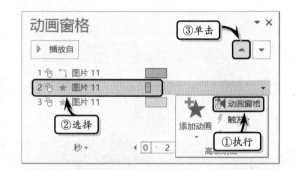

提示

用户也可以单击动画对象左上角的动画序号，执行【动画】|【计时】|【向上移动】或【向下移动】命令，来调整动画效果的播放顺序。

4．设置动画触发器

在 PowerPoint 中，各种动画往往需要通过触发器来触发播放。此时，用户可以使用 PowerPoint 中的"触发器"功能，设置多种触发方式。

执行【动画】|【高级动画】|【触发器】|【单击】命令，在其级联菜单中选择一种触发选项即可。

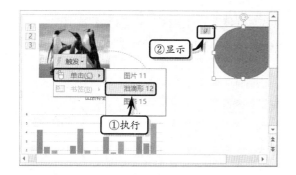

注意

如用户为演示文稿插入了音频和视频等媒体文件，并添加了书签，则可将这些书签也作为动画的触发器，添加到动画样式中。

PowerPoint 12.5 设置动画选项

为对象添加动画效果之后，为完美地播放每个动画效果，还需要设置动画效果的开始播放方式、持续时间和延迟时间，以及触发器的播放方式。

1. 设置动画计时方式

PowerPoint 为用户提供了单击时、与上一动画同时和上一动画之后 3 种计时方式。选择包含动画效果的对象，在【动画】选项卡【计时】选项组中，单击【开始】选项后面的【动画计时】下拉按钮，在其列表中选择一种计时方式即可。

提示

单击【动画】选项组中的【对话框启动器】按钮，可在弹出的对话框中的【计时】选项卡中设置开始方式。

另外，在【动画窗格】任务窗格中，单击动画效果后面的下拉按钮，在其列表中选择相应的选项，即可设置动画效果的计时方式。

提示

当用户将动画效果的【开始】方式设置为"上一动画之后"或"与上一动画同时"方式时，显示对象左上角的动画序号将变成0。

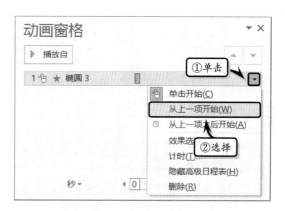

2. 设置持续和延迟时间

持续时间是用于指定动画效果的播放长度，而延迟时间则是指动画播放延迟的时间，也就是经过多少时间才开始播放动画。

选择对象，在【动画】选项卡【计时】选项组中，分别设置【持续时间】和【延迟】时间值即可。

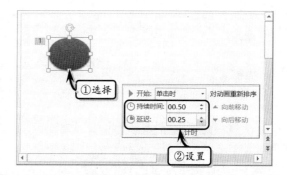

另外，在【动画窗格】任务窗格中，单击动画效果后面的下拉按钮，在其列表中选择【计时】选项。此时，可在弹出的【飞入】对话中通过设置【延迟】和【期间】选项，来设置动画效果的持续和延

迟时间。

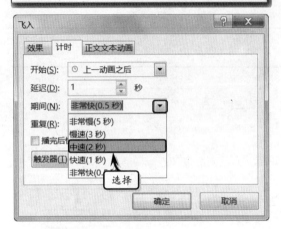

3．设置重复放映效果

在【动画窗格】任务窗格中，单击动画效果后面的下拉按钮，在其列表中选择【计时】选项。在【计时】选项卡中，单击【重复】下拉按钮，在其下拉列表中选择一种重复方式即可。

4．设置增强效果

在【动画窗格】任务窗格中，单击动画效果后面的下拉按钮，在其列表中选择【效果】选项。在

弹出的【飞入】对话框中的【效果】选项卡中，单击【声音】下拉按钮，选择一种播放声音，并单击其后的声音图标，调整声音的大小。

另外，单击【动画播放后】下拉按钮，选择一种动画播放后的显示效果。

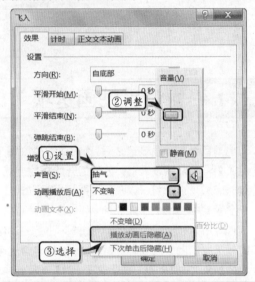

5．设置触发器播放方式

在【动画窗格】任务窗格中，单击动画效果后面的下拉按钮，在其列表中选择【计时】选项。在弹出的【飞入】对话框中的【计时】选项卡中，单击【触发器】按钮，展开触发器设置列表。选中【单击下列对象时启动效果】选项，并设置单击对象。

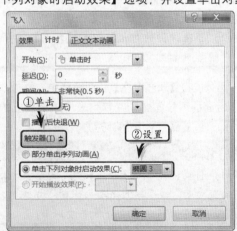

12.6 添加切换动画

幻灯片切换动画是一种特殊效果，在上一张幻灯片过渡到当前幻灯片时，可应用该效果。

1．添加切换效果

在【幻灯片选项卡】窗格中选择幻灯片，执行【切换】|【切换到此幻灯片】|【切换样式】命令，在其级联菜单中选择一种切换样式。

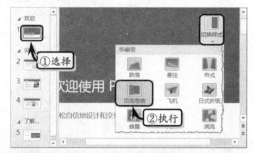

提示

执行【切换】|【计时】|【全部应用】命令，则演示文稿中，每张幻灯片在切换时，将显示为相同的切换效果。

2．设置切换效果

切换效果类似于动画效果，主要用于设置切换动画的方向或方式。选择该幻灯片，执行【切换】|【切换到此幻灯片】|【效果选项】命令，在其级联菜单中选择一种效果即可。

注意

其【效果选项】级联菜单中的各项选项，随着切换效果的改变而自动改变。

3．设置切换声音

为幻灯片添加切换效果之后，执行【切换】|

【计时】|【声音】命令，在其下拉列表中选择声音选项即可。

另外，单击【声音】下拉按钮，在其下拉列表中选择【其他声音】选项，可在弹出的【添加音频】对话框中，选择本地声音。

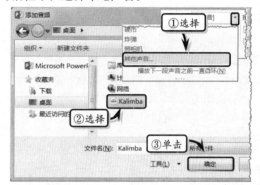

4．设置换片方式

在【计时】选项组中，启用【换片方式】栏中的【设置自动换片时间】复选框，并在其后的微调框中，输入调整时间为 00:05。

注意

当用户启用【单击鼠标时】复选框，表示只有在用户单击鼠标时，才可以切换幻灯片。

12.7 时钟动态开头效果

动画效果是一个优秀幻灯片的精髓，而一个优秀的演示文稿，往往需要由一些具有动态效果的开头幻灯片进行装饰。在本练习中，将运用 PowerPoint 中的图片与动画效果等功能，制作具有多重动态效果的时钟开头幻灯片。

练习要点

- 使用图片
- 使用形状
- 设置形状格式
- 添加动画输入效果

操作步骤 ▶▶▶▶

STEP|01 设计幻灯片。新建空白演示文稿，删除幻灯片中的所有占位符。

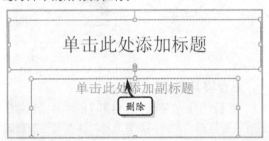

STEP|02 执行【设计】|【自定义】|【幻灯片大小】|【自定义幻灯片大小】命令，自定义幻灯片的大小。

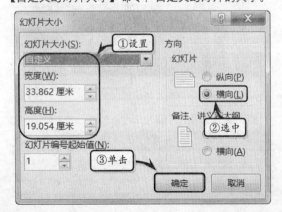

STEP|03 执行【设计】|【自定义】|【设置背景格式】命令，选中【渐变填充】选项，并将【角度】设置为"90°"。

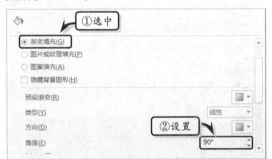

STEP|04 选择左侧的渐变光圈，单击【颜色】下拉按钮，选择【黑色,文字 1,淡色 25%】选项。

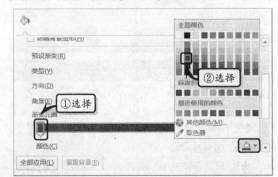

STEP|05 选择右侧的渐变光圈，单击【颜色】下拉按钮，选择【黑色,文字 1,淡色 15%】选项。

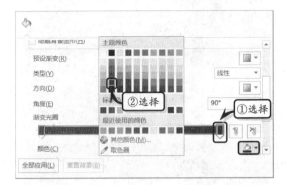

STEP|06 插入背景图片。执行【插入】|【图像】|【图片】命令，选择图片文件，单击【插入】按钮。

STEP|07 使用同样的方法，插入并排列所有的背景六边形图片。

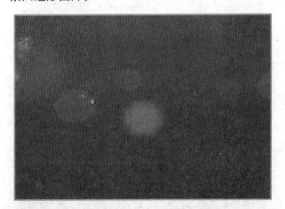

STEP|08 选择所有的六边形图片，执行【动画】|【动画】|【淡出】命令，并将【开始】设置为"与上一动画同时"。

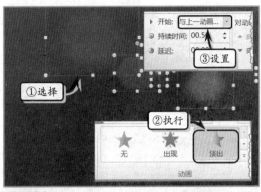

STEP|09 同时，执行【动画】|【高级动画】|【添加动画】|【动作路径】|【直线】命令，并将【开始】设置为"与上一动画同时"，将【持续时间】设置为"03.00"。

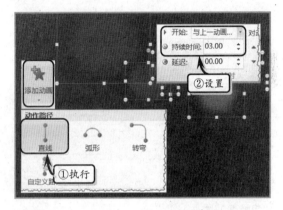

STEP|10 将鼠标移至动作路径动画效果线的前端，拖动鼠标调整直线路径的方向与长度。

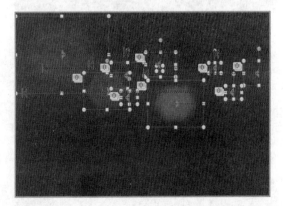

STEP|11 再次执行【动画】|【高级动画】|【添加动画】|【退出】|【淡出】命令，将【开始】设置为"与上一动画同时"，并将【延迟】设置为"02.50"。

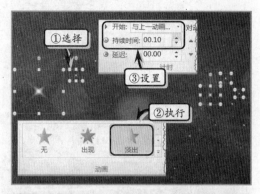

STEP|12 执行【插入】|【图像】|【图片】命令，
选择星光图片，单击【插入】按钮。

STEP|13 使用同样的方法，插入多张星光图片，
并排列星光图片的位置。

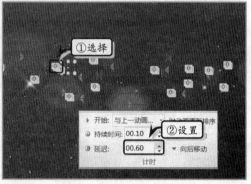

STEP|16 选择左边数第 3 个星光图片的动画效
果，将【延迟】设置为"00.20"。

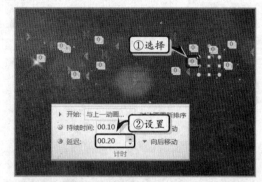

STEP|17 选择左边数第4个星光图片的动画效果，
将【延迟】设置为"01.80"。

STEP|14 从左到右，同时选择所有的星光图片，
执行【动画】|【动画样式】|【淡出】命令，并在
【计时】选项组中设置【开始】和【持续时间】
选项。

STEP|15 选择左边数第 2 个星光图片的动画效
果，将【延迟】设置为"00.60"。

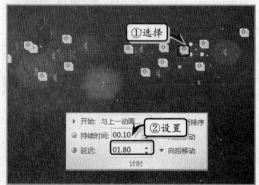

STEP|18 选择左边数第 5 个星光图片的动画效果，将【延迟】设置为"02.20"。

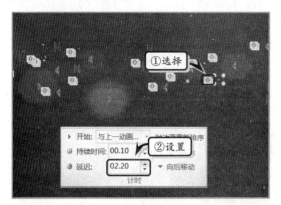

STEP|19 从左到右同时选择所有的星光图片，执行【动画】|【高级动画】|【添加动画】|【退出】|【缩放】命令，将【开始】设置为"与上一动画同时"。

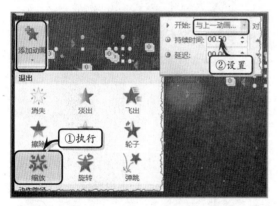

STEP|20 选择左侧第 1 个星光图片的退出动画效果，对【持续时间】和【延迟】选项进行设置。

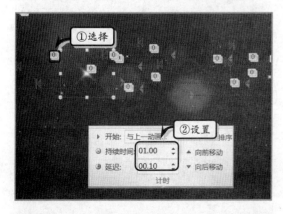

STEP|21 选择左侧第 2 个星光图片的退出动画效

果，将【持续时间】设置为"00.50"，将【延迟】设置为"00.70"。

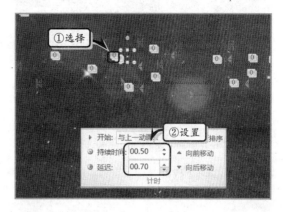

STEP|22 选择左侧第 3 个星光图片的退出动画效果，将【持续时间】设置为"00.50"，将【延迟】设置为"00.30"。

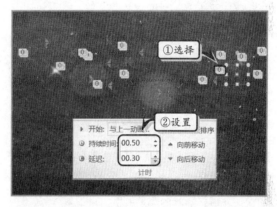

STEP|23 使用同样的方法，分别设置其他星光图片退出动画效果的持续时间与延迟时间。

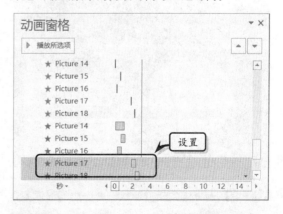

STEP|24 制作时钟。执行【插入】|【插图】|【形状】|【椭圆】命令，绘制一个椭圆形形状。

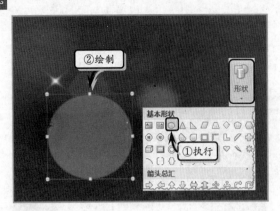

STEP|25 选择形状，执行【绘图工具】|【格式】|【形状样式】|【彩色轮廓-橙色,强调颜色】命令。

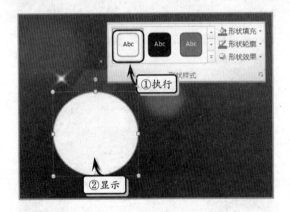

STEP|26 执行【插入】|【插图】|【形状】|【圆角矩形形状】命令，在幻灯片中绘制一个圆角矩形形状，并调整形状的圆角弧度。

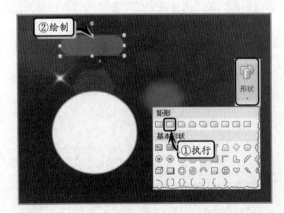

STEP|27 选择圆角矩形形状，右击执行【设置形状格式】命令。选中【渐变填充】选项，将【角度】设置为"270°"。

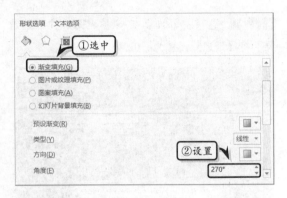

STEP|28 选择左侧的渐变光圈，单击【颜色】下拉按钮，选择【其他颜色】选项。在【自定义】选项卡中，自定义颜色值。

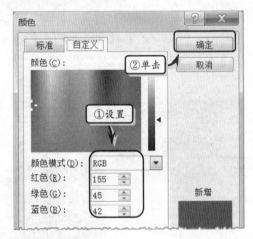

STEP|29 选择中间的渐变光圈，将【位置】设置为"80%"。单击【颜色】下拉按钮，选择【其他颜色】选项，自定义颜色值。

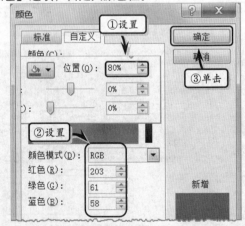

STEP|30 选择右侧的渐变光圈，单击【颜色】下

拉按钮，选择【其他颜色】选项，自定义颜色值。

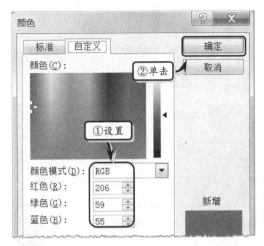

STEP|31 执行【格式】|【形状样式】|【形状轮廓】|【其他轮廓颜色】命令，自定义颜色值。

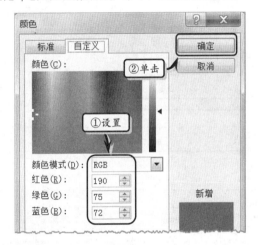

STEP|32 调整形状的大小并复制形状，选择复制后的形状，执行【格式】|【形状样式】|【形状填充】|【无填充颜色】命令。

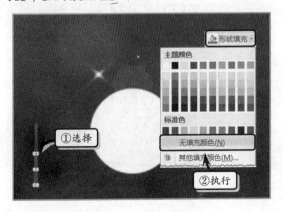

STEP|33 同时，执行【格式】|【形状样式】|【形状轮廓】|【无轮廓】命令，取消形状的轮廓颜色。

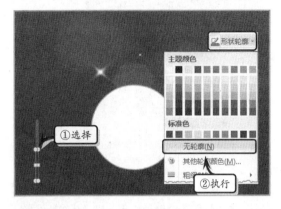

STEP|34 对齐并选择两个表针，右击执行【组合】|【组合】命令。使用同样方法，制作另外一个表针。

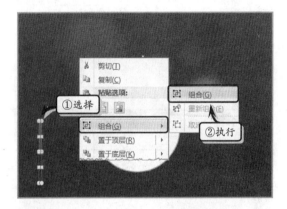

STEP|35 执行【插入】|【图像】|【图片】命令，选择图片文件，单击【插入】按钮，插入刻度图片。

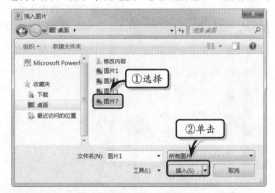

STEP|36 选择组合后的表盘与表针，执行【动画】|【其他】|【更多进入效果】命令，选择【基本缩放】选项，并将【开始】设置为"上一动画之后"。

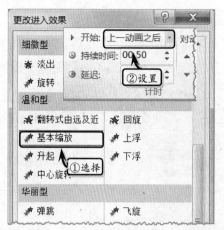

STEP|37 执行【动画】|【高级动画】|【动画窗格】命令，选择最后两个动画效果，将【开始】设置为"与上一动画同时"。

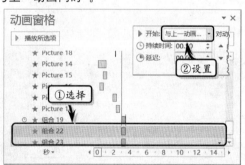

STEP|38 选择两个表针，执行【动画】|【高级动画】|【添加动画】|【强调】|【陀螺旋】命令，并将【开始】设置为"上一动画之后"。

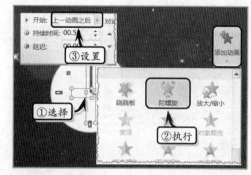

STEP|39 在【动画窗格】窗格中，选择最后一个动画效果，将【开始】设置为"与上一动画同时"。

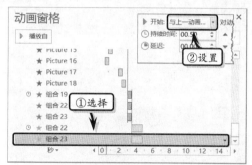

12.8　苏州印象之一

苏州是江苏省东南部的一个地级市，位于长江三角洲和太湖平原的中心地带，著名的鱼米之乡、状元之乡、经济重镇、历史文化名城，自古享有"人间天堂"的美誉。在本练习中，将运用 PowerPoint 中的基础操作方法，制作苏州印象中的开头动画部分，为介绍苏州文化提供基础展示内容。

练习要点

- 使用图片
- 使用形状
- 设置形状格式
- 添加动画效果
- 添加多重动画效果
- 使用艺术字

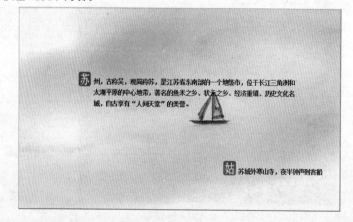

操作步骤 》》》

STEP|01 插入背景图片。新建空白幻灯片，执行
【插入】|【图像】|【图片】命令，选择图片文件，
单击【插入】按钮，插入背景图片，并调整其大小。

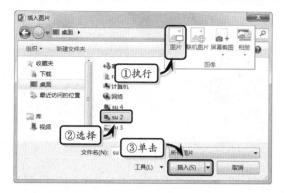

STEP|02 制作背景椭圆形形状。执行【插入】|
【插图】|【形状】|【椭圆形】命令，绘制椭圆形
形状。

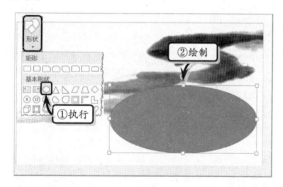

STEP|03 右击椭圆形形状，执行【设置形状格式】
命令。选中【渐变填充】选项，将【类型】设置为
"路径"，并删除多余的渐变光圈。

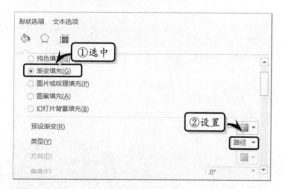

STEP|04 选择左侧的渐变光圈，单击【颜色】下
拉按钮，将【颜色】设置为"白色,文字 1"。

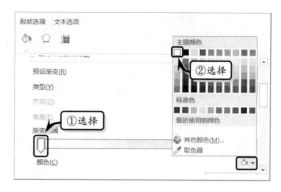

STEP|05 选择右侧的渐变光圈，单击【颜色】下
拉按钮，选择【其他颜色】选项，自定义渐变颜色。
同时，将【透明度】设置为"100%"。

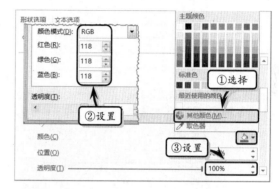

STEP|06 展开【线条】选项组，选中【无线条】
选项。然后，调整椭圆形形状的大小和位置。

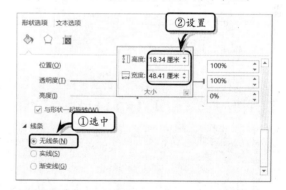

STEP|07 复制多个椭圆形形状，分别调整其大小
和位置，并组合部分椭圆形形状，设置成多重背景
格式。

STEP|08 制作复合字。执行【插入】|【插图】|
【形状】|【圆角矩形】命令，绘制一个圆角矩形形
状，并调整形状的大小。

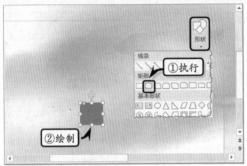

STEP|09 选择圆角矩形形状，执行【绘图工具】|【格式】|【形状样式】|【形状填充】|【红色】命令。同时，执行【形状轮廓】|【无轮廓】命令。

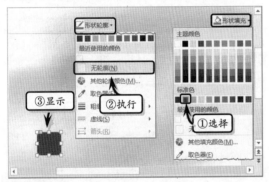

STEP|10 执行【插入】|【文本】|【艺术字】|【填充-黑色,文本 1,阴影】命令，输入文本并设置文本的字体格式。

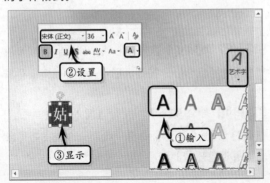

STEP|11 同时选择艺术字和圆角矩形形状，右击执行【组合】|【组合】命令，组合对象。使用同样的方法，制作其他复合字。

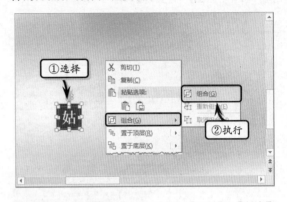

STEP|12 制作描述性文本。执行【插入】|【文本】|【文本框】|【横排文本框】命令，绘制文本框，输入文本并设置文本的字体格式。

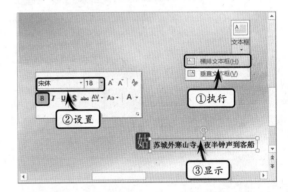

STEP|13 插入图片。执行【插入】|【图像】|【图片】命令，选择图片文件，单击【插入】按钮，插入图片并调整图片的位置。

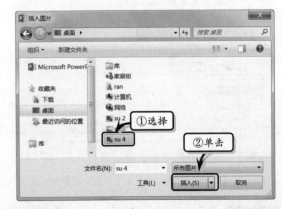

STEP|14 选择小船图片，右击执行【至于底层】|

【下移一层】命令，将图片放置于文本的下方。

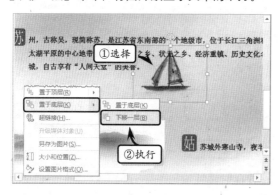

STEP|15 添加动画效果。选择幻灯片右外侧的组合椭圆形形状，执行【动画】|【动画】|【动画样式】|【进入】|【飞入】命令。

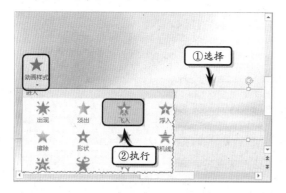

STEP|16 同时，执行【动画】|【效果选项】|【自左侧】命令，并将【开始】设置为"与上一动画同时"，将【持续时间】设置为"05.00"。

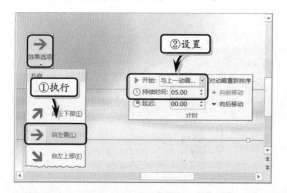

STEP|17 选择幻灯片最上侧的椭圆形形状，执行【动画】|【动画样式】|【退出】|【浮出】命令，将【开始】设置为"与上一动画同时"，并将【持续时间】设置为"03.00"。

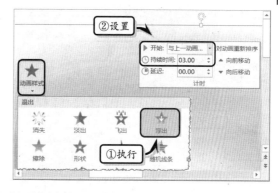

STEP|18 选择幻灯片上侧第 2 个椭圆形形状，执行【动画样式】|【退出】|【浮出】命令，并在【计时】选项组中，设置【开始】、【持续时间】和【延迟】选项。使用同样方法，为其他椭圆形形状添加动画效果。

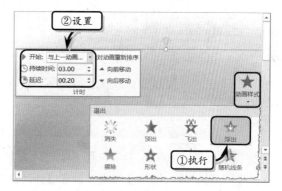

STEP|19 选择小船图片，执行【动画】|【动画样式】|【进入】|【淡出】命令，并在【计时】选项组中，设置【开始】、【持续时间】和【延迟】选项。

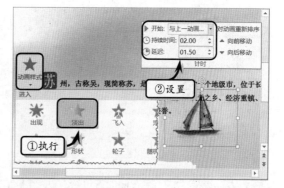

STEP|20 同时，执行【动画】|【高级动画】|【添加动画】|【动作路径】|【自定义路径】命令，并在【计时】选项组中，设置【开始】、【持续时间】和【延迟】选项。

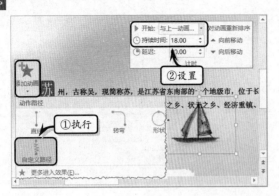

STEP|21 然后，选择动作路径动画效果，调整路径的方向和长度。

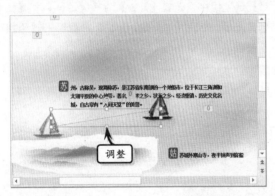

STEP|22 选择复合"姑"字，执行【动画】|【动画样式】|【进入】|【淡出】命令，并在【计时】选项组中，设置【开始】、【持续时间】和【延迟】选项。

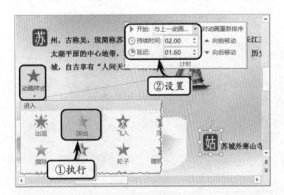

STEP|23 选择"姑"字右侧的占位符，执行【动画】|【动画样式】|【进入】|【淡出】命令，并在【计时】选项组中，设置【开始】、【持续时间】和【延迟】选项。

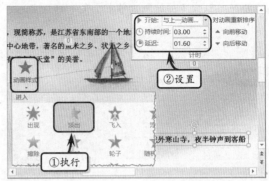

STEP|24 选择小船图片，执行【动画】|【高级动画】|【添加动画】|【退出】|【淡出】命令，并在【计时】选项组中，设置【开始】、【持续时间】和【延迟】选项。

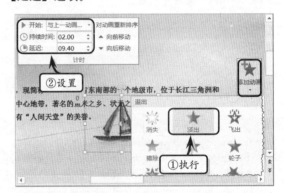

STEP|25 选择幻灯片最底层的云形图片，执行【动画】|【动画样式】|【退出】|【淡出】命令，并在【计时】选项组中，设置【开始】、【持续时间】和【延迟】选项。

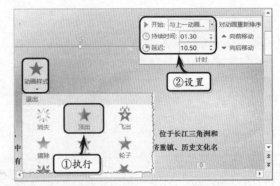

STEP|26 选择复合"姑"字，执行【动画】|【高级动画】|【添加动画】|【动作路径】|【自定义路径】命令，并调整路径的方向和长度。

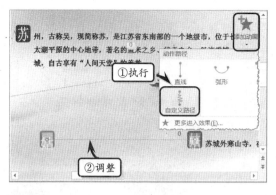

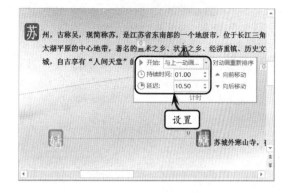

法，为其他对象添加动画效果。

STEP|27 然后，在【计时】选项组中，设置【开始】、【持续时间】和【延迟】选项。使用同样的方

12.9 高手答疑

问题 1：如何关闭动作路径？

解答 1：选择对象中的动作路径轨迹，右击执行【关闭路径】命令，即可将动作路径调整为关闭状态。

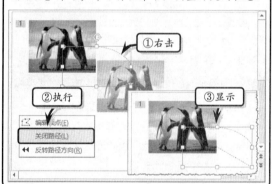

问题 2：如何快速应用已设置的动画效果？

解答 2：选择包含动画效果的对象，执行【动画】|【高级动画】|【格式刷】命令。然后，单击未设置动画效果的对象，即可快速应用已设置的动画效果。

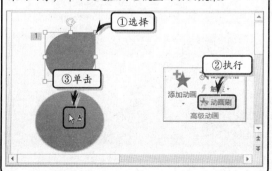

问题 3：如何取消自动预览动画功能？

解答 3：执行【动画】|【预览】|【预览】|【自动预览】命令，取消【自动预览】选项前面的标记即可。

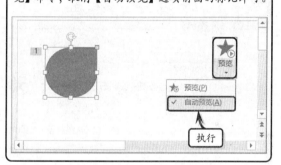

问题 4：如何设置切换效果的持续时间？

解答 4：选择应用切换效果的幻灯片，在【切换】选项卡【计时】选项组中的【持续时间】微调框中，输入持续时间即可。

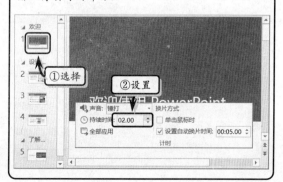

问题 5：如何为 SmartArt 图形添加动画，使其按级别逐个播放？

解答 5：选择要添加动画的 SmartArt 图形，执行【动画】|【动画】|【动画样式】|【擦除】命令，为图像添加进入动画效果。然后，执行【动画】|【动画】|【效果选项】|【逐个】命令，即可设置动画效果的逐个播放效果。

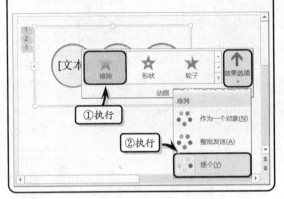

问题 6：如何从演示文稿中删除部分幻灯片的切换效果？

解答 6：在【幻灯片】选项卡的窗格中，选择要删除切换效果的幻灯片。然后执行【切换】|【切换到此幻灯片】|【切换样式】|【无】命令。

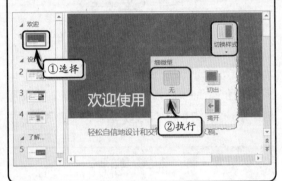

12.10 新手训练营

练习 1：移动的汽车

🔵 downloads\第 12 章\新手训练营\移动的汽车

提示：本练习中，首先执行【插入】|【插图】|【SmartArt】命令，选择【向上箭头】选项，插入图形并设置图形的大小和样式。同时，执行【插入】|【图像】|【图片】命令，插入汽车图片，并调整图片的方向和大小。然后，为 SmartArt 图像添加"擦除"动画效果，并将【效果选项】设置为"自左侧"，并将【开始】设置为"上一动画之后"。最后，为小汽车图片添加"淡出"动画效果，并将【开始】设置为"上一动画之后"。为小汽车添加"自定义路径"动画效果，并绘制动画路径。

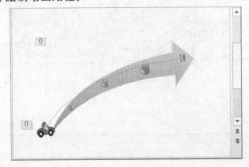

练习 2：翻转的立体效果

🔵 downloads\第 12 章\新手训练营\翻转的立体效果

提示：本练习中，首先执行【插入】|【插图】|【形状】|【立方体】命令，调整形状的大小并设置其填充颜色。同时，复制形状，旋转形状并调整形状的角度。然后，选择第 1 个形状，为其添加"淡出"动画效果，并将【开始】设置为"上一动画之后"。同时，为该形状添加"消失"多重动画效果，并将【开始】设置为"上一动画之后"。最后，选择第 1 个形状，执行【高级动画】|【动画刷】命令，然后单击第 2 个形状。使用同样的方法，为其他形状添加动画效果。

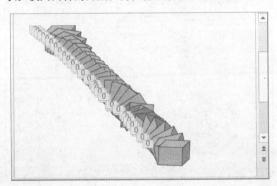

练习3：薪酬体系设计目标

⊙downloads\第12章\新手训练营\薪酬体系设计目标

提示：本练习中，首先设置幻灯片的渐变填充背景格式，制作幻灯片标题，插入图片并设置图片的排列方式。同时，插入圆角矩形形状，并设置形状的样式和效果。然后，为标题占位符添加"飞旋"动画效果，并设置【开始】选项。同时，为大圆形图形添加"淡出"动画效果，为小圆形图形添加"淡出"动画效果。最后，为小圆形图形添加"缩放"多重动画效果，并为大圆形图像添加"陀螺旋"多重动画效果。使用同样的方法，分别为其他对象添加动画效果。

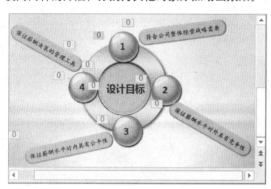

练习4：下拉触发式动画效果

⊙downloads\第12章\新手训练营\下拉触发式动画效果

提示：本练习中，首先在幻灯片中插入图片，并排列图片的位置。同时，插入横排文本框，输入文本并设置文本的字体格式。然后，为各个对象添加相应的动画效果，并设置其【开始】选项。最后，执行【高级动画】|【动画窗格】命令，在【动画窗格】任务窗格中同时选择最后3个动画效果，并执行【高级动画】|【触发】|【单击】|【等腰三角形】命令。

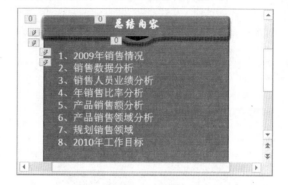

第 **13** 章

放映幻灯片

　　制作演示文稿是一个重要的环节，放映演示文稿同样也是一个重要的环节。当演示文稿制作完毕后，就可以根据不同的放映环境，来设置不同的放映方式，最终实现幻灯片的放映。本章主要学习设置幻灯片的放映、使用监视器和为幻灯片添加注释等知识。

13.1 开始放映幻灯片

开始放映幻灯片主要包含从头放映、当前放映、联机演示和自定义放映 4 种方式。

1. 从头开始

执行【幻灯片放映】|【开始放映幻灯片】|【从头开始】命令，即可从演示文稿的第一幅幻灯片开始播放演示文稿。

技巧

选择幻灯片，按 F5 键，也可从头开始放映幻灯片。

注意

从头开始放映即无论当前选择的第几张幻灯片，放映时，均从第一张开始放映。

2. 当前放映

如用户需要从指定的某幅幻灯片开始播放，则可以选择幻灯片，执行【幻灯片放映】|【开始放映幻灯片】|【从当前幻灯片开始】命令。

技巧

选择要播放的幻灯片，按 Shift+F5 键，也可从当前幻灯片开始放映。

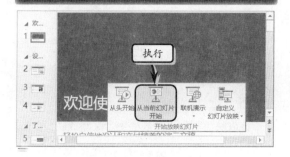

另外，选择幻灯片，在状态栏中单击【幻灯片放映】按钮，即可从当前幻灯片开始播放演示文稿。

3. 联机演示

联机演示是一种通过默认的演示文稿服务联机演示幻灯片放映。执行【幻灯片放映】|【开始放映幻灯片】|【联机演示】命令，在打开的【联机演示】对话框中，启用【启用远程查看器下载演示文稿】复选框，并单击【连接】按钮。

提示

在使用【联机演示】功能放映幻灯片时，必须保持网络连通。

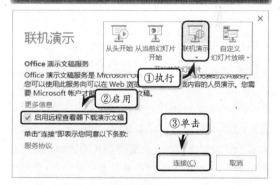

此时，系统将自动连接网络，并显示启动连接演示文稿的网络地址。可以单击【复制链接】按钮，复制演示地址，并通过电子邮件发送给相关人员。

提示

在【联机演示】对话框中，单击【启动演示文稿】按钮，即可从头放映该演示文稿。

4. 自定义放映

除了上述放映方式之外，用户也可以通过【自定义幻灯片放映】功能，指定从哪一幅幻灯片开始播放。

执行【幻灯片放映】|【开始放映幻灯片】|【自定义幻灯片放映】命令，在弹出的【自定义放映】对话框中，单击【新建】按钮。

提示

在【定义自定义放映】对话框中，也可在【幻灯片放映名称】文本框中，输入放映的名称。

自定义完毕后，可单击【自定义幻灯片放映】按钮，执行【自定义放映 1】命令，即可放映幻灯片。

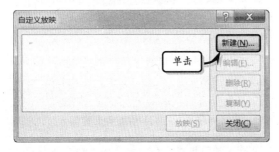

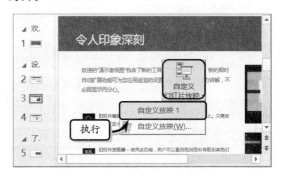

然后，在弹出的【定义自定义放映】对话框中，启用需要放映的幻灯片，单击【添加】按钮即可。

13.2 设置放映方式

在 PowerPoint 中，执行【幻灯片放映】|【设置】|【设置幻灯片放映】命令，可在打开【设置放映方式】对话框中，设置幻灯片的放映方式。设置放映方式主要设置幻灯片的放映类型、放映范围、换片方式以及多监视器的使用方式等内容。

1. 放映类型

放映类型根据用户放映演示文稿的意图，可以分为 3 种类型。

□ 演讲者放映

在【设置放映方式】对话框中，选中【放映类型】选项组中的【演讲者放映（全屏幕）】选项，

并在【换片方式】选项组中，选中【手动】选项。

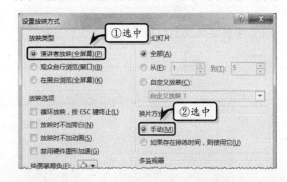

该放映类型用于常规的演示文稿放映，可全屏

自动显示演示文稿的内容。在播放完成演示文稿后，将自动退出播放模式。

❏ **观众自行浏览**

在【设置放映方式】对话框中，选中【放映类型】选项组中的【观众自行浏览（窗口）】选项，并在【换片方式】选项组中，选中【如果存在排练时间，则使用它】选项。

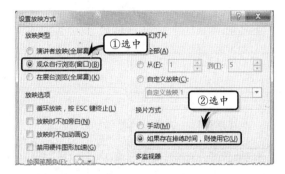

该放映类型用于对演示文稿进行基本的浏览。在该模式下，将以窗口的方式显示演示文稿，并支持用户单击鼠标继续演示文稿的播放。

> **提示**
>
> 选择该放映方式，可拖动滚动条从第一张幻灯片移动到最后一张幻灯片，也可以在放映的演示文稿中右击，执行【前进】/【倒退】命令。

❏ **在展台浏览**

在【设置放映方式】对话框中，选中【放映类型】选项组中的【在展台浏览（全屏幕）】选项。然后在【换片方式】选项组中，选择【如果存在排练时间，则使用它】选项。设置完毕后，即可放映。

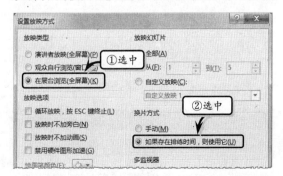

该模式与【演讲者放映】十分类似，都是以全

屏幕的方式放映，但在该模式下，将自动播放演示文稿，无须用户手动操作。同时，在播放完成演示文稿后，会自动循环播放。

2．放映选项

放映选项主要用于设置幻灯片放映时的一些辅助操作，例如放映时添加旁边、不加动画或者禁止硬件图像加速等内容。

其中，在【放映选项】选项组中，主要包括下表中的一些选项。

选 项	作 用
循环放映，按 Esc 键终止	设置演示文稿循环播放
放映时不加旁白	禁止放映演示文稿时播放旁白
放映时不加动画	禁止放映时显示幻灯片切换效果
禁止硬件图形加速	在放映幻灯片中，将禁止硬件图形自动进行加速运行
绘图笔颜色	设置在放映演示文稿时用鼠标绘制标记的颜色
激光笔颜色	设置录制演示文稿时显示的指示光标

3．放映幻灯片

在【放映幻灯片】选项组中，主要用于设置幻灯片播放的方式。当用户选中【全部】选项时，表示将播放全部的演示文稿。而选中【从…到…】选项时，则表示可选择播放演示文稿的幻灯片编号范围。

如果之前设置了【自定义幻灯片放映】列表，则可在此处选择列表，根据列表内容播放。

4．换片方式

在【换片方式】选项组中，主要用于定义幻灯片播放时的切换触发方式。当用户选中【手动】选项时，表示用户需要单击鼠标进行播放。而选中【如果存在排练时间，则使用它】选项，则表示将自动根据设置的排练时间进行播放。

5．多监视器

如本地计算机安装了多个监视器，则可通过【多监视器】选项组，设置演示文稿放映所使用的监视器和分辨率，以及演讲者视图等信息。

PowerPoint

13.3 排练与录制

在使用 PowerPoint 播放演示文稿进行演讲时，用户可通过 PowerPoint 的排练功能对演讲活动进行预先演练，指定演示文稿的播放进程。除此之外，用户还可以录制演示文稿的播放流程，自动控制演示文稿并添加旁白。

1. 排练计时

排练计时功能的作用是通过对演示文稿的全程播放，辅助用户演练。

执行【幻灯片放映】|【设置】|【排练计时】命令，系统即可自动播放演示文稿，并显示【录制】工具栏。

另外，放映完毕后，将出现一个 Microsoft PowerPoint 对话框，单击【是】按钮，进行保存。

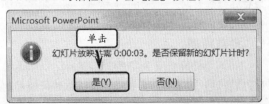

在【预演】工具栏上的按钮功能如下：

按钮或文本框	意　义
【下一项】按钮 ➡	单击该按钮，可切换至下一张幻灯片
【暂停】按钮 ❚❚	单击该按钮，可暂时停止排练计时
幻灯片放映时间	显示当前幻灯片的放映时间
【重复】按钮 ↺	单击该按钮，重新对当前幻灯片排练计时
整个演示文稿放映时间	显示整个演示文稿的放映总时间

> **提示**
>
> 在记录排练时间的过程中，若幻灯片未放映完毕，但需保存当前的排练时间时，只需按 Esc 键，即可弹出【Microsoft PowerPoint】对话框。

对幻灯片放映的排练时间进行保存后，执行【视图】|【演示文稿视图】|【幻灯片浏览】命令，切换到幻灯片的浏览视图，在幻灯片的下方将显示排练时间。

> **提示**
>
> 在一张幻灯片放映结束后，切换至第二张幻灯片，幻灯片的放映时间将重新开始计时。

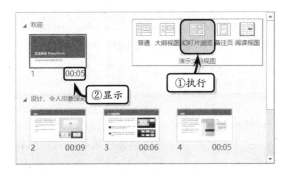

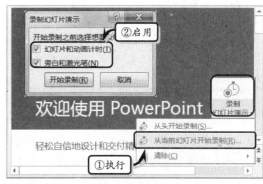

2. 录制幻灯片演示

除了进行排练计时外，用户还可以录制幻灯片演示，包括录制旁白录音，以及使用激光笔等工具对演示文稿中的内容进行标注。

执行【幻灯片放映】|【设置】|【录制幻灯片放映】|【从当前幻灯片开始录制】命令，在弹出的【录制幻灯片演示】对话框中，启用所有复选框，并单击【开始录制】按钮。

此时，系统将自动切换到幻灯片放映状态下。用户即可通过麦克风为演示文稿配置语音，同时也可以按住 Ctrl 键激活激光笔工具，指示演示文稿的重点部分。

技巧

录制幻灯片之后，执行【幻灯片放映】|【设置】|【录制幻灯片演示】|【清除】命令，在其级联菜单中选择相应的选项，即可清除录制内容。

PowerPoint 13.4 审阅演示文稿

PowerPoint 提供了多种实用的工具，允许对演示文稿进行校验和翻译，甚至允许多个用户对演示文稿的内容进行编辑并标记编辑历史。此时，就需要使用到 PowerPoint 的审阅功能，通过软件对 PowerPoint 的内容进行审阅和查对。

1. 信息检索

信息检索功能是通过微软的 Bing 搜索引擎或其他参考资料库，检索与演示文稿中词汇相关的资料，辅助用户编写演示文稿内容。

选择需要检索的文本，执行【审阅】|【校对】|【信息检索】命令，在弹出的【信息检索】任务窗格中，将显示检索内容。

另外，在【信息检索】任务窗格中，选择【信
息检索选项】选项，即可在弹出的【信息检索选项】
对话框中，设置信息检索的服务选项。

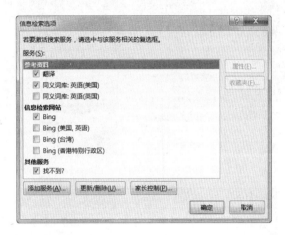

2．翻译内容

Office 系列软件可以直接调用微软翻译网站
的翻译引擎，将演示文稿中的中文翻译为英文等语
言。除此之外，用户还可以选择其他各种语言。

选择需要翻译的文本，执行【审阅】|【语言】|
【翻译】|【翻译所选文字】命令，即可在【信息检
索】任务窗格中显示翻译结果。

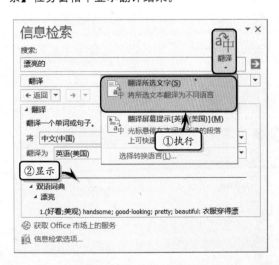

3．中文简繁转换

中文简繁转换主要包括简转繁和繁转简两种
形式。

❑ 简转繁

选择要转换成繁体的文字，执行【审阅】|【中
文简繁转换】|【简转繁】命令，即可将幻灯片中
的简体中文转换为繁体中文。

❑ 繁转简

选择要繁转成简体的文字，执行【审阅】|【中
文简繁转换】|【繁转简】命令，即可将幻灯片中
的文本从繁体转换为简体。

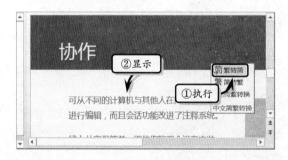

另外，执行【审阅】|【中文简繁转换】|【简
繁转换】命令，在弹出的【中文简繁转换】对话框
中，选中【繁体中文转换为简体中文】选项，单击
【确定】按钮即可。

4．添加批注

在用户编辑完成演示文稿后，还可以将演示文
稿提供给其他用户，让其他用户参与到演示文稿的

修改中，添加对演示文稿的修改意见。此时，就需要使用到 PowerPoint 的批注功能。

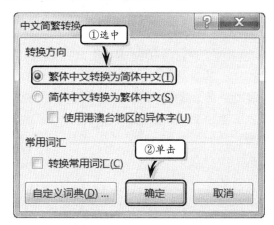

❑ 新建批注

选择要添加批注的文字，执行【审阅】|【批注】|【新建批注】命令，系统将自动显示【批注】任务窗格，在批注框中输入批注的内容即可。

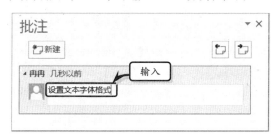

新建批注之后，在该批注的下方将显示"答复"栏，便于其他用户回复批注内容。

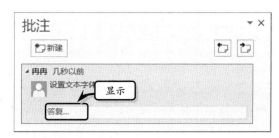

此时，在幻灯片中将显示批注图标，单击该图标即可显示【批注】任务窗格。

❑ 显示批注

为幻灯片添加批注之后，执行【审阅】|【批注】|【显示批注】|【显示标记】命令，即可在幻灯片中只显示批注标记，而隐藏批注任务窗格。

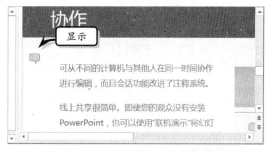

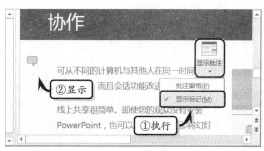

提示

再次执行【审阅】|【批注】|【显示批注】|【显示标记】命令，将因此批注图标。

❑ 删除批注

当用户不需要幻灯片中的批注时，可以执行【审阅】|【批注】|【删除】|【删除此幻灯片中的所有批注和墨迹】命令，即可删除当前幻灯片中的批注。

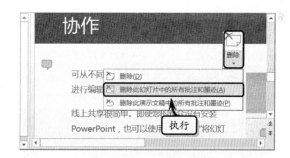

提示

执行【审阅】|【批注】|【删除】|【删除】命令，将按创建先后顺序删除幻灯片中的单个批注。

PowerPoint

13.5 苏州印象之二

苏州印象演示文稿主要是以介绍苏州特产和优点为主，包括观、闻、听和品 4 个方面的内容。其中，观为观苏州园林、刺绣，闻为闻苏州市花，听为听苏州昆曲，品为品苏州小吃和苏邦菜等内容。在本练习中，将介绍制作苏州印象中演示文稿中总概况幻灯片，并通过设置动画效果的方式添加幻灯片的生动性。

练习要点

- 插入图片
- 设置背景格式
- 使用艺术字
- 使用形状
- 设置形状格式
- 添加动画效果

操作步骤 ▶▶▶▶

STEP|01 新建幻灯片。打开"苏州印象之一"演示文稿，执行【开始】|【幻灯片】|【新建幻灯片】|【空白】命令，新建一张空白幻灯片。

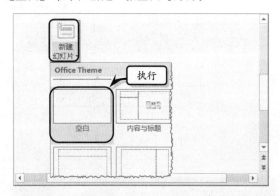

STEP|02 设置背景格式。执行【设计】|【自定义】|【设置背景格式】命令，选中【图片或纹理填充】选项，并单击【文件】按钮。

STEP|03 在弹出的【插入图片】对话框中，选择图片文件，单击【插入】按钮，设置图片背景样式。

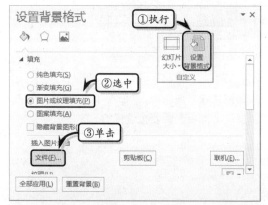

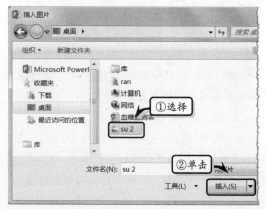

STEP|04 制作标题形状。执行【插入】|【插图】|【形状】|【矩形】命令，绘制一个矩形形状并设置形状的大小和位置。

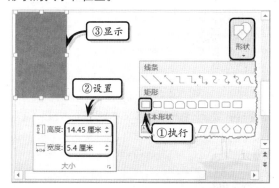

STEP|05 选择矩形形状，执行【绘图工具】|【格式】|【形状样式】|【形状填充】|【其他填充颜色】命令，自定义填充颜色。

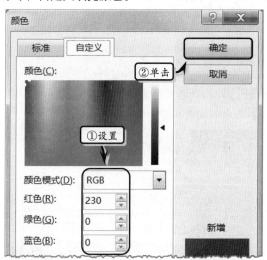

STEP|06 同时，执行【格式】|【形状样式】|【形状轮廓】|【无轮廓】命令，取消轮廓样式。

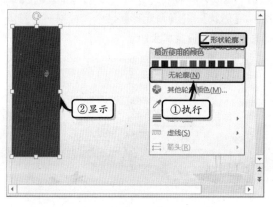

STEP|07 执行【插入】|【插图】|【形状】|【直线】命令，在矩形形状左侧绘制一条直线，并调整直线的长度。

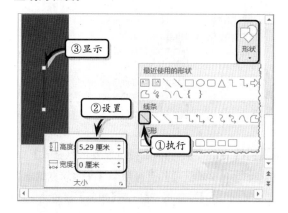

STEP|08 选择直线，执行【绘图工具】|【格式】|【形状样式】|【形状轮廓】|【白色,文字 1】命令，设置直线的轮廓颜色。

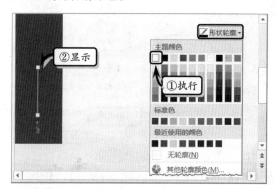

STEP|09 制作艺术字。执行【插入】|【文本】|【艺术字】|【填充-黑色,文本 1,阴影】命令，输入文本并设置文本的字体格式。

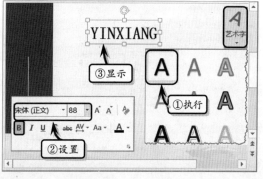

STEP|10 选择艺术字，执行【绘图工具】|【艺术字样式】|【文本效果】|【转换】|【正方形】命令，

设置其转换效果，并调整艺术字的大小。

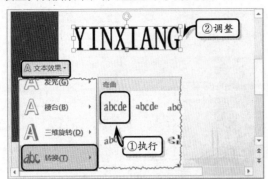

STEP|11 右击艺术字，执行【设置形状格式】命令，激活【文本选项】上选项卡【文本填充轮廓】选项卡，选中【纯色填充】，将【颜色】设置为"白色,背景 1"，并将【透明度】设置为"90%"。

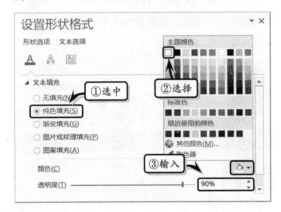

STEP|12 插入标题图片。执行【插入】|【图像】|【图片】命令，选择图片文件，单击【插入】按钮，插入图片并调整图片的显示位置。

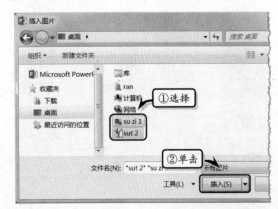

STEP|13 选择梅花图片，右击执行【置于底层】|【置于底层】命令，设置图片的显示层次。

STEP|14 执行【插入】|【文本】|【文本框】|【垂直文本框】命令，输入文本并设置文本的字体和段落格式。

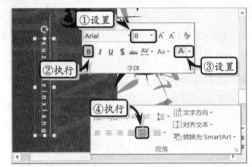

STEP|15 选择所有对象，右击执行【组合】|【组合】命令，组合标题对象。

STEP|16 制作圆角矩形形状。执行【插入】|【插图】|【形状】|【圆角矩形】命令，绘制一个圆角矩形形状，并设置其大小。

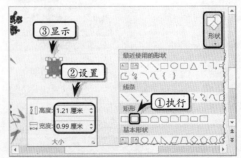

STEP|17 选择圆角矩形形状，执行【绘图工具】|【格式】|【形状样式】|【形状填充】|【其他填充颜色】命令，自定义填充色。使用同样方法，设置轮廓颜色。

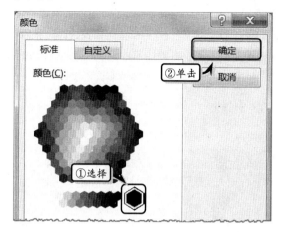

STEP|18 右击形状，执行【编辑文字】命令，输入文本并设置文本的字体格式。使用同样方法，制作其他圆角矩形形状。

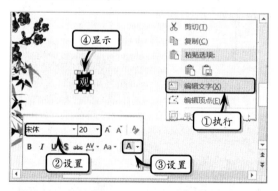

STEP|19 制作介绍文本。执行【插入】|【文本】|【文本框】|【横排文本框】命令，绘制文本框，输入文本并设置文本的字体格式。

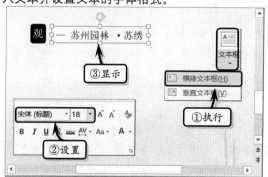

STEP|20 选择介绍文本和圆角矩形形状，右击执行【组合】|【组合】命令，组合对象。使用同样的方法，制作其他介绍文本，并组合其对象。

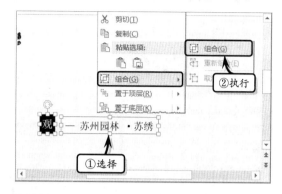

STEP|21 添加动画效果。选择标题组合对象，执行【动画】|【动画】|【动画样式】|【飞入】命令，同时执行【效果选项】|【自左侧】命令，并设置【计时】选项组中的选项。

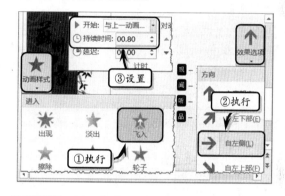

STEP|22 选择"观"组合对象，执行【动画】|【动画样式】|【浮入】命令，同时执行【效果选项】|【下浮】命令，并设置【计时】选项组中的选项。使用同样方法，为其他组合字体添加动画效果。

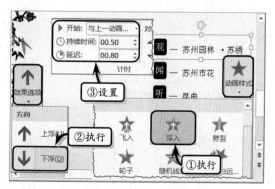

13.6 社会保障概论之三

PowerPoint

练习要点

- 使用形状
- 使用图片
- 设置形状格式
- 添加动画效果

虽然保险产生的原因可以让客户充分了解保险的基本流程与内涵，从而让客户接受并购买保险。但是，对于一些想参保的客户来讲，还需要进一步了解可保风险的条件。在本练习中，将运用 PowerPoint 中的基本功能，制作"可保风险的条件"内容的剩余部分。

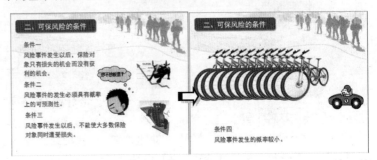

操作步骤 》》》

STEP|01 制作"可保风险的条件"幻灯片之一。选择第 5 张幻灯片，按 Enter 键，新建幻灯片。同时，复制第 4 张中的标题对象，并修改文本。

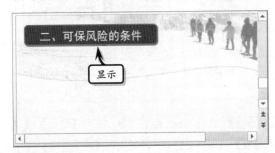

STEP|02 执行【插入】|【图像】|【图片】命令，选择图片文件，单击【插入】按钮，插入图片。

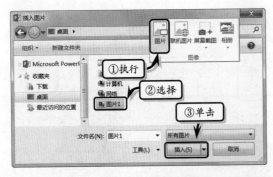

STEP|03 执行【插入】|【插图】|【形状】|【圆角矩形】命令，在幻灯片中绘制一个圆角矩形形状。

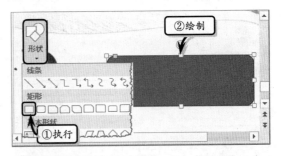

STEP|04 右击圆角矩形形状，执行【设置形状格式】命令，选中【渐变填充】选项，并将【角度】设置为"90°"。

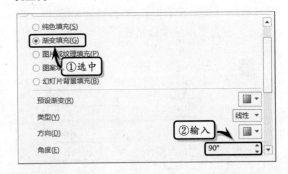

STEP|05 选择左侧的渐变光圈，单击【颜色】下拉按钮，选择【其他颜色】选项，在【标准】选项

卡中选择一种颜色。

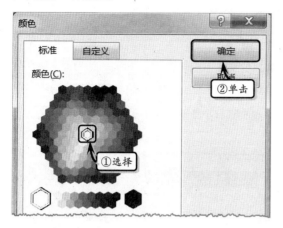

STEP|06 选择右侧的渐变光圈，单击【颜色】下拉按钮，选择【其他颜色】选项，在【标准】选项卡中选择一种颜色。

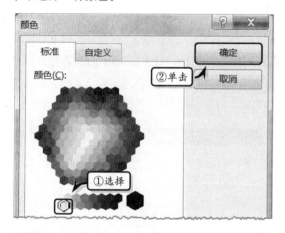

STEP|07 激活【线条】选项组，选中【实线】选项，将【宽度】设置为"0.75磅"。并单击【颜色】下拉按钮，选择【其他颜色】选项，自定义颜色。

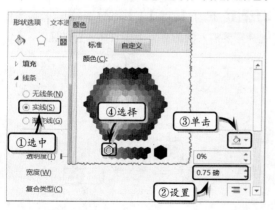

STEP|08 右击形状，执行【编辑文字】命令，在形状中输入文字并设置文本的字体格式。

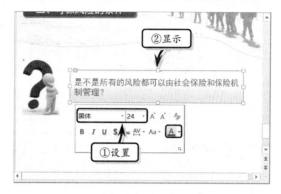

STEP|09 选择标题形状，执行【动画】|【动画】|【动画样式】|【更多进入效果】命令，选择【切入】选项。

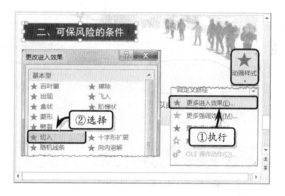

STEP|10 执行【效果选项】|【自左侧】命令，并将【开始】选项设置为"上一动画之后"。

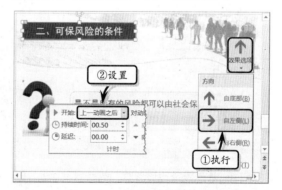

STEP|11 选择图片，执行【动画】|【动画】|【动画样式】|【更多进入效果】命令，选择【螺旋飞入】选项。

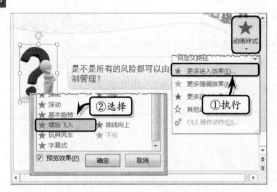

STEP|12 选择圆角矩形形状,执行【动画】|【动画样式】|【擦除】命令,同时执行【效果选项】|【自左侧】命令,并将【开始】选项设置为"上一动画之后"。

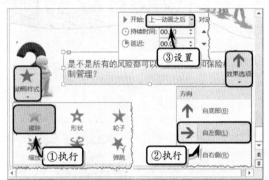

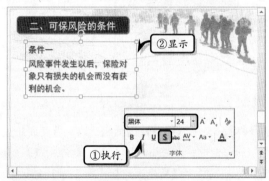

STEP|16 执行【插入】|【文本】|【文本框】|【横排文本框】命令,绘制文本框,输入文本并设置文本的字体格式。采用同样的方法,制作其他文本框。

STEP|13 选择图片,执行【动画】|【高级动画】|【添加动画】|【退出】|【飞出】命令,同时执行【效果选项】|【到左侧】命令。

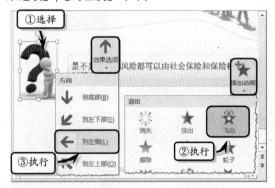

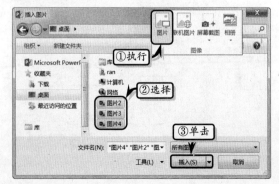

STEP|17 执行【插入】|【图像】|【图片】命令,选择需要插入的图片,单击【插入】按钮。

STEP|14 选择圆角矩形形状,执行【动画】|【高级动画】|【添加动画】|【退出】|【收缩并旋转】命令,并将【开始】选项设置为"与上一动画同时"。

STEP|15 制作"可保风险的条件"幻灯片之二。选择第 6 张幻灯片,按 Enter 键,新建幻灯片。同时,复制第 4 张中的标题对象,并修改文本。

STEP|18 排列图片的位置，执行【插入】|【插图】|【形状】|【云形标注】命令，绘制云形标注，并调整形状的显示方向。

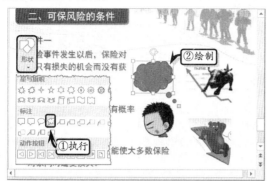

STEP|19 执行【绘图工具】|【格式】|【形状样式】|【形状填充】|【其他填充颜色】命令，在【自定义】选项卡中自定义颜色值。

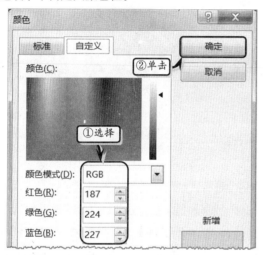

STEP|20 执行【绘图工具】|【格式】|【形状样式】|【形状轮廓】|【黑色，文字 1】命令，同时执行【粗细】|【0.75 磅】命令。然后，在形状中输入文本并设置文本的字体格式。

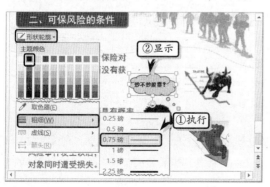

STEP|21 选择第 1 个文本框，执行【动画】|【动画样式】|【更多进入效果】命令，选择【挥鞭式】选项，并将【开始】选项设置为"与上一动画同时"。

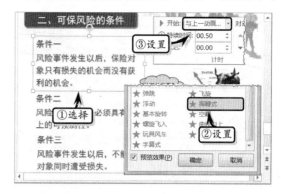

STEP|22 选择人形图片，执行【动画】|【动画样式】|【更多进入效果】命令，选择【展开】选项，并将【开始】选项设置为"上一动画之后"。

STEP|23 同时选择黑牛与小熊图片，执行【动画】|【动画样式】|【缩放】命令，并将【开始】选项设置为"上一动画之后"。

STEP|24 选择云形标注形状，执行【动画】|【动画样式】|【擦除】命令，并将【开始】设置为"上

一动画之后"。

示层次排列图片。

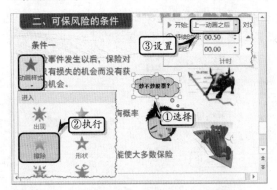

STEP|25 同时选择第 2 个与第 3 个文本框,执行【动画】|【动画样式】|【擦除】命令,同时执行【效果选项】|【自左侧】命令,并将【开始】选项设置为"上一动画之后"。

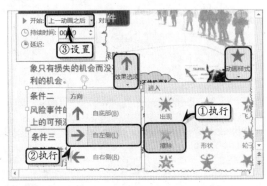

STEP|26 制作"可保风险的条件"幻灯片之三。新建空白幻灯片,复制第 7 张幻灯片中的标题对象。并执行【插入】|【图像】|【图片】命令,选择图片文件,单击【插入】按钮。

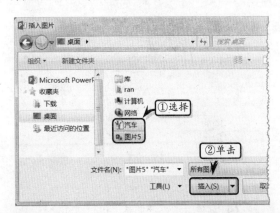

STEP|27 复制多张图片,并按照一定的顺序与显

STEP|28 执行【插入】|【文本】|【文本框】|【横排文本框】命令,绘制文本框,输入文本并设置文本的字体格式。

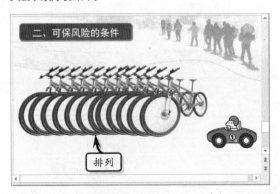

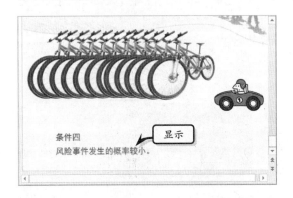

STEP|29 选择所有的图片,执行【动画】|【动画样式】|【飞入】命令,并执行【效果选项】|【自右侧】命令,将【开始】选项设置为"与上一动画同时"。

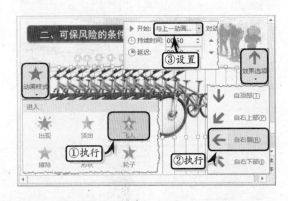

STEP|30 选择左边数第 2 个图片,在【计时】选项卡中,将【延迟】设置为 00.10。使用同样的方

法，分别设置其他图片的延迟时间。

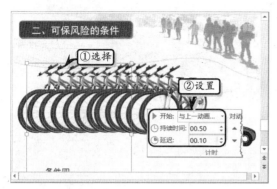

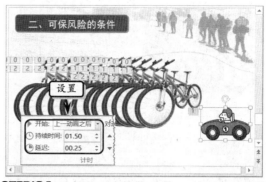

STEP|31 选择汽车图片，执行【动画】|【动画样式】|【飞入】命令，执行【效果选项】|【自右侧】命令。

STEP|34 选择从左边数第 7~第 12 个图片，执行【高级动画】|【添加动画】|【退出】|【擦除】命令，并执行【效果选项】|【自右侧】命令。将【开始】选项设置为"与上一动画同时"，并将【延迟】设置为 00.25。

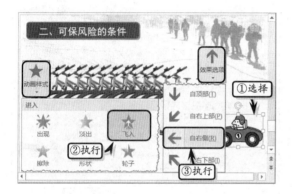

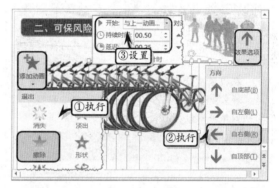

STEP|32 执行【动画】|【高级动画】|【添加动画】|【退出】|【飞出】命令，同时执行【效果选项】|【到左侧】命令。

STEP|35 选择文本框，执行【动画】|【动画样式】|【擦除】命令，同时执行【效果选项】|【自左侧】命令。

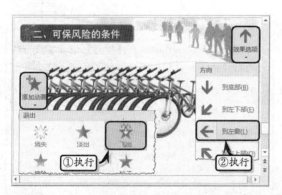

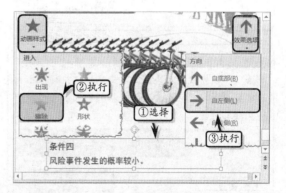

STEP|33 然后，将【开始】选项设置为"上一动画之后"，将【持续时间】设置为 01.50，并将【延迟】设置为 00.25。

STEP|36 同时选择从左边数第 1~第 11 个图片与文本框，执行【动画】|【高级动画】|【添加动画】|【退出】|【淡出】命令，并将【开始】选项设置为"与上一动画同时"。

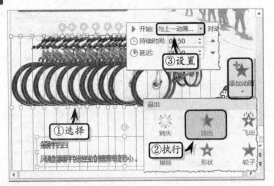

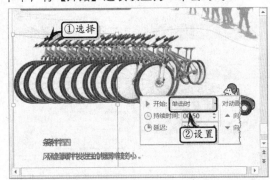

卡中，将【开始】选项设置为"单击时"。

STEP|37 选择左侧第1个图片，在【计时】选项

13.7 高手答疑

问题1：如何在播放演示文稿时插入白屏或黑屏？

解答1：在播放演示文稿时，可插入白屏或者黑屏以暂停演示文稿的播放，将听众的注意力转移到演讲者处。

在播放演示文稿时右击鼠标，执行【屏幕】|【黑屏】命令或【屏幕】|【白屏】命令，即可分别切换到黑屏或白屏。

问题2：如何在播放演示文稿时，设置墨迹颜色？

解答2：在播放演示文稿时右击鼠标，执行【指针选项】|【墨迹颜色】命令，在其颜色列表中选择一种色块即可。

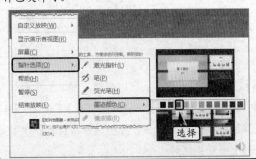

问题3：如何对两个演示文稿进行比较？

解答3：打开需要进行比较的其中之一个演示文稿，执行【审阅】|【比较】|【比较】命令，在弹出的【选择要与当前演示文稿合并的文件】对话框中，选择需要进行比较的演示文稿文件，单击【合并】按钮，合并两个演示文稿。

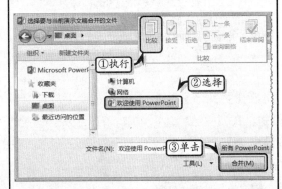

然后，系统会自动弹出【修订】任务窗格，显示幻灯片或演示文稿的更改情况。

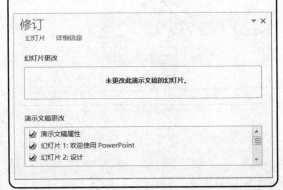

问题 4：如何隐藏幻灯片？

解答 4：选择需要隐藏的幻灯片，执行【幻灯片放映】|【设置】|【隐藏幻灯片】命令，即可在播放状态下隐藏该幻灯片。

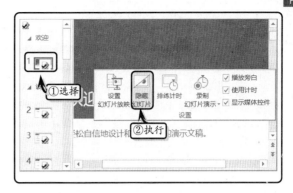

13.8 新手训练营

练习 1：新年快乐动画模板

downloads\第 13 章\新手训练营\新年快乐

提示：本练习中，首先执行【视图】|【母版视图】|【幻灯片母版】命令，选择第 1 张幻灯片，插入背景图片，同时关闭幻灯片母版。然后，在幻灯片中输入文本内容，并设置文本的字体格式。同时，插入多张四叶草图片，并排列图片的显示位置。最后，从上到下，从左到右，依次为四叶草图片添加"淡出"动画效果，并根据具体情况设置其【开始】方式。

练习 2：时尚四彩

downloads\第 13 章\新手训练营\时尚四彩

提示：本练习中，首先在幻灯片中插入 4 种代表不同颜色的图片，并排列图片位置。然后，插入矩形形状，并设置形状的字体格式。同时，在形状上方插入文本框和艺术字。最后，为形状添加"切入"动画效果，为艺术字添加"淡出"动画效果。最后，从中间往上下两侧开始选择图片，为其添加"伸展"动画效果，并分别设置动画效果的【开始】选项。

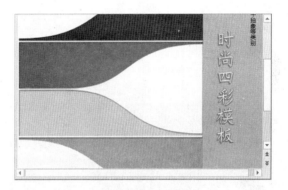

练习 3：个人简历封面

downloads\第 13 章\新手训练营\个人简历封面

提示：本练习中，首先执行【设计】|【自定义】|【设置背景格式】命令，设置图片背景格式。然后，在幻灯片中绘制云形和半闭框形状，并设置形状的填充颜色、轮廓样式和形状效果。同时，在半闭框形状中间插入艺术字，输入标题文本并设置文本的字体格式。最后，为云形形状添加"轮子"动画效果，为半闭框形状添加"擦除"动画效果，为艺术字添加"下拉"动画效果，并分别设置动画效果的【开始】选项。

练习 4：寓言故事

downloads\第 13 章\新手训练营\寓言故事

　　提示：本练习中，首先在幻灯片中绘制一个矩形形状，调整形状的大小，并设置形状的填充颜色和轮廓颜色。然后，为幻灯片添加图片，并调整图片的位置。在占位符中输入文本内容，复制占位符并设置文本的字体格式。同时组合图片及相应的文本占位符。最后，为上方 4 个组合对象分别添加"飞入"动画效果，并设置每个动画效果的【效果选项】选项。同时，为最下面的组合对象添加"出现"动画效果。

第 **14** 章

制作交互式幻灯片

　　PowerPoint 为用户提供了一个包含 Office 应用程序共享的超链接功能，通过该功能不仅可以实现具有条理性的放映效果，而且还可以实现幻灯片与幻灯片、幻灯片与演示文稿或幻灯片与其他程序之间的链接，从而帮助用户达到制作交互式幻灯片的目的。本章将全面介绍创建链接、链接到其他对象、编辑链接以及添加动作的方法。

14.1 创建超级链接

超级链接是一种最基本的超文本标记,可以为各种对象提供连接的桥梁,可以链接幻灯片与电子邮件、新建文档等其他程序。

1. 为文本创建超级链接

首先,在幻灯片中选择相应的文本,执行【插入】|【链接】|【超链接】命令。

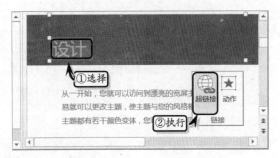

在弹出的【插入超链接】对话框中的【链接到】列表中,选择【本文档中的位置】选项卡,并在【请选择文档中的位置】列表框中选择相应的选项。

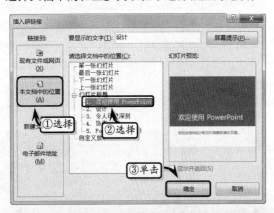

提示

当文本创建超级链接后,该文本的颜色将使用系统默认的超级链接颜色,并在文本下方添加一条下划线。

2. 通过动作按钮创建超级链接

执行【插入】|【插图】|【形状】命令,在其级联菜单中选择【动作按钮】栏中相应的形状,在幻灯片中拖动鼠标绘制该形状。

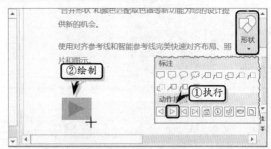

在弹出的【操作设置】对话框中,选中【超链接到】选项,并单击【超链接到】下拉按钮,在其下拉列表中选择【幻灯片】选项。

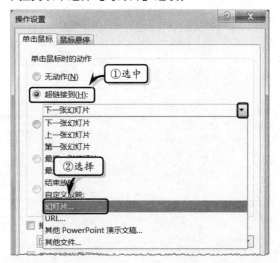

然后,在弹出的【超链接到幻灯片】对话框中的【幻灯片标题】列表框中,选择需要连接的幻灯片,并单击【确定】按钮。

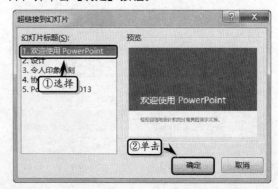

PowerPoint 提供了如下 12 种动作按钮供用户选择使用。

按　　钮	作　　用
◁	后退或跳转到前一项目
▷	前进或跳转到下一项目
◁|	跳转到开始
|▷|	跳转到结束
🏠	跳转到第一张幻灯片
ⓘ	显示信息
✎	跳转到上一张幻灯片
🎬	播放影片
📄	跳转到文档
🔊	播放声音
❓	开启帮助
▢	自定义动作按钮

3．通过动作设置创建超级链接

选择幻灯片中的对象,执行【插入】|【链接】|【动作】命令。在弹出的【动作设置】对话框中,选中【超链接到】选项,并单击【超链接到】下拉按钮,在下拉列表中选择相应的选项。

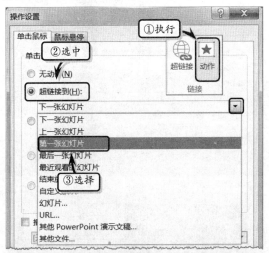

4．链接到其他对象

在 PowerPoint 中,除了可以链接本演示文稿中的幻灯片之外,还可以链接其他演示文稿、电子邮件、新建文档等对象的超链接功能,从而使幻灯片的内容更加丰富多彩。

❑ 链接到其他演示文稿

执行【插入】|【链接】|【超链接】命令,选择【现有文件或网页】选项卡,在【当前文件夹】列表框中选择需要链接的演示文稿。

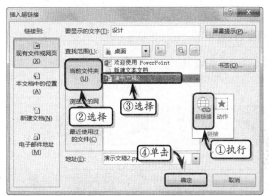

❑ 链接到电子邮件

执行【插入】|【链接】|【超链接】命令,在【插入超链接】对话框中,选择【电子邮件地址】选项卡。在【电子邮件地址】文本框中输入邮件地址,并在【主题】文本框中输入邮件主题名称。

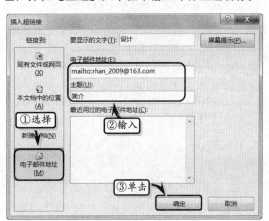

PowerPoint 2013 办公应用从新手到高手

注意

在【插入超链接】对话框中，单击【屏幕提示】按钮，可在弹出的【设置超链接屏幕提示】对话框中，设置超链接的屏幕提示内容。

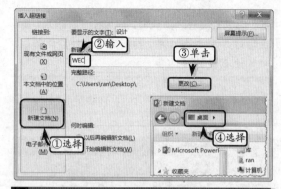

❑ 链接到新建文档

执行【插入】|【链接】|【超链接】命令，在【插入超链接】对话框中，选择【新建文档】选项卡，在【新建文档名称】文本框中输入文档名称。单击【更改】按钮，在弹出的【新建文件】对话框中选择存放路径，并设置编辑时间。

注意

当用户选中【以后再编辑新文档】选项时，表示当前只创建一个空白文档，并不对其进行编辑操作。

14.2 编辑超级链接

当用户为幻灯片中的对象添加超链接之后，为了区别超链接的类型，需要设置超链接的颜色。同时，为了管理超链接，需要删除多余或无用的超链接。

1. 设定超级链接的颜色

PowerPoint 演示文稿与网页类似，都可由用户自定义其文本的样式，这就需要用户建立自定义的主题，编辑主题的颜色。

执行【设计】|【变体】|【其他】|【颜色】|【自定义颜色】命令，在弹出的【新建主题颜色】对话框中，单击【超链接】下拉按钮，在其下拉列表中选择相应的颜色。然后，在【名称】文本框中输入自定义名称，并单击【保存】按钮。

提示

单击【已访问的超链接】下拉按钮，在其下拉列表中选择相应的颜色，即可设置已访问过的超链接的显示颜色。

2. 删除超级链接

PowerPoint 允许用户通过两种方式为显示对象删除超级链接。

❑ 取消超链接

选择要删除超链接的对象，右击，执行【取消

超链接】命令，即可删除超链接。

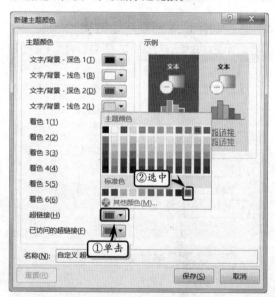

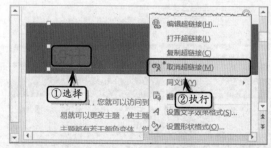

技巧

右击包含超链接的对象，执行【打开超链接】命令，可直接转换到被链接的幻灯片或其他文件中。

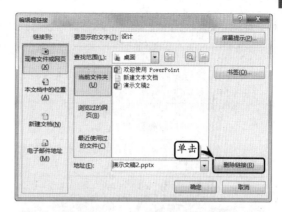

❏ **编辑超链接**

选择包含超链接的对象，执行【插入】|【链接】|【超链接】命令，在弹出的【编辑超链接】对话框中，单击【删除链接】按钮即可。

技巧

右击包含超链接的对象，执行【编辑超链接】命令，可在弹出的【编辑超链接】对话框中删除超链接。

14.3 插入 Microsoft 公式 3.0

Microsoft 公式是 PowerPoint 中预置的一种特殊对象。从最早期的 Microsoft 公式 1.0 到如今的 Microsoft 公式 3.0，微软公司为 Office 系列软件增加了多种公式格式的内容，允许用户书写绝大多数日常公式。

1．插入公式对象

执行【插入】|【文本】|【对象】命令。在弹出的【插入对象】对话框中，选择【新建】选项，并在【对象类型】列表框中选择【Microsoft 公式 3.0】选项。

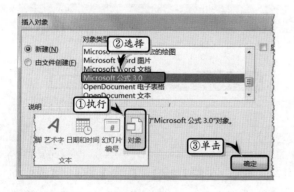

提示

在【插入对象】对话框中，启用【显示为图标】复选框，即可在幻灯片中只显示对象的图标。

然后，在弹出的【公式编辑器】窗口中，根据相应的命令来输入并编辑公式。

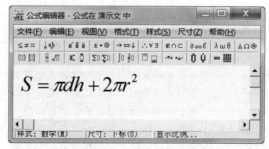

在公式编辑器软件的【工具栏】中，提供了多种类型的工具按钮供用户选择，以插入各种类型的公式符号。

标签按钮	作　　用
≤≠≈	关系符号，用于显示两个表达式之间的关系
∴⁀⌢∴	间距和省略号，用于显示两表达式的距离或省略某个表达式的内容
⃗⃐⃑	修饰符号，用于修饰表达式，在表达式上方添加各种箭头和线
±·⊗	运算符号，用于表示表达式之间的数学运算
→⇔↓	箭头符号，用于表示表达式的方向
∴∀∃	逻辑符号，用于表示因为、所以、存在、使得、逻辑与、逻辑或和逻辑非等特殊符号
∈∩⊂	集合论符号，用于体现集合以及表达式之间的包含和被包含关系
∂∞ℓ	其他符号，用于表示梯度、微积分、无穷大、花体 I、R、X 以及角度、垂直、菱形等多种 QWERTY 键盘未包含的符号
λω θ	希腊字母小写，用于插入小写希腊字母符号
ΔΩ⊗	希腊字母大写，用于插入大写希腊字母符号
(▯)[▯]	围栏模板，用于插入各种类型的括号
▯/▯ √	分式和根式模板，用于插入分数或方根表达式
▯ᴵ ▯	上标和下标模板，用于在表达式上方或下方插入一个或多个新的表达式
Σ▯ Σ▯	求和模板，用于制作与 Σ 符号相关的求和表达式
∫▯ ∮▯	积分模板，用于制作与积分、不定积分类型相关的表达式
▯ ▯	底线和顶线模板，用于在表达式上方或下方添加横线或箭头
→▯ ←▯	标签箭头模板，用于制作带有标签文本的方向箭头（多用于化学反应）
Π̂ Û	乘积和集合论模板，用于制作极限、乘积和交集类的表达式
▯▯▯	矩阵模板，用于插入各种数组和集合数据

2．编辑字符间距

　　字符间距是表达式中各种字符之间的距离，其单位为磅。在【公式编辑器】窗口中，用户可执行【格式】|【间距】命令。

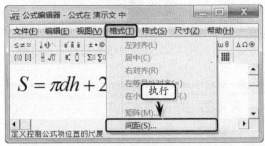

　　在弹出的【间距】对话框中，可设置 19 种数学表达式中字符的距离。另外，用户拖动对话框中的滚动条，即可查看位于当前显示属性下方的属性。然后单击【应用】按钮，即可设置公式的间距格式。

> **技巧**
>
> 在【间距】对话框中，单击【默认】按钮，可删除所设置的间距选项，恢复到最初的默认状态。

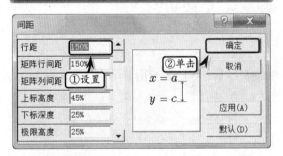

3．编辑字符样式

　　在公式编写过程中，用户可设置字符的样式，包括字符的字体、粗体和斜体等属性。在【公式编辑器】窗口中，选择公式，执行【样式】|【变量】命令，将公式的样式更改为"变量"样式。

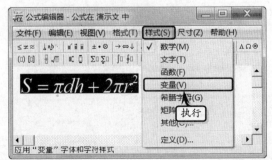

　　然后，执行【样式】|【定义】命令，在弹出的【样式】对话框中，为各种字符样式设置字体、粗体

以及斜体等属性，单击【确定】按钮，应用样式。

4．编辑字符尺寸

编辑字符尺寸的方式与编辑字符样式类似，在

【公式编辑器】窗口中选择公式，执行【尺寸】命令，在其级联菜单中选择一种尺寸选项。

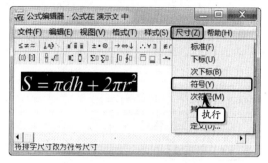

另外，执行【尺寸】|【定义】命令，在弹出的【尺寸】对话框中，设置各种字符的尺寸，并用类似的方式将其应用到表达式中。

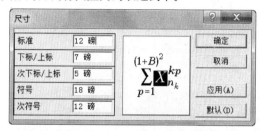

14.4　添加动作

PowerPoint 除了允许用户为演示文稿中的显示对象添加超级链接外，还允许用户为其添加其他一些交互动作，以实现复杂的交互性。

1．运行程序动作

选择幻灯片中的对象，执行【插入】|【链接】|【动作】命令，在弹出的【操作设置】对话框中，选中【运行程序】选项，同时单击【浏览】按钮。

在弹出的【选择一个要运行的程序】对话框中，选择相应的程序，并单击【确定】按钮。

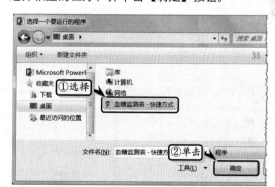

2．运行宏动作

选择要添加的动作对象，执行【插入】|【链接】|【动作】命令，在弹出的【操作设置】对话框中，选中【运行宏】选项。同时，单击【运行宏】下拉按钮，在其下拉列表中选择宏名，并单击【确

定】按钮。

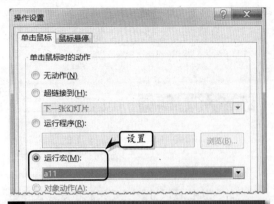

提示

在使用宏功能之前，用户还需要在幻灯片中创建宏。

3．添加对象动作

执行【插入】|【链接】|【动作】命令，在【操作设置】对话框中，选中【对象动作】选项，并在【对象动作】下拉列表中选择一种动作方式。

提示

只有选择在幻灯片中通过【插入对象】对话框所插入的对象，对话框中的【对象动作】选项才可用。

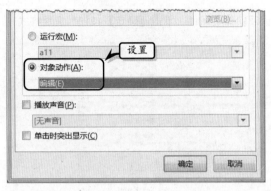

4．添加动作声音

执行【插入】|【链接】|【动作】命令，在【设置动作】对话框中，选择某种动作后启用【播放声音】复选框，并单击【播放声音】下拉按钮，在其下拉列表中选择一种声音。

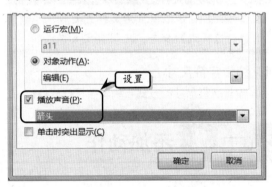

14.5 "减持宝" 简介之四

练习要点

- 插入形状
- 设置形状格式
- 组合对象
- 插入图片
- 设置字体格式
- 添加动画效果
- 插入图表
- 设置图表样式

对于投资金额相当的项目来讲，节省资金而高收益的产品更受客户欢迎。而"减持宝"之所以吸引客户，是因为其众多的优惠政策，该政策相对于其他产品可以为客户节省相当一部分资金。在本练习中，将详细介绍"减持宝"服务产品与其他产品的"收益效果对比"和"饼图分析效果"幻灯片的制作方法。

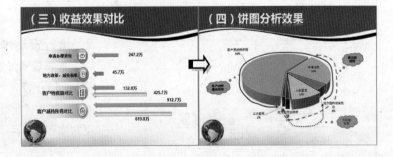

操作步骤 >>>>

STEP|01 制作矩形形状。选择第 10 张幻灯片，输入标题文本。然后，执行【插入】|【插图】|【形状】|【矩形】命令，绘制一个矩形形状。

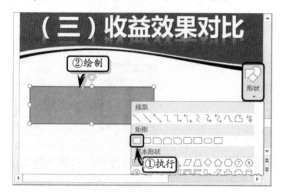

STEP|02 右击矩形形状，执行【设置形状格式】命令，展开【线条】选项组，选中【无线条】选项。

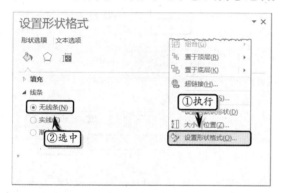

STEP|03 展开【填充】选项组，选中【渐变填充】选项，将【类型】设置为"线性"，将【角度】设置为"0°"。

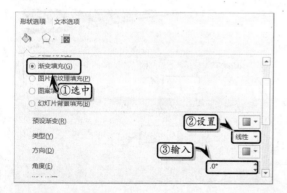

STEP|04 删除多余的渐变光圈，选择左侧的渐变光圈，将【透明度】设置为"100%"，并将【颜色】

设置为"白色,背景 1"。

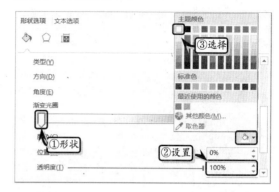

STEP|05 选择右侧的渐变光圈，单击【颜色】下拉按钮，选择【其他颜色】选项，自定义渐变颜色。

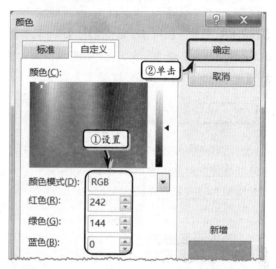

STEP|06 制作椭圆形形状。执行【插入】|【插图】|【形状】|【椭圆形】命令，绘制椭圆形形状并设置形状的大小。

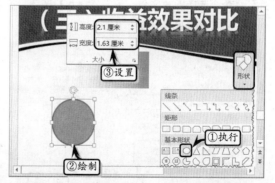

STEP|07 选择椭圆形形状，执行【绘图工具】|【格式】|【形状填充】|【其他填充颜色】命令，自

定义填充颜色。

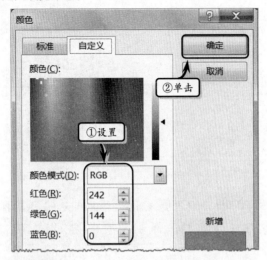

STEP|08 然后，执行【形状样式】|【形状轮廓】|【其他轮廓颜色】命令，自定义轮廓颜色。同时执行【形状轮廓】|【粗细】|【2.25 磅】命令。

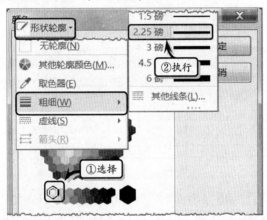

STEP|09 插入图片。执行【插入】|【图像】|【图片】命令，选择图片文件，单击【插入】按钮。插入图片，并调整图片的显示位置。

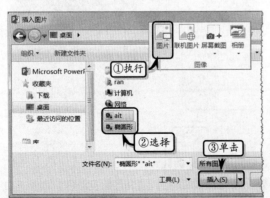

STEP|10 制作条目文本。复制标题占位符，输入文本内容并设置文本的字体格式。

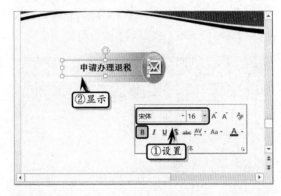

STEP|11 组合对象。同时选择矩形形状、椭圆形形状、图片和文本内容占位符，右击执行【组合】|【组合】命令，组合对象。使用同样方法，制作其他组合对象。

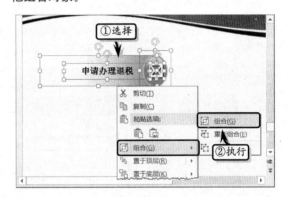

STEP|12 制作加号形状。执行【插入】|【插图】|【形状】|【加号】命令，绘制一个加号形状，并设置形状的大小。

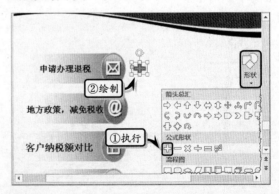

STEP|13 选择加号形状，执行【绘图工具】|【格式】|【形状样式】|【形状填充】|【其他填充颜色】

命令，自定义填充颜色。

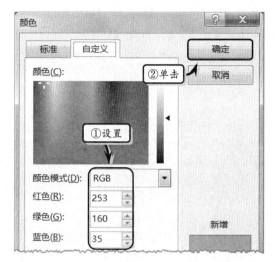

STEP|14 然后，执行【格式】|【形状样式】|【形状轮廓】|【无轮廓】命令，取消形状的轮廓样式。

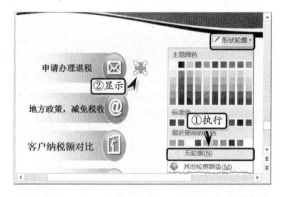

STEP|15 制作矩形形状。执行【插入】|【插图】|【形状】|【矩形】命令，绘制一个矩形形状，并设置形状的大小。

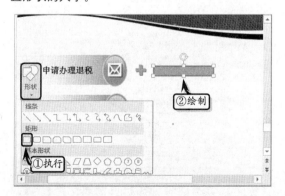

STEP|16 选择矩形形状，执行【绘图工具】|【格式】|【形状样式】|【形状填充】|【其他填充颜色】

命令，自定义填充颜色。

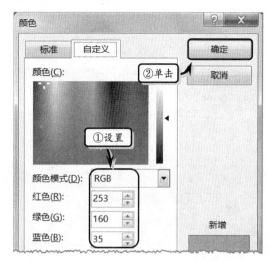

STEP|17 然后，执行【格式】|【形状样式】|【形状轮廓】|【无轮廓】命令，取消形状的轮廓样式。

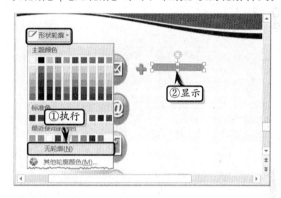

STEP|18 组合形状。复制标题占位符，输入文本并设置文本的字体格式。然后，选择加号、矩形形状和文本占位符，右击执行【组合】|【组合】命令。使用同样的方法，制作其他组合形状。

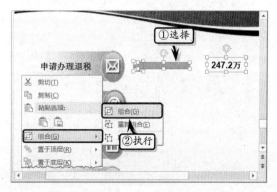

STEP|19 添加动画效果。选择标题占位符，执行

【动画】|【动画样式】|【飞入】命令，同时执行【效果选项】|【自左侧】命令，并将【开始】设置为"与上一动画同时"。

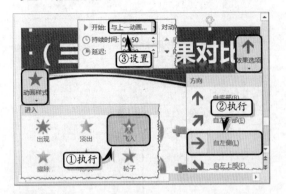

STEP|20 选择左侧第一个组合对象，执行【动画】|【动画样式】|【飞入】命令，执行【效果选项】|【自左侧】命令，并将【开始】设置为"上一动画之后"。

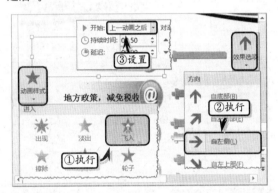

STEP|21 选择右侧第一个组合对象，执行【动画】|【动画样式】|【飞入】命令，并执行【效果选项】|【自右侧】命令，并将【开始】设置为"与上一动画同时"。使用同样方法，为其他对象添加动画效果。

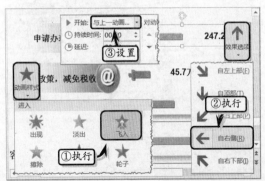

STEP|22 插入图表。选择第 11 张幻灯片，输入标题文本。然后，执行【插入】|【插图】|【图表】命令，选择图表类型，单击【确定】按钮。

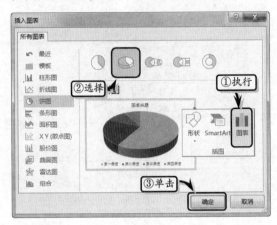

STEP|23 然后，在弹出的 Excel 表格中输入图表数据，并关闭 Excel 工作表。

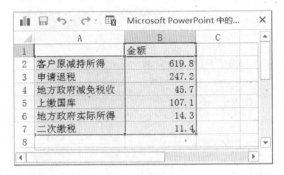

	A	B	C
1		金额	
2	客户原减持所得	619.8	
3	申请退税	247.2	
4	地方政府减免税收	45.7	
5	上缴国库	107.1	
6	地方政府实际所得	14.3	
7	二次缴税	11.4	
8			

STEP|24 右击图表中数据系列，执行【设置数据系列格式】命令，在【设置数据系列格式】任务窗格中，将【第一扇区起始角度】设置为"185°"。

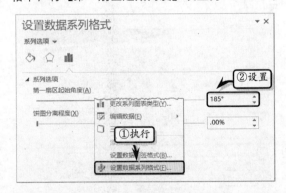

STEP|25 选择图表，执行【图表工具】|【设计】|【图表样式】|【更改颜色】|【颜色4】命令，

设置图表的颜色。

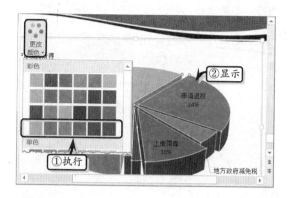

STEP|26 选择"申请退税"数据系列，执行【图表工具】|【格式】|【形状样式】|【形状填充】|【橙色】命令。使用同样的方法，设置其他数据系列的填充颜色。

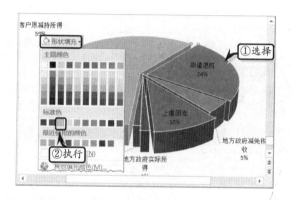

STEP|27 制作曲线指示形状。调整数据标签的显示位置，并执行【插入】|【插图】|【形状】|【曲线】命令，绘制一条曲线形状。

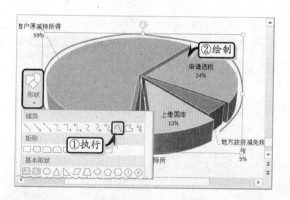

STEP|28 选择曲线形状，右击形状执行【设置形状格式】命令。选中【实线】选项，单击【颜色】

下拉按钮，选择【其他颜色】选项，自定义填充颜色。然后，将【宽度】设置为"3.5 磅"。

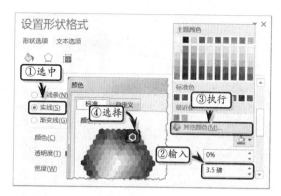

STEP|29 重新选择曲线形状，执行【绘图工具】|【格式】|【形状样式】|【形状轮廓】|【箭头】|【箭头样式 7】命令。使用同样方法，制作其他曲线指示形状。

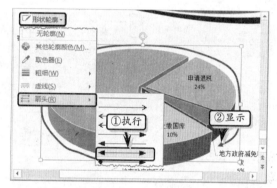

STEP|30 制作标注形状。执行【插入】|【插图】|【形状】|【云形标注】命令，绘制一个云形标注形状，并调整形状的方向和大小。

STEP|31 选择云形标记形状，执行【绘图工具】|

【格式】|【形状样式】|【其他】|【彩色填充-橙色，强调颜色 1】命令，设置形状的样式。

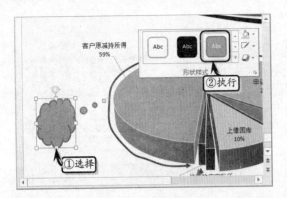

STEP|32 右击形状，执行【编辑文字】命令，输入文本并设置文本的字体格式。使用同样的方法，制作其他云形标记形状。

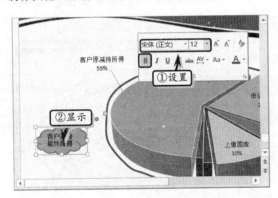

STEP|33 添加动画效果。选择标题占位符，执行【动画】|【动画】|【动画样式】|【飞入】命令，同时执行【效果选项】|【自左侧】命令，并将【开始】设置为"与上一动画同时"。

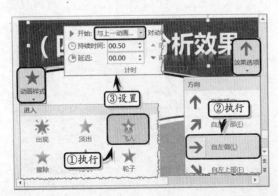

STEP|34 选择图表，执行【动画】|【动画样式】|

【弹跳】命令，同时执行【效果选项】|【按类别】命令，并将【开始】设置为"上一动画之后"。

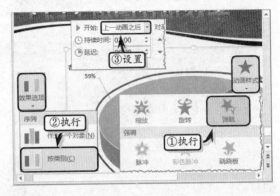

STEP|35 选择左侧的曲线指示形状，执行【动画】|【动画样式】|【淡出】命令，并将【开始】设置为"上一动画之后"。

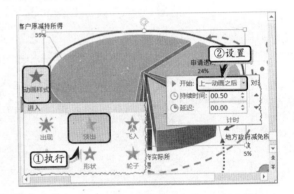

STEP|36 选择左侧的云形标注形状，执行【动画】|【动画样式】|【淡出】命令，并将【开始】设置为"上一动画之后"。使用同样的方法，为其他对象添加动画效果。

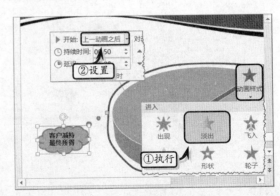

PowerPoint

14.6　苏州印象之三

　　苏州印象中的"观"内容，主要介绍了苏州园林和苏州刺绣。其中，苏州园林主要有沧浪亭、狮子林、拙政园、留园、网狮园、怡园等。而苏州刺绣，具有图案秀丽、构思巧妙、绣工细致、针法活泼、色彩清雅的独特风格，地方特色浓郁。在本练习中，将详细介绍制作苏州印象中"观"内容幻灯片的方法和步骤。

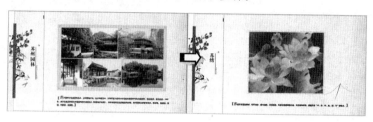

练习要点

- 插入图片
- 插入形状
- 设置形状格式
- 插入文本框
- 设置文本格式
- 添加动画效果

操作步骤 ▶▶▶▶

STEP|01 设置背景格式。新建一张空白幻灯片，执行【设计】|【自定义】|【设置背景格式】命令，选中【图片或纹理填充】选项，并单击【文件】按钮。

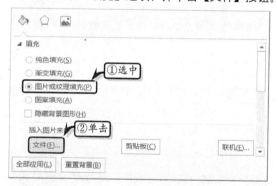

STEP|02 在弹出的【插入图片】对话框中，选择图片文件，单击【插入】按钮，插入背景图片。

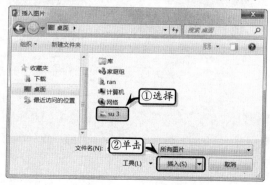

STEP|03 插入风景图片。执行【插入】|【图像】|【图片】命令，选择图片文件，单击【插入】按钮，插入并调整图片。

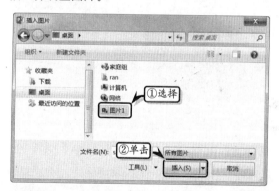

STEP|04 制作矩形形状。执行【插入】|【插图】|【形状】|【矩形】命令，绘制一个矩形形状，并设置形状的大小。

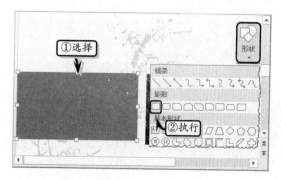

STEP|05 选择矩形形状，执行【绘图工具】|【格式】|【形状样式】|【形状填充】|【其他填充颜色】命令，自定义填充色。

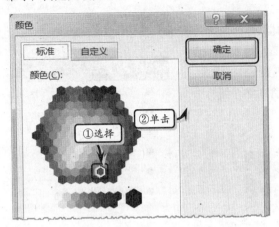

STEP|06 同时，执行【格式】|【形状样式】|【形状轮廓】|【无轮廓】命令，取消形状轮廓。

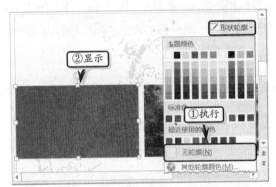

STEP|07 制作小矩形形状。执行【插入】|【插图】|【形状】|【矩形】命令，绘制矩形形状，并设置形状的大小。

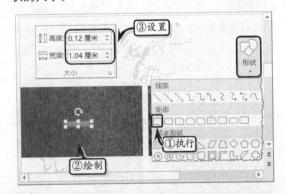

STEP|08 选择矩形形状，执行【绘图工具】|【格

STEP|09 制作副标题文本。执行【插入】|【文本】|【文本框】|【垂直文本框】命令，输入文本并设置文本的字体格式。

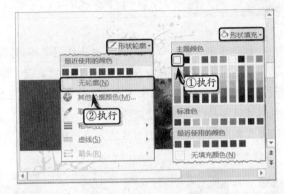

STEP|10 组合对象。同时选择副标题文本框和直线形状，右击执行【组合】|【组合】命令，组合对象。然后，复制组合对象，并修改文本内容。

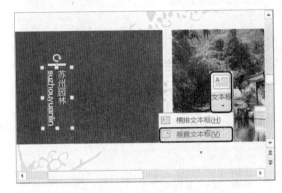

STEP|11 制作毛笔效果字。执行【插入】|【插图】|【形状】|【曲线】命令，绘制一个曲线"观"字的部首。

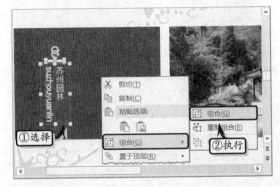

式】|【形状样式】|【形状填充】|【白色,文字 1】命令，同时执行【形状轮廓】|【无轮廓】命令。

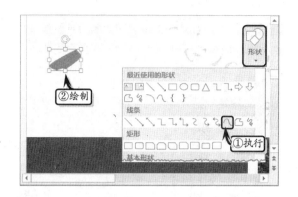

STEP|12 选择部首形状,执行【绘图工具】|【格式】|【形状样式】|【形状填充】|【其他填充颜色】命令,自定义填充色。

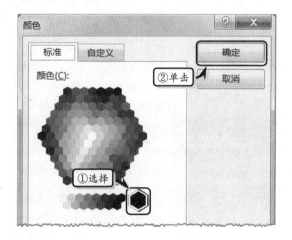

STEP|13 同时,执行【格式】|【形状样式】|【形状轮廓】|【无轮廓】命令,取消轮廓样式。使用同样的方法,制作字体的其他部首,并排列在一起。

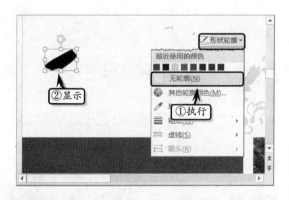

STEP|14 制作主标题。执行【插入】|【文本框】|【垂直文本框】命令,输入文本并设置文本的字体格式。

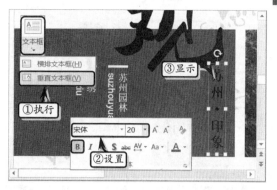

STEP|15 添加动画效果。选择"观"字中的首部首,执行【动画】|【动画样式】|【擦除】命令,同时执行【效果选项】|【自左侧】命令,并设置【计时】选项。

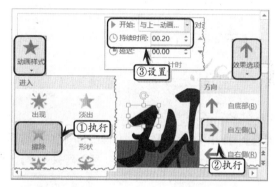

STEP|16 选择"观"字中的第二个部首,执行【动画】|【动画样式】|【擦除】命令,同时执行【效果选项】|【自顶部】命令,并设置【计时】选项。使用同样的方法,为其他部首添加动画效果。

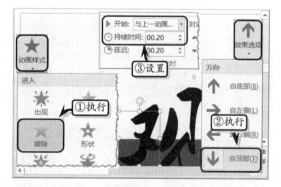

STEP|17 选择"苏州园林"组合对象,执行【动画】|【动画样式】|【浮入】命令,同时执行【效果选项】|【下浮】命令,并设置【计时】选项。使用同样的方法,为其他组合对象添加动画效果。

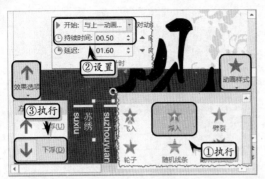

STEP|18 设置背景格式。新建空白幻灯片，执行【设计】|【自定义】|【设置背景格式】命令，选中【图片或纹理填充】选项，并单击【文件】按钮。

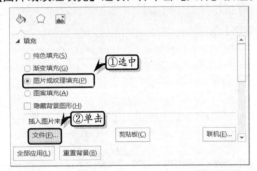

STEP|19 在弹出的【插入图片】对话框中，选择图片文件，单击【插入】按钮，插入背景图片。

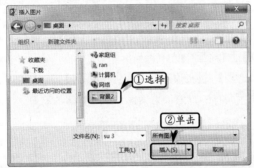

STEP|20 插入标题图片。执行【插入】|【图像】|【图片】命令，选择图片文件，单击【插入】按钮，插入多个图片。

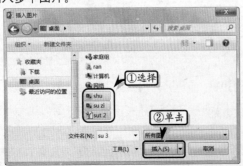

STEP|21 在幻灯片中，调整图片的显示位置，并准确地排列图片。

STEP|22 插入背景图片。执行【插入】|【图像】|【图片】命令，选择图片文件，单击【插入】按钮，插入图片文件。

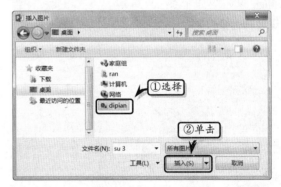

STEP|23 插入展示图片。执行【插入】|【图像】|【图片】命令，选择图片文件，单击【插入】按钮，插入图片并排列图片。

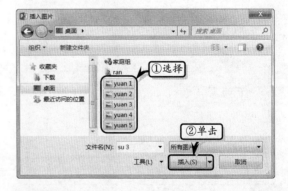

STEP|24 制作说明文本。执行【插入】|【文本】|【横排文本框】命令，绘制文本框，输入文本并设置文本的字体格式。

STEP|25 插入艺术字。执行【插入】|【文本】|【艺术字】|【填充-黑色,文本 1,阴影】命令,输入艺术字文本并设置文本的字体格式。使用同样方法,制作其他艺术字。

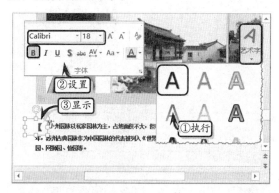

STEP|26 组合对象。选择说明性文本框和前后两个艺术字,右击执行【组合】|【组合】命令,组合对象。

STEP|27 添加动画效果。选择组合文本框,执行【动画】|【动画样式】|【浮入】命令,并设置【计时】选项。

STEP|28 插入标题图片。复制第 5 张幻灯片,删除幻灯片中的相应图片,并修改文本内容。然后执

行【插入】|【图像】|【图片】命令,选择图片文件,单击【插入】按钮。

STEP|29 插入背景和展示图片。执行【插入】|【图像】|【图片】命令,选择图片文件,单击【插入】按钮,插入图片并排列图片的显示层次。

STEP|30 添加动画效果。选择说明性文本框,执行【动画】|【动画样式】|【浮入】命令,并设置【计时】选项。

STEP|31 选择底层的图片,执行【动画】|【动画样式】|【翻转式由远及近】命令,并设置【计时】选项。

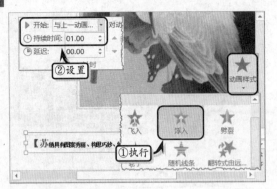

提示

执行【开始】|【编辑】|【选择】|【选择窗格】命令，可在【选择】任务窗格中选择底层的图片。

STEP|32 选择底层的图片，执行【动画】|【高级动画】|【添加动画】|【淡出】命令，并设置【计时】选项。使用同样的方法，为其他图片添加动画效果。

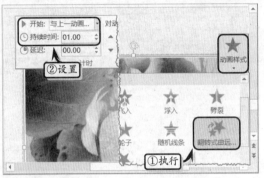

PowerPoint 14.7 高手答疑

问题1：在创建超链接时，如何为超链接添加声音？

解答1：选择要添加超链接的对象，执行【插入】|【链接】|【动作】命令，在弹出的【操作设置】对话框中，选中【超链接到】选项，并在下拉列表框中，选择要链接的对象。然后，启用【播放声音】复选框，在下拉列表框中选择某种声音即可。

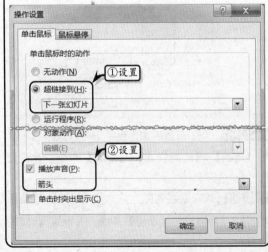

问题2：如何设置动作，使移动鼠标时，所添加的动作对象链接到某张幻灯片？

解答2：选择要添加动作的对象，执行【插入】|【链接】|【动作】命令。在【操作设置】对话框中，激活【鼠标悬停】选项卡。然后，选中【超链接到】选项，在下拉列表框中，选择要链接的幻灯片，单击【确定】按钮。

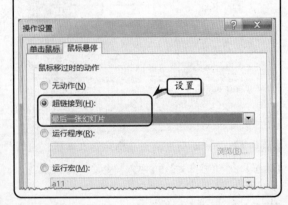

问题 3：如何在幻灯片中，插入由其他程序已创建好的文件。

解答 3：执行【插入】|【文本】|【对象】命令，在弹出的【插入对象】对话框中，选中【由文件新建】选项，并单击【浏览】按钮。在弹出的【浏览】对话框中，选择文件，单击【确定】按钮。返回【插入对象】对话框中，单击【确定】按钮，即可将所选文件，插入到当前幻灯片中。

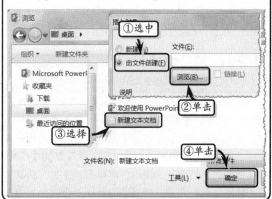

问题 4：如何删除超链接下划线？

解答 4：执行【插入】|【插图】|【形状】命令，在级联菜单中选择一种形状，并绘制该形状。然后，将形状放置在需要添加超链接的文本上方，选择形状为形状添加超链接。

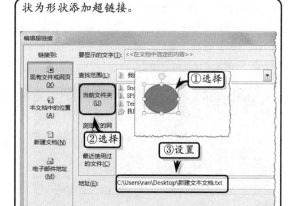

最后，选择形状，执行【绘图工具】|【格式】|【形状样式】|【形状填充】|【无填充颜色】命令，同时执行【形状轮廓】|【无轮廓】命令即可。

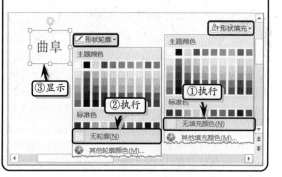

PowerPoint **14.8** 新手训练营

练习 1：创建目录跳转效果

⊙ downloads\第 14 章\新手训练营\目录跳转效果

提示：本练习中，首先打开需要设置目录跳转效果的演示文稿，选择第 1 张幻灯片中的 SmartArt 图形中的第 1 行文本，执行【插入】|【链接】|【超链接】命令。然后，在弹出的【插入超链接】对话框中，选择【链接到】栏中的【本文档中的位置】选项卡，并在列表中选择【幻灯片 3】选项，单击【确定】按钮，创建超链接。最后，使用同样的方法，分别为其他文本创建超链接。

练习 2：链接幻灯片

⊙ downloads\第 14 章\新手训练营\链接幻灯片

提示：本练习中，首先打开演示文稿，执行【插入】|【插图】|【形状】|【动作按钮:第一张】命令，

绘制动作按钮。然后，在弹出的【操作设置】对话框中，选中【超链接到】选项，并单击其下拉按钮，选择【2.日程】选项。最后，将该幻灯片中的动作按钮分别复制到其他幻灯片中即可。

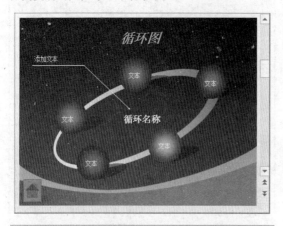

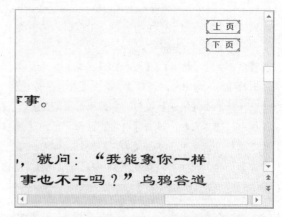

练习 3：创建上下幻灯片的跳转效果

downloads\第 14 章\新手训练营\上下幻灯片的跳转效果

　　提示：本练习中，首先打开演示文稿，选择第 2 张幻灯片，插入图片并排列图片的位置。同时，执行【插入】|【文本】|【文本框】|【横排文本框】命令，绘制文本框，输入文本并设置文本的字体格式。然后，组合图片和文本框，并在组合对象上方插入矩形形状，同时设置矩形形状的无填充颜色和无轮廓样式。最后，选择"上页"组合对象上方的矩形形状，执行【插入】|【链接】|【超链接】命令，选择【本文档中的位置】选项卡中的【上一张幻灯片】选项。使用同样的方法，为另外一个矩形添加超链接效果。

练习 4：中国元素之一

downloads\第 14 章\新手训练营\中国元素之一

　　提示：本练习中，首先执行【插入】|【图像】|【图片】命令，选择多张图片，单击【插入】按钮，插入并排列图片的显示位置和层次。然后，选择长城图片，为其添加"淡出"动画效果，并设置其【开始】和【持续时间】选项。同时，选择墨迹图片，为其添加"擦除"动画效果，将【效果选项】设置为"自左侧"，并设置【开始】、【持续时间】和【延迟】选项。最后，选择文字图片，为其添加"压缩"动画效果，并设置【开始】、【持续时间】和【延迟】选项。

第 **15** 章

输出演示文稿

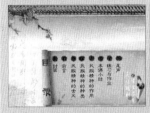   

在制作完成演示文稿后，用户除了可以通过 PowerPoint 软件来对其进行放映以外，还可以将演示文稿制作为多种类型的可执行程序，甚至发布为视频，以满足实际使用的需要。一般情况下，在对演示文稿打印与输出之前，需要对演示文稿的版式、页面设置、页眉或页脚进行设置。本章我们就来介绍一下演示文稿打印与输出的方法。

15.1 使用电子邮件发送

PowerPoint 可以与微软 Microsoft Outlook 软件结合，通过电子邮件发送演示文稿。

1. 作为附件发送

执行【文件】|【共享】命令，在展开的【共享】列表中，选择【电子邮件】选项，同时选择【作为附件发送】选项。

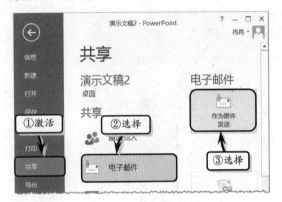

选中该选项，PowerPoint 会直接打开 Microsoft Outlook 窗口，将完成的演示文稿直接作为电子邮件的附件进行发送，单击【发送】按钮，即可将电子邮件发送到指定的收件人邮箱中。

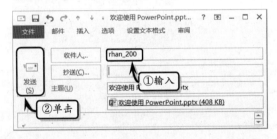

2. 发送链接

如用户将演示文稿上传至微软的 MSN Live 共享空间，则可通过【发送链接】选项，将演示文稿的网页 URL 地址发送到其他用户的电子邮箱中。

3. 以 PDF 形式发送

执行【文件】|【共享】命令，在展开的【共享】列表中，选择【电子邮件】选项，同时选择【以 PDF 形式发送】选项。

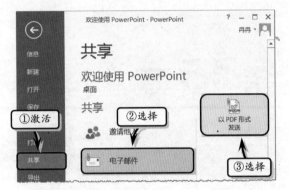

选中该选项，则 PowerPoint 将把演示文稿转换为 PDF 文档，并通过 Microsoft Outlook 发送到收件人的电子邮箱中。

4. 以 XPS 形式发送

执行【文件】|【共享】命令，在展开的【共享】列表中，选择【电子邮件】选项，同时选择【以 XPS 形式发送】选项。

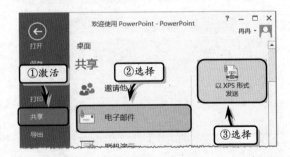

选中该选项，则 PowerPoint 将把演示文稿转换为 XPS 文档，并通过 Microsoft Outlook 发送到收件人的电子邮箱中。

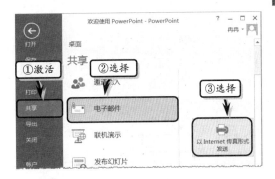

5．以 Internet 传真形式发送

执行【文件】|【共享】命令，在展开的【共享】列表中，选择【电子邮件】选项，同时选择【以 Internet 传真形式发送】选项。

选中该选项，用户可在网页中传真服务的提供商处注册，通过网络向收件人的传真机发送传真，传送演示文稿的内容。

15.2　发布演示文稿

发布演示文稿是将演示文稿发布到幻灯片库或 SharePoint 网站，以及通过 Office 演示文稿服务演示功能，共享演示文稿。

1．发布幻灯片

执行【文件】|【共享】命令，在展开的【共享】列表中，选择【发布幻灯片】选项，同时在右侧选择【发布幻灯片】选项。

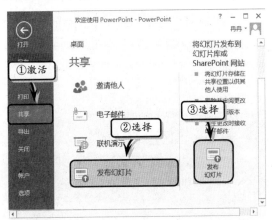

然后，在弹出的【发布幻灯片】对话框中，启用需要发布的幻灯片复选框，并单击【浏览】按钮。

在弹出的【选择幻灯片库】对话框中，选择幻灯片存放的位置，并单击【选择】按钮，返回到【发布幻灯片】对话框中。然后，单击【发布】按钮，即可发布幻灯片。

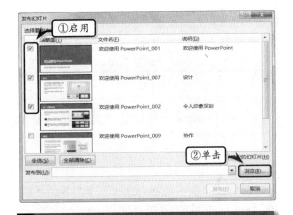

提示

发布幻灯片后，被选择发布的每张幻灯片将分别自动生成为独立的演示文稿。

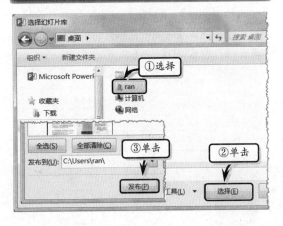

2．联机演示

执行【文件】|【共享】命令，在展开的【共享】列表中，选择【联机演示】选项，同时在右侧单击【联机演示】按钮。

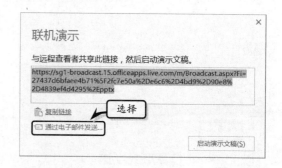

在弹出的【联机演示】对话框中，系统会默认选中链接地址，单击【复制链接】按钮，可将地址复制给其他用户。另外，选择【通过电子邮件发送】选项。

系统将自动弹出 Outlook 组件，并以发送邮件的状态进行显示。用户只需在【收件人】文本框中输入收件地址，单击【发送】按钮即可。

提示

在进行联机演示操作时，需要保证网络畅通，否则将无法显示链接地址。

15.3 打包成 CD 或视频

在 PowerPoint 中，用户可将演示文稿打包制作为 CD 光盘上的引导程序，也可以将其转换为视频。

1．将演示文稿打包成 CD

在使用 PowerPoint 制作完成演示文稿后，用户可将其打包为光盘内容，并将其存放到本地磁盘或光盘中。

执行【文件】|【导出】命令，在展开的【导出】列表中选择【将演示文稿打包成 CD】选项，并单击【打包成 CD】按钮。

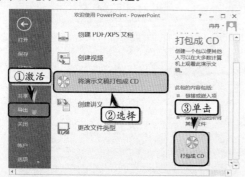

在弹出的【打包成 CD】对话框中的【将 CD 命名为】文本框中输入 CD 的标签文本，并单击【选项】按钮。

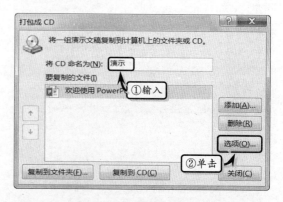

提示

在【打包成 CD】对话框中，单击【添加】按钮，可添加需要打包成 CD 的演示文稿。

在弹出的【选项】对话框中，设置打包 CD 的各项选项，并单击【确定】按钮。

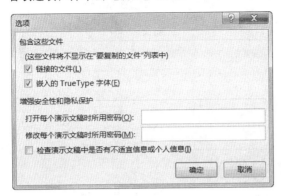

其中，在【选项】对话框中，主要包括下表中的各项选项。

属　　性		作　　用
包含这些文件	链接的文件	将相册所链接的文件也打包到光盘中
	嵌入的 TrueType 字体	将相册所使用的 TrueType 字体嵌入到演示文稿中
增强安全性和隐私保护	打开每个演示文稿时所用密码	为每个打包的演示文稿设置打开密码
	修改每个演示文稿时所用密码	为每个打包的演示文稿设置修改密码
	检查演示文稿中是否有不适宜信息或个人信息	清除演示文稿中包含的作者和审阅者信息

在完成以上选项设置后，单击【复制到 CD】按钮后，PowerPoint 将检查刻录机中的空白 CD。在插入正确的空白 CD 后，即可将打包的文件刻录到 CD 中。

单击【复制到文件夹】按钮，将弹出【复制到文件夹】对话框，单击【位置】后面的【浏览】按钮，在弹出的【选择位置】对话框中，选择放置位置即可。

2. 创建视频

PowerPoint 还可以将演示文稿转换为视频内容，以供用户通过视频播放器播放。执行【文件】|

【导出】命令，在展开的【导出】列表中选择【创建视频】选项，并在右侧的列表中设置相应参数。

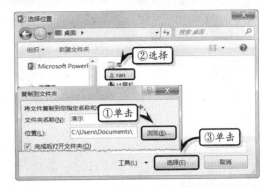

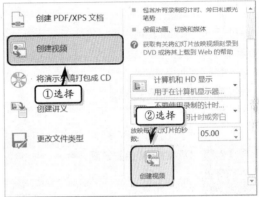

在右侧的列表中，主要包括下表中的各项参数设置选项。

属　　性		作　　用
播放设备	计算机和 HD 显示	以 960px×720px 的分辨率录制高清晰视频
	Internet 和 DVD	以 640px×480px 的分辨率录制标准清晰度视频
	便携式设备	以 320px×240px 的分辨率录制压缩分辨率视频
计时旁白设置	不要使用录制的计时和旁白	直接根据设置的秒数录制视频
	使用录制的计时和旁白	使用预先录制的计时、旁白和绘制注释录制视频
	录制计时和旁白	制作计时、旁白和绘制注释
	预览计时和旁白	预览已制作的计时、旁白和绘制注释
放映每张幻灯片的秒数		设置幻灯片切换的间隔时间，单位为秒

设置各项选项之后，单击【创建视频】按钮，将弹出【另存为】对话框。设置保存位置和名称，单击【保存】按钮。此时，PowerPoint 自动将演示文稿转换为 MPEG-4 视频或 Windows Media Video 格式的视频。

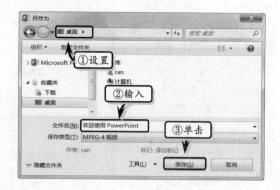

15.4 创建 PDF/XPS 文档与讲义

使用 PowerPoint，用户可以将演示文稿转换为可移植文档格式，也可以将其内容粘贴到 Word 文档中，制作演讲讲义。

1. 创建 PDF/XPS 文档

执行【文件】|【导出】命令，在展开的【导出】列表中选择【创建 PDF/XPS 文档】选项，并单击【创建 PDF/XPS 文档】按钮。

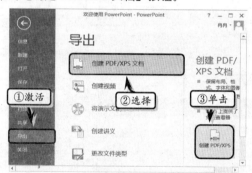

在弹出的【发布为 PDF 或 XPS】对话框中，设置文件名和保存类型，并单击【选项】按钮。

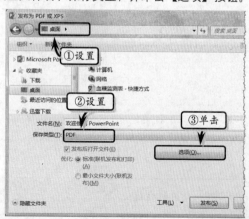

然后，在弹出的【选项】对话框中，设置发布选项，并单击【确定】按钮。

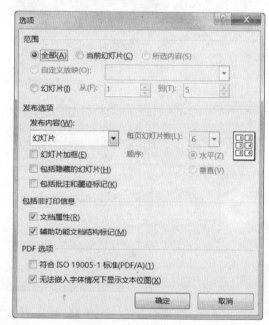

在【选项】对话框中，主要包括下表中的一些选项。

属 性		作 用
范围	全部	转换全部幻灯片
	当前幻灯片	转换当前显示的某幅幻灯片
	所选内容	转换选择的幻灯片
	自定义放映	转换自定义放映列表内的幻灯片
	幻灯片	转换幻灯片序列

续表

属　　性		作　　用
发布内容	幻灯片	发布幻灯片内容
	讲义	发布讲义母版内容
	备注页	发布结合幻灯片的备注内容
	大纲视图	发布幻灯片的大纲
发布选项	每页幻灯片数	发布内容为讲义时，设置每页显示的幻灯片数量
	顺序	设置讲义母版中幻灯片的水平或垂直顺序
	幻灯片加框	为幻灯片添加边框
	包括隐藏的幻灯片	发布的幻灯片内容中包含隐藏的幻灯片
	包括批注和墨迹标记	发布的内容包括批注以及墨迹标记
包括非打印信息	文档属性	转换的幻灯片中包含作者信息
	辅助功能文档结构标记	转换的幻灯片中包含辅助功能的文档结构标记信息
PDF选项	符合 ISO 19005—1 标准 (PDF/A)	转换为 ISO 19005—1 标准格式的 PDF
	无法嵌入字体情况下显示文本位图	在无法嵌入字体的情况下，将文本内容转换为位图

最后，单击【确定】按钮，返回【发布为 PDF 或 XPS】对话框，设置优化的属性，并单击【发布】按钮，即可将演示文稿发布为 PDF 文档或 XPS 文档。

2．创建讲义

讲义是辅助演讲者进行讲演、提示演讲内容的文稿。使用 PowerPoint，用户可以将演示文稿中的幻灯片粘贴到 Word 文档中。

执行【文件】|【导出】命令，在展开的【导出】列表中选择【创建讲义】选项，并单击【创建讲义】按钮。

然后，在弹出的【发送到 Microsoft Word】对话框中，选择发布方式，单击【确定】按钮即可。

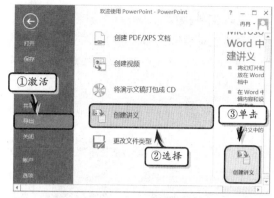

在【发送到 Microsoft Word】对话框中，主要包括下表中的一些选项。

属　　性		作　　用
Microsoft Word 使用的版式	备注在幻灯片旁	在幻灯片旁显示备注
	空行在幻灯片旁	在幻灯片旁留空
	备注在幻灯片下	在幻灯片下方显示备注
	空行在幻灯片下	在幻灯片下方留空
	只使用大纲	只为讲义添加大纲
将幻灯片添加到 Microsoft Word 文档	粘贴	将幻灯片内容全部粘贴到 Word 文档中
	粘贴链接	只为 Word 文档粘贴链接地址，不粘贴幻灯片

3．更改文件类型

使用 PowerPoint，用户可将演示文稿存储为多种类型，既包括 PowerPoint 的演示文稿格式，也包括其他各种格式。

执行【文件】|【导出】命令，在展开的【导出】列表中选择【更改文件类型】选项，并在【更改文件类型】列表中选择一种文件类型，单击【另存为】按钮。

提示

更改文件类型功能类似于另存为功能，主要是将文档另存为其他格式的文件。

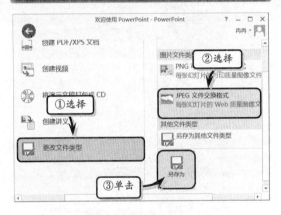

其中，在【更改文件类型】列表中，主要包括

下列中的一些文件类型。

文件类型	作用
演示文稿	PowerPoint 2007～PowerPoint 2010 专用格式的演示文稿，扩展名为 pptx
PowerPoint 97-2003 演示文稿	PowerPoint 97～PowerPoint 2003 专用格式的演示文稿，扩展名为 ppt
OpenDocument 演示文稿	OpenOffice 演示程序的演示文稿格式，扩展名为 odp
模板	PowerPoint 2007～PowerPoint 2010 专用格式的演示文稿模板，扩展名为 potx
PowerPoint 放映	PowerPoint 2007～PowerPoint 2010 专用格式的放映文稿，扩展名为 ppsx
PowerPoint 图片演示文稿	将所有演示文稿中的幻灯片转换为图片，然后另外保存演示文稿
PNG 可移植网络图形格式	将所有演示文稿中的幻灯片转换为 PNG 图片并保存
JPEG 文件交换格式	将所有演示文稿中的幻灯片转换为 JPEG 图片并保存

最后，在弹出的【另存为】对话框中，设置保存位置，单击【保存】按钮即可。

15.5 打印演示文稿

使用 PowerPoint，用户还可以设置打印预览以及各种相关的打印属性，以将演示文稿的内容打印到实体纸张上。

1．设置打印选项

执行【文件】|【打印】命令，展开【设置】列表，在该列表中既可以预览打印效果，又可以设置打印范围、打印颜色和打印版式。

❑ 设置打印范围

在【设置】列表中，单击【打印全部幻灯片】下拉按钮，在其下拉列表中选择相应的选项即可。

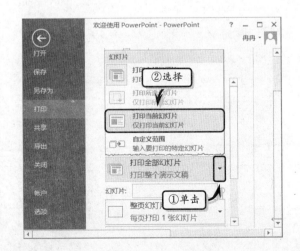

❏ 设置打印版式

在【设置】列表中，单击【整页幻灯片】下拉按钮，在其下拉列表中选择相应的选项即可。

❏ 设置打印颜色

在【设置】列表中，单击【颜色】下拉按钮，在其下拉列表中选择相应的选项即可。

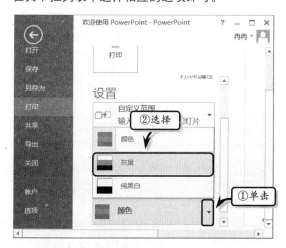

2. 编辑页眉和页脚

在【设置】列表中，选择【编辑页眉和页脚】选项，弹出【页眉和页脚】对话框。激活【幻灯片】选项卡，启用【日期和时间】复选框，并选中【固定】选项。然后，启用【幻灯片编号】和【页脚】复选框，在【页脚】文本框中输入页脚内容。

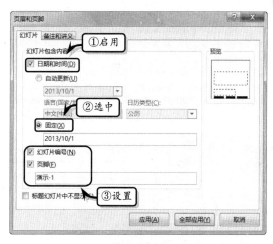

另外，激活【备注和讲义】选项卡，启用【页码】、【页眉】和【页脚】复选框，并在文本框中输入页眉和页脚内容，单击【全部应用】按钮即可。

3. 打印幻灯片

在【打印】列表右侧预览最终打印效果，然后设置【份数】选项，并单击【打印】按钮，开始打印演示文稿。

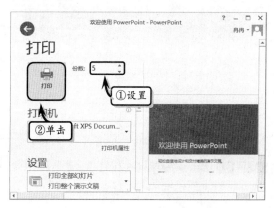

15.6 PPT 培训教程之四

PPT 培训教程中的"美化生活"要素主要包括配色和谐、内容需
要、布局美感、艺术气息和细节决定成败等内容，把握"美化生活"
要素中的内容，可以帮助用户制作优美且具有内涵的 PPT 播放文件。
另外，在制作大型 PPT 演示文稿时，需要多人协作进行，此时便需
要制定详细的 PPT 制作流程，以帮助用户顺利完成 PPT 中各要素的
制作。在本练习中，将详细介绍 PPT 培训教程中的"PPT 制作流程"
和"美化生活"幻灯片的操作方法和技巧。

练习要点

● 插入形状
● 设置形状格式
● 设置艺术字样式
● 添加动画效果
● 组合形状

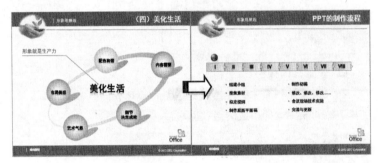

操作步骤 》》》

STEP|01 制作标题。复制第 5 张幻灯片中的标题
占位符到第 6 张和第 7 张中，并分别更改占位符中
的标题文本内容。

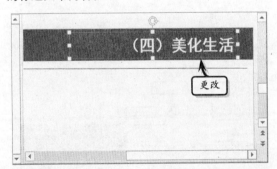

STEP|02 制作同心圆。执行【插入】|【插图】|
【形状】|【椭圆】命令，右击椭圆形状，执行【设

置形状格式】命令，选中【渐变填充】选项，并将
【类型】设置为"线性"，【角度】设置为"0"。

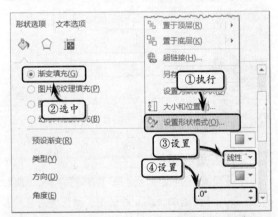

STEP|03 删除多余的渐变光圈，选中左侧的渐变
光圈，单击【颜色】下拉按钮，选择【其他颜色】

选项，自定义颜色值。

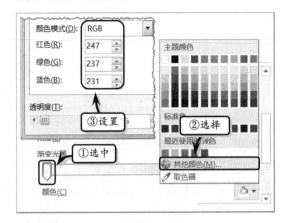

STEP|04 选中右侧的渐变光圈，单击【颜色】下拉按钮，选择【其他颜色】选项，自定义颜色值。

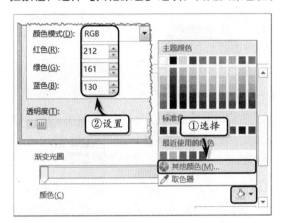

STEP|05 展开【线条】选项组，选中【无线条】选项，设置椭圆的形状轮廓样式。

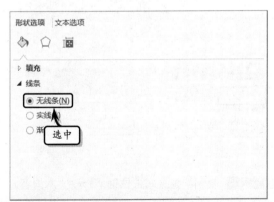

STEP|06 执行【插入】|【插图】|【形状】|【椭圆】命令，绘制第 2 个椭圆形形状，执行【格式】|

【形状样式】|【形状填充】|【白色,背景 1】命令。

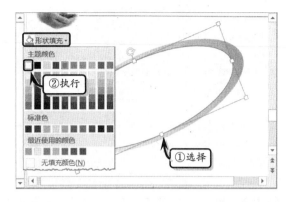

STEP|07 同时，执行【形状轮廓】|【无轮廓】命令，并组合两个椭圆形形状。

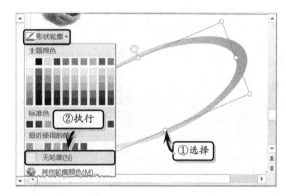

STEP|08 制作阴影圆形形状。执行【插入】|【插图】|【形状】|【椭圆】命令，绘制两个椭圆形形状，并分别设置形状的大小和方向。

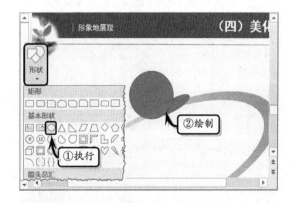

STEP|09 选择大椭圆形形状，右击执行【设置形状格式】命令。选中【渐变填充】选项，并将【类型】设置为"路径"。

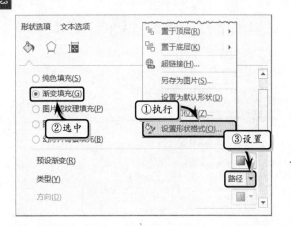

STEP|10 删除多余的渐变光圈，选中左侧的渐变光圈，单击【颜色】下拉按钮，选择【白色,背景1】选项。

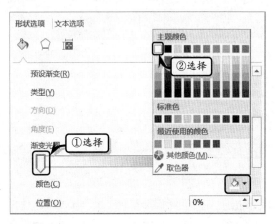

STEP|11 选中右侧的渐变光圈，单击【颜色】下拉按钮，选择【其他颜色】选项，自定义渐变颜色。

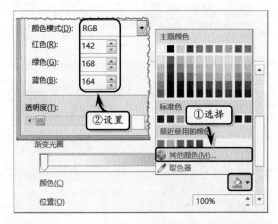

STEP|12 展开【线条】选项组，选中【无线条】选项，设置椭圆的形状轮廓样式。

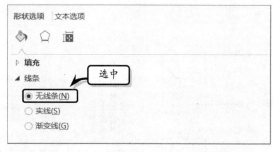

STEP|13 选择小椭圆形形状，调整其位置。并执行【绘图工具】|【格式】|【形状样式】|【形状填充】|【其他填充颜色】命令，自定义填充颜色。

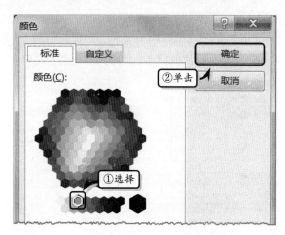

STEP|14 同时，执行【格式】|【形状样式】|【形状轮廓】|【无轮廓】命令，设置形状的轮廓样式。

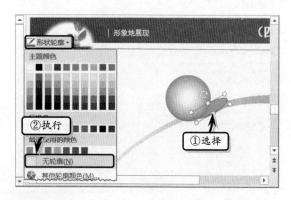

STEP|15 复制标题文本占位符，修改文本内容，并设置文本的艺术字样式和字体格式。同时，组合椭圆形形状和文本占位符。使用同样的方法，制作其他阴影圆形形状。

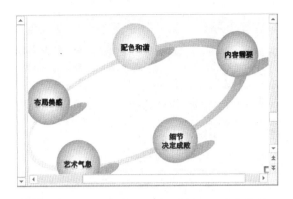

STEP|16 制作内容文本。复制两个标题占位符，分别更改文本内容，并设置文本的字体格式或艺术字样式。

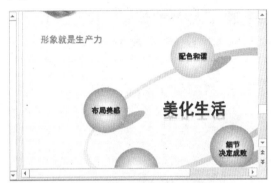

STEP|17 制作箭头形状。执行【插入】|【插图】|【形状】|【直线】命令，在幻灯片中绘制两条直线，并设置形状的轮廓颜色和粗细。

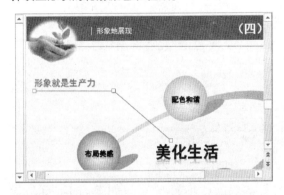

STEP|18 选择下方的直线，执行【绘图工具】|【形状样式】|【形状轮廓】|【箭头】|【箭头样式 5】命令，设置直线形状的箭头样式。

STEP|19 同时，执行【形状样式】|【形状轮廓】|【粗细】|【0.75 磅】命令，设置轮廓线条的粗细。然后，组合直线和文本占位符对象。

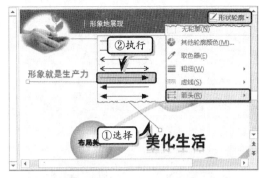

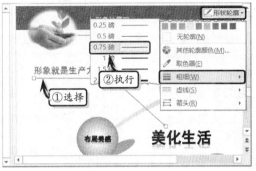

STEP|20 添加动画效果。选择组合后的文本占位符，执行【动画】|【动画】|【动画样式】|【擦除】命令，为其添加动画效果。

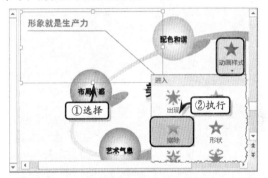

STEP|21 然后，执行【动画】|【动画】|【效果选项】|【自左侧】命令，同时将【开始】设置为"上一动画之后"。

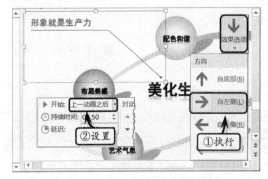

STEP|22 选择背景椭圆形形状，执行【动画】|【动画样式】|【淡出】命令，并将【开始】设置为"上一动画之后"，【持续时间】设置为"01.00"。

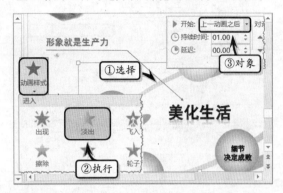

STEP|23 选择"配色和谐"组合形状，执行【动画】|【动画样式】|【淡出】命令，并将【开始】设置为"上一动画之后"。

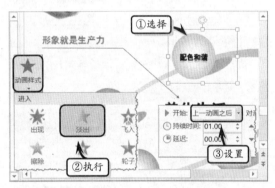

STEP|24 同时，执行【动画】|【高级动画】|【添加动画】|【动作路径】|【形状】命令，并将【开始】设置为"与上一动画同时"。使用同样的方法，分别为其他组合圆形形状添加动画效果。

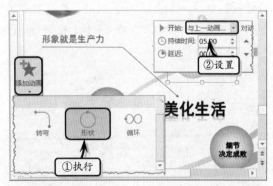

STEP|25 插入图片。选择第 7 张幻灯片，执行【插入】|【图像】|【图片】命令，选择图片文件，单

击【插入】按钮，插入图片，并调整图片的位置。

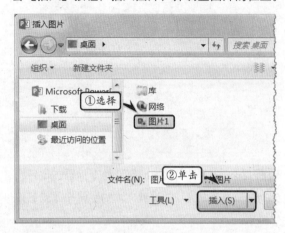

STEP|26 插入矩形形状。执行【插入】|【插图】|【形状】|【矩形】命令，插入一个矩形形状并设置形状的大小。

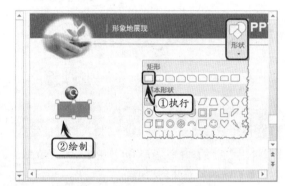

STEP|27 右击形状，执行【设置形状格式】命令，选中【渐变填充】选项，并将【角度】设置为"0°"。

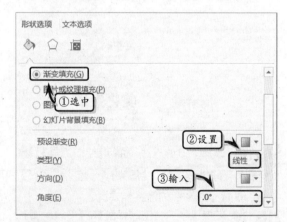

STEP|28 删除多余的渐变光圈，并调整渐变光圈的位置。选中左侧的渐变光圈，单击【颜色】下拉

按钮，选择【其他颜色】选项，自定义颜色。使用同样方法，设置其他渐变光圈的颜色。

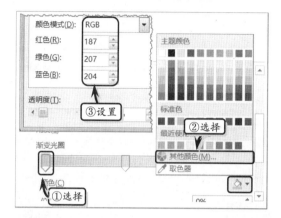

STEP|29 选择矩形形状，执行【绘图工具】|【格式】|【形状样式】|【形状轮廓】|【其他轮廓颜色】命令，自定义轮廓颜色。

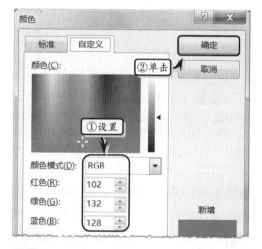

STEP|30 制作三角形形状。执行【插入】|【插图】|【形状】|【等腰三角形】命令，在幻灯片中绘制一个等腰三角形形状，并设置形状的大小。

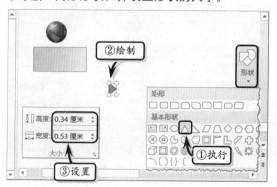

STEP|31 选择矩形形状，执行【开始】|【剪贴板】|【格式刷】命令。然后，单击等腰三角形形状，复制形状格式。

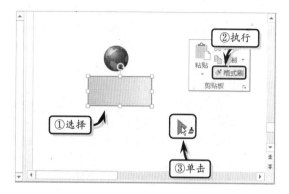

STEP|32 制作艺术字序号。执行【插入】|【文本】|【艺术字】|【填充-黑色,文本 1,阴影 1】命令，输入艺术字文本并设置其字体格式。

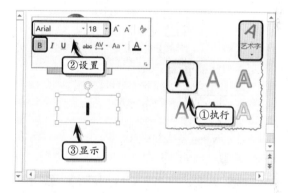

STEP|33 选择艺术字，执行【绘图工具】|【艺术字样式】|【文本轮廓】|【黑色,文字 1】命令，同时，执行【艺术字样式】|【文本效果】|【映像】|【映像选项】命令，自定义映像效果。

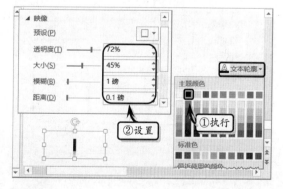

STEP|34 组合对象。同时选择矩形、等腰三角形

形状和艺术字，右击执行【组合】|【组合】命令，组合对象。使用同样的方法，制作其他组合形状。

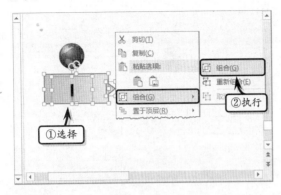

STEP|35 制作流程文本。复制标题占位符，修改文本并设置文本的字体格式。

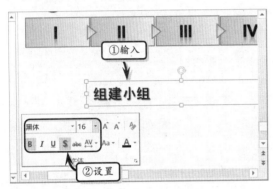

STEP|36 选择文本占位符，执行【开始】|【段落】|【项目符号】|【项目符号和编号】命令，选择一种项目符号，并设置其大小和颜色。

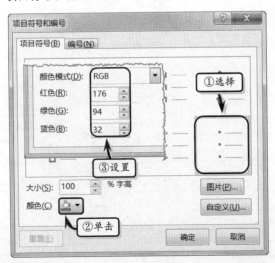

STEP|37 使用同样的方法，制作其他流程文本，并排列文本占位符的位置。

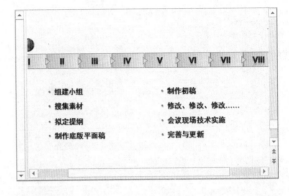

STEP|38 添加动画效果。选择图片，执行【动画】|【动画】|【动画样式】|【淡出】命令，并将【开始】设置为"上一动画之后"。

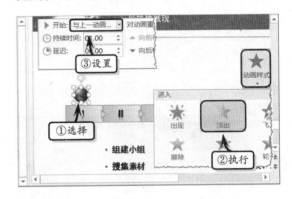

STEP|39 选择"组建小组"形状，执行【动画】|【动画】|【动画样式】|【更多进入效果】命令，自定义动画效果，并将【开始】设置为"与上一动画同时"。

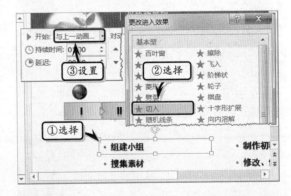

STEP|40 选择"I"组合形状，执行【动画】|【动画样式】|【淡出】命令，并将【开始】设置为"与

上一动画同时"。

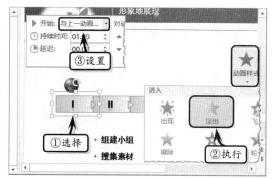

STEP|41 选择图片形状，执行【动画】|【高级动

画】|【添加动画】|【动作路径】|【直线】命令，并调整动作路径的运行方向。

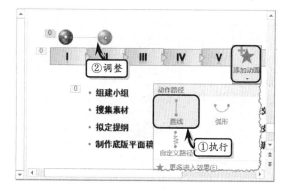

15.7 职业生涯与自我管理之四

动画效果与切换效果是幻灯片中动态的灵魂，一个完整的演示文稿如果只单纯地依靠静态的形状、图片或图表等元素进行表达，将无法达到视觉上的冲击效果。在本练习中，将运用 PowerPoint 中的动态功能，制作演示文稿的动画开头效果，以及整个演示文稿的动态切换效果。

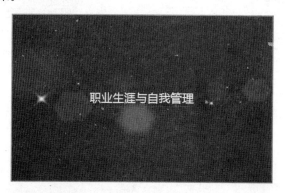

练习要点

- 插入图片
- 调整图片
- 添加动画效果
- 设置文本格式
- 使用形状
- 设置形状格式

操作步骤 ▶▶▶▶

STEP|01 复制幻灯片。复制第 2 张幻灯片，删除幻灯片中所有的内容，并调整幻灯片的位置。同样，复制已复制的幻灯片，形成两张相同的开头幻灯片。

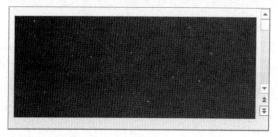

STEP|02 插入六边形图片。执行【插入】|【图像】|【图片】命令，选择图片文件，单击【插入】按钮。

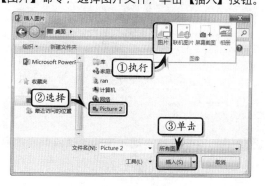

STEP|03 使用同样的方法，插入并排列所有的背景六边形图片。

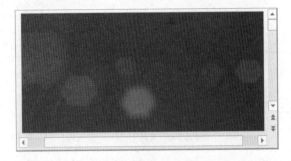

STEP|04 添加动画效果。选择所有的六边形图片，执行【动画】|【动画】|【淡出】命令，并将【开始】设置为"与上一动画同时"。

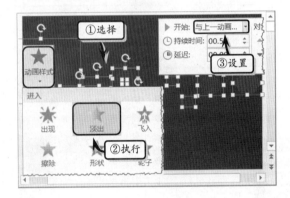

STEP|05 同时，执行【动画】|【高级动画】|【添加动画】|【动作路径】|【直线】命令，将【开始】设置为"与上一动画同时"，【持续时间】设置为"03.00"。

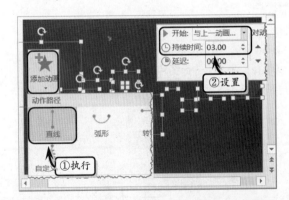

STEP|06 将鼠标移至动作路径动画效果线的前端，拖动鼠标调整直线路径的方向与长度。

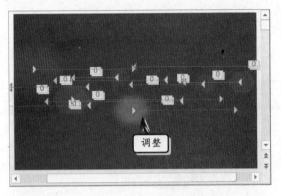

STEP|07 再次执行【动画】|【高级动画】|【添加动画】|【退出】|【淡出】命令，将【开始】设置为"与上一动画同时"，【延迟】设置为"02.50"。

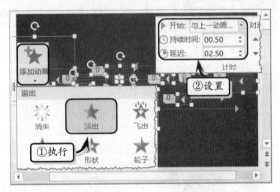

STEP|08 插入星光图片。执行【插入】|【图像】|【图片】命令，选择星光图片，单击【插入】按钮。

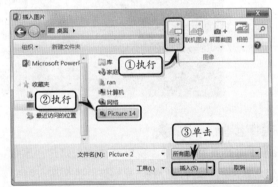

STEP|09 使用同样的方法，插入多张星光图片，并排列星光图片的位置。

STEP|10 添加动画效果。从左到右，同时选择所有的星光图片，执行【动画】|【动画样式】|【淡出】命令，并在【计时】选项组中设置【开始】和【持续时间】选项。

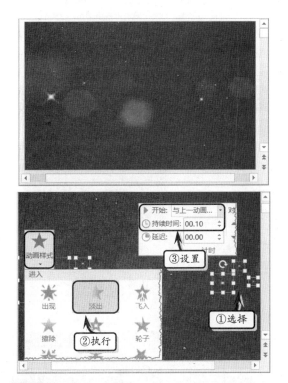

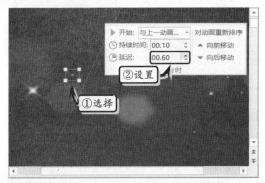

STEP|11 选择左边数第 2 个星光图片的动画效果，将【延迟】设置为"00.60"。

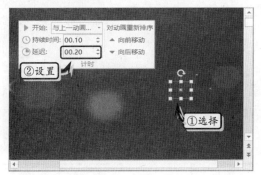

STEP|12 选择左边数第 3 个星光图片的动画效果，将【延迟】设置为"00.20"。使用同样的方法，分别更改其他星光图片的延迟效果。

STEP|13 从左到右同时选择所有的星光图片，执行【动画】|【高级动画】|【添加动画】|【退出】|【缩放】命令，将【开始】设置为"与上一动画同时"。

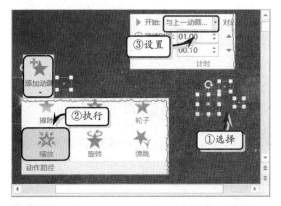

STEP|14 选择左侧第 2 个星光图片的退出动画效果，设置其【持续时间】和【延迟】选项。使用同样的方法，分别设置其他星光图片退出动画效果的持续时间与延迟时间。

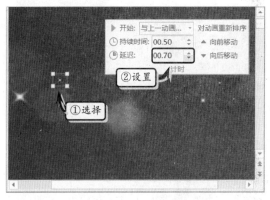

STEP|15 添加切换效果。选择第 1 张幻灯片，执行【切换】|【切换到此幻灯片】|【切换样式】|【淡出】命令，并执行【切换】|【计时】|【全部应用】命令。

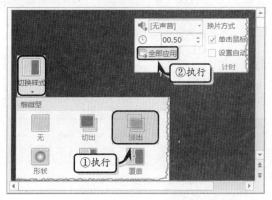

STEP|16 添加切换声音。选择第 2 张幻灯片，执行【切换】|【计时】|【声音】|【风铃】命令，为切换效果添加切换声音。

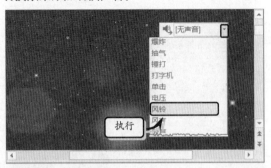

STEP|17 制作标题文本。执行【插入】|【文本】|【文本框】|【横排文本框】命令，绘制文本框，输入文本并设置文本的字体格式。

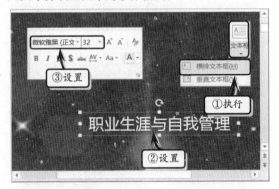

STEP|18 制作直线形状。执行【插入】|【插图】|

【形状】|【直线】命令，绘制直线形状，并调整形状的大小和位置。

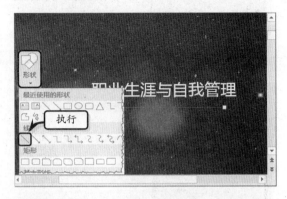

STEP|19 选择形状，执行【绘图工具】|【格式】|【形状样式】|【形状轮廓】|【其他轮廓颜色】命令，自定义轮廓颜色。

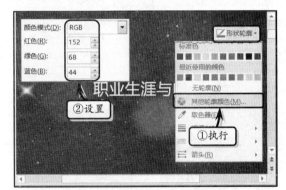

15.8 高手答疑

问题 1：如何在演示文稿中，显示当前日期和时间？

解答 1：执行【插入】|【文本】|【页眉页脚】命令，在弹出的对话框中启用【日期和时间】复选框，并单击【自动更新】下拉按钮，选择日期和时间的显示方式。单击【全部应用】按钮，则会在演示文稿的每张幻灯片中，显示当前日期和时间。

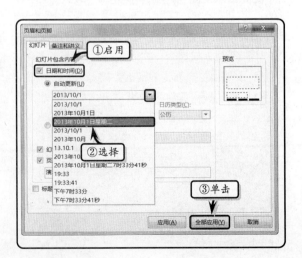

问题 2：如何将演示文稿刻录到光盘上?

解答 2：首先，将空白光盘放入刻录机中。然后，执行【文件】|【导出】命令，选择【将演示文稿打包成 CD】选项，并单击【打包成 CD】按钮。单击【复制到 CD】按钮，并单击【确定】按钮即可。

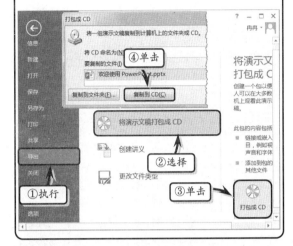

问题 3：如何为演示文稿设置密码?

解答 3：在要设置密码的演示文稿中，执行【文件】|【信息】命令，在列表中单击【保护演示文稿】下拉按钮，在其下拉列表中选择【用密码进行加密】选项。然后，在弹出的【加密文档】对话框中输入加密密码，并在弹出的【确认密码】对话框中再次输入要设置的密码。

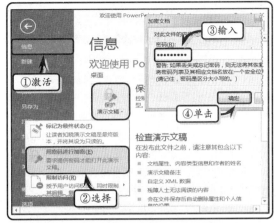

问题 4：如何在演示文稿中使用标尺?

解答 4：在【视图】选项卡的【显示】选项组中，启用【标尺】复选框，则在幻灯片中会出现垂直标尺和水平标尺。此时，用户可以根据标尺来精确定位幻灯片中对象的位置。

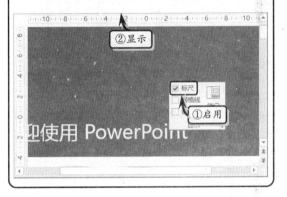

15.9 新手训练营

练习 1：电影动画开头效果

⊙downloads\第 15 章\新手训练营\电影动画开头效果

提示：本练习中，首先执行【插入】|【图像】|【图片】命令，选择多张图片文件，单击【插入】按钮，插入图片并排列图片的位置。同时，组合相应的图片。然后，插入艺术字标题，输入艺术字文本并设置文本的字体格式。最后，为胶带播放图片添加"擦除"动画效果，为组合的"1949"对象添加"退出|棋盘"效果，为组合数字图片对象添加"直线"动画效果。同时，为其他对象添加相应的动画效果，并分别设置不同动画效果的【开始】选项。

练习 2：制作知识的定义幻灯片

downloads\第 15 章\新手训练营\知识的定义

提示：本练习中，首先执行【视图】|【母版视图】|【幻灯片母版】命令，设置幻灯片母版的背景样式，并关闭幻灯片母版视图。然后，在占位符中输入文本内容，复制占位符并更改文本的字体格式。同时，在幻灯片中绘制箭头形状，并设置形状的轮廓颜色和粗细度。最后，在幻灯片中插入图片文件，并组合箭头形状和图片对象。同时，为组合对象添加"缩放"动画效果，并为组合对象周围的文本占位符添加"飞入"动画效果。同时，设置"飞入"动画效果的【效果选项】方向效果，并将【开始】设置为"上一动画之后"。

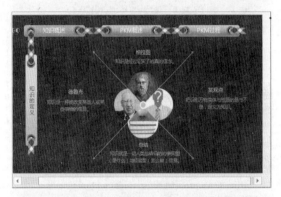

练习 3：拉链展开效果

downloads\第 15 章\新手训练营\拉链展开效果

提示：本练习中，首先执行【视图】|【母版视图】|【幻灯片母版】命令，切换到幻灯片母版视图中。选择第 1 张幻灯片，为幻灯片插入多张图片，并排列图片的先后位置。然后，在幻灯片中绘制矩形形状，设置形状的填充颜色和轮廓颜色，并设置形状的显示层次。最后，为最上层的拉头图片添加"直线"动画效果，为矩形形状添加"退出|擦除"动画效果，为右侧第 1 个拉头图片添加"直线"动画效果。使用同样的方法，分别为其他拉头图片添加直线动画效果，并

调整动作路径的运行长度和方向。

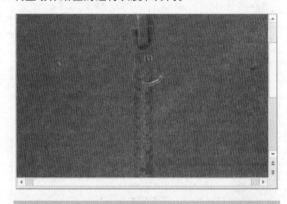

练习 4：中国元素之二

downloads\第 15 章\新手训练营\中国元素之二

提示：本练习中，首先设置幻灯片的背景格式，并执行【插入】|【图像】|【图片】命令，选择多张图片，单击【插入】按钮，插入图片并排列图片的具体位置。然后，所有的墨迹图片添加"擦除"动画效果，并分别设置其【效果选项】选项，以及【开始】和【持续时间】选项。最后，为"龙"图片添加"基本缩放"动画效果，为黑色底图图片添加"淡出"动画效果，为上方的文本图片添加"压缩"动画效果，并分别设置每个动画效果的【开始】、【持续时间】和【延迟】选项。

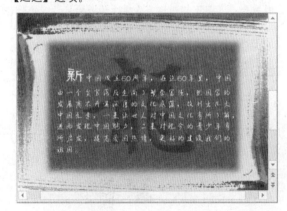

第 16 章

PowerPoint 高手进阶

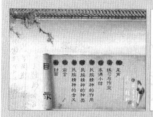

在 PowerPoint 中如果需要重复执行基本项任务，即可运用宏功能来实现这一操作。本章主要介绍控件的应用和如何使用宏、创建宏、宏的安全性的问题，以及如何保护演示文稿，并全面而深入地介绍 PowerPoint 的网络应用。

16.1 使用控件

控件是 PowerPoint 中的一种交互性对象，其作用类似网页中的表单，允许用户与演示文稿进行复杂的交互。

1. 启用【开发工具】选项卡

在默认状态下，PowerPoint 隐藏了【开发工具】选项卡，只提供最基本的演示文稿制作工具。如用户需要结合脚本和控件制作复杂的多媒体应用程序，可设置【开发工具】选项卡为显示，以辅助程序的设计。

执行【文件】|【选项】命令，在弹出的【PowerPoint 选项】对话框中，激活【自定义功能区】选项卡。在【自定义功能区】列表框中，启用【开发工具】复选框，并单击【确定】按钮。

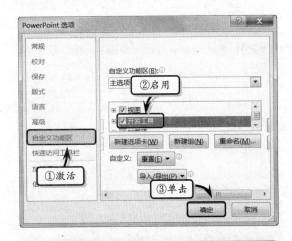

注意

在【自定义功能区】选项卡中，可单击列表框下方的【新建选项卡】按钮，新建一个自定义选项卡。

2. PowerPoint 控件类型

在 PowerPoint 的【开发工具】选项卡中，提供了多种控件，包括11种基础控件和其他 Windows 控件。

控件名称	说 明
【标签】控件 A	插入标签控件
【文本框】控件	插入文本框控件
【数值调节钮】控件	插入数值调节钮控件
【命令按钮】控件	插入命令按钮控件
【图像】控件	插入图像控件
【滚动条】控件	插入滚动条控件
【复选框】控件 ☑	插入复选框控件
【单选按钮】控件 ◉	插入选项按钮控件
【组合框】控件	插入组合框控件
【列表框】控件	插入列表框控件
【切换按钮】控件	插入切换按钮控件
【其他】控件	插入此计算机提供的控件组中的控件

3. 插入【标签】控件

标签的作用是显示内容较少的文本，并供脚本程序修改。执行【开发工具】|【控件】|【标签】命令，拖动鼠标在幻灯片中绘制控件即可。

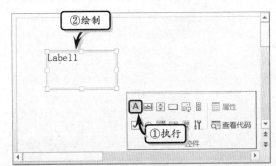

提示

插入其他控件的方法与插入【标签】控件的方法大体一致，在此不再赘述。

4. 插入其他控件

PowerPoint 除了直接提供11种基本的控件外，还允许用户调用已安装到 Windows 操作系统中的其他控件，将这些控件添加到幻灯片中。

执行【开发工具】|【控件】|【其他】命令，

在弹出的【其他控件】对话框中，选择控件类型，单击【确定】按钮，将其插入幻灯片中。

5. 设置控件属性

选择控件，执行【开发工具】|【控件】|【属性】命令，在弹出的【属性】对话框中设置控件的属性。

其中，在【属性】对话框中，主要包括下表中的各种属性选项。

属性名称	作　　用
Accelerator	定义切换到控件的快捷键
AutoSize	设置控件是否自动调节尺寸
BackColor	设置控件的背景颜色
BackStyle	设置控件的背景样式
BorderColor	设置控件的边框线颜色
BorderStyle	设置控件的边框线样式
Caption	设置控件的标题
Enabled	设置控件允许用户单击或编辑
Font	设置控件中字体的样式
ForeColor	设置鼠标单击控件后显示的颜色
Height	设置控件的高度
Left	设置控件距幻灯片左侧边框的距离
MouseIcon	设置鼠标滑过控件时指针的图像
MousePointer	设置鼠标滑过控件时指针的图标
Picture	设置控件的背景图像
PicturePosition	设置控件的背景图像定位方式
SpecialEffect	设置控件的特效
TextAlign	设置控件中文本内容的水平对齐方式
Top	设置控件距幻灯片顶部边框的距离
Visible	设置控件为可视或隐藏
Width	设置控件的宽度
WordWrap	设置控件中文本的换行处理方式

6. 查看控件代码

PowerPoint 中的控件是以代码的方式显示和控制的，因此，在插入控件后，用户还可以查看控件的源代码，以设置控件的属性或控制控件。

在 PowerPoint 中选中控件，执行【开发工具】|【控件】|【查看代码】命令，在打开的 Microsoft Visual Basic for Applications 窗口中，查看或编辑该控件

的代码。

16.2 管理 PowerPoint 加载项

加载项是由微软或第三方编写的、辅助用户使用 PowerPoint 的插件。在 PowerPoint 中，用户可添加加载项，或对已应用的加载项进行分类管理。

1. 查看加载项

在 PowerPoint 中，执行【文件】|【选项】命令。在【PowerPoint 选项】对话框中，激活【加载项】选项卡，查看当前 PowerPoint 已加载的所有加载项。

在【加载项】列表中，加载项分成 4 类显示。具体情况如下表所述。

分 类	说 明
活动应用程序加载项	添加于鼠标右键菜单中的加载项，通常由第三方编写
非活动应用程序加载项	Office 软件内置的加载项，通常由微软编写，在安装时直接添加到 PowerPoint 中
文档相关加载项	添加到当前演示文稿中的加载项
禁用的应用程序加载项	用户禁止启用的各种加载项

2. 管理非活动应用程序加载项

非活动应用程序加载项又被称作 COM 加载项。在【PowerPoint 选项】对话框中，单击【管理】下拉按钮，在其下拉列表中选择【COM 加载项】选项，单击【转到】按钮。

在弹出的【COM 加载项】对话框中，可启用加载项前的复选框，并单击【删除】按钮，将其删除。也可单击【添加】按钮，选择新的加载项，将其添加到 PowerPoint 中。完成设置后即可单击【确定】按钮，保存【管理】操作。

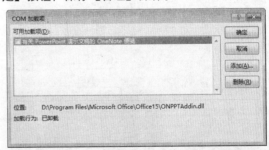

3．管理文档相关加载项

文档相关加载项又称 PowerPoint 加载项，是加载到 PowerPoint 中的宏脚本。用户可通过两种方式管理 PowerPoint 加载项。

在【PowerPoint 选项】对话框中，单击【管理】下拉按钮，在其下拉列表中选择【PowerPoint 加载项】选项，单击【转到】按钮。

此时，系统会自动弹出【加载项】对话框。用户可在该对话框中进行添加和删除等管理 PowerPoint 加载项的操作。

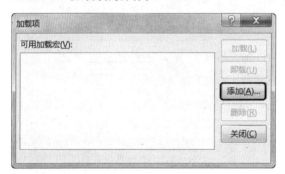

4．添加活动应用程序加载项

活动应用程序加载项又称动作或操作，用户可通过两种方式为 PowerPoint 添加该类加载项。

在【PowerPoint 选项】对话框中，单击【管理】下拉按钮，在其下拉列表中选择【操作】选项，单击【转到】按钮。

> **提示**
>
> 用户可以在【PowerPoint 选项】对话框中，激活【校对】选项卡，单击【自动更正选项】按钮，打开【自动更正】对话框。

在弹出的【自动更正】对话框中，启用【在右

键菜单中启用其他操作】复选框，单击【确定】按钮即可启用该加载项。

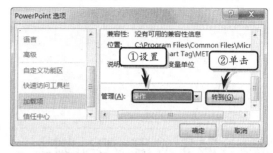

> **注意**
>
> 在【自动更正】对话框中，单击【其他操作】按钮，可打开网页浏览器，从 Office.com 官方网站下载第三方动作。

5．禁用与启用

在【PowerPoint 选项】对话框中，单击【管理】下拉按钮，在其下拉列表中选择【禁用项目】选项，单击【转到】按钮。

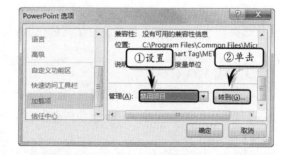

在弹出的【禁用项目】对话框中，如已禁用了某些加载项，则用户可在【禁用项目】对话框的列表中选择加载项，单击下方的【启用】按钮，将其启用。

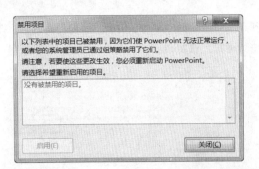

16.3 应用 VBA 脚本

PowerPoint 允许用户使用 VBA 脚本语言控制 PowerPoint 演示文稿中的对象，以实现复杂的交互应用。

1．VBA 简介

VBA 脚本全称为 Microsoft Visual Basic for Applications，是基于微软应用程序的可视化 Basic 脚本语言。

VBA 脚本语言与普通的 Visual Basic 语言最大的区别在于，Visual Basic 语言主要用于开发各种应用程序，而 VBA 脚本语言则主要用于已有的应用程序。

目前可应用 VBA 脚本语言控制的应用程序主要包括 Microsoft Office 系列软件、FoxPro 数据库系统、CorelDRAW 和 AutoCAD 等图形绘制软件。

2．为 PowerPoint 编写 VBA

在 PowerPoint 中，可通过 Visual Basic 编辑器编写代码，并通过运行宏功能执行编写的 VBA 代码。

❏ 编写 VBA 代码

在幻灯片中，执行【开发工具】|【代码】|【Visual Basic】命令。在弹出的 VB 窗口中，执行【插入】|【模块】命令。

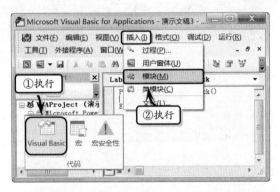

插入模块后，用户可在 VB 窗口中，输入代码，创建宏，如输入以下代码：

```
Sub 计算()
  Dim a
  a = MsgBox("这是一道简单的加法运算
  题",vbYesNo, "计算")
End Sub
```

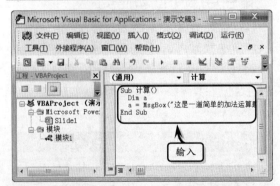

❑ 运行宏

执行【开发工具】|【代码】|【宏】命令,弹出【宏】对话框,在【宏名】列表框中选择【计算】选项,单击【运行】按钮,即可弹出一个【计算】的对话框。

技巧

在列表框中选择宏名称,单击【删除】按钮,即可删除宏。

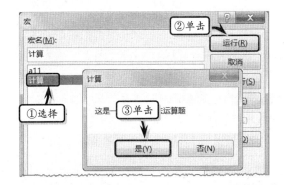

3. 设置安全性

执行【开发工具】|【代码】|【宏安全性】命令,弹出【信息中心】对话框,在该对话框中的【宏设置】选项卡中,选择【启用所有宏(不推荐;可能会运行有潜在危险的代码)】选项。

用户在【宏设置】选项组中,可以对在非受信任位置的文档中的宏进行 4 个单选项设置。

安 全 选 项	含 义
禁用所有宏,并且不通知	如果用户不信任宏,可以选择此项设置。文档中的所有宏,以及有关宏的安全警报都被禁用。如果文档具有信任的未签名的宏,则可以将这些文档放在受信任位置
禁用所有宏,并发出通知	这是默认设置。如果想禁用宏,但又希望在存在宏的时候收到安全警报,则应使用此选项。这样,可以根据具体情况选择何时启用这些宏
禁用无数字签署的所有宏	此设置与"禁用所有宏,并发出通知"选项相同,但下面这种情况除外:在宏已由受信任的发行者进行了数字签名时,如果用户信任发行者,则可以运行宏
启用所有宏(不推荐,可能会运行有潜在危险的代码)	可以暂时使用此设置,以便允许运行所有宏。因为此设置会使计算机容易受到可能是恶意的代码的攻击,所以不建议用户永久使用此设置

16.4 修改文档面板

文档面板即在指定 Microsoft Office 的兼容程序中,显示文档信息面板的模板类型。

执行【开发工具】|【修改】|【文档面板】命令,在弹出的【文档信息面板】对话框中,单击【确定】按钮。

此时,系统会在幻灯片上方显示【文档属性】面板,在该面板中输入相应的信息。例如,输入作者、标题、主题等信息。

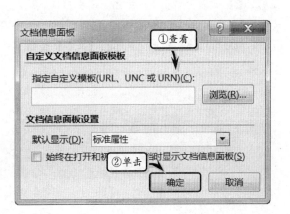

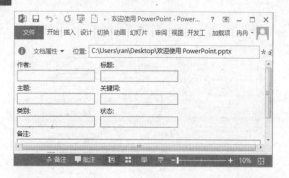

PowerPoint
PowerPoint 2013

PowerPoint 16.5 苏州印象之四

苏州印象中的闻,是闻苏州的市花——桂花。桂花,别名木犀、岩佳、九里香、金粟,是我国传统十大名花之一。而苏州印象中的听,是听苏州的昆曲,昆曲是以鼓、板控制演唱节奏,以曲笛、三弦等为主要伴奏乐器,主要以中州官话为唱说语言。在本练习中,将详细介绍运用 PowerPoint 制作苏州印象中的闻和听幻灯片的操作方法和技巧。

练习要点

- 插入图片
- 设置文本格式
- 添加动画效果
- 使用触发器
- 使用艺术字

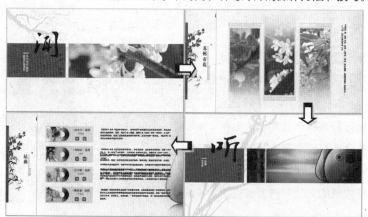

操作步骤 ▶▶▶▶

STEP|01 设置背景格式。新建空白幻灯片,执行【设计】|【自定义】|【设置背景格式】命令,选中【图片或纹理填充】选项,并单击【文件】按钮。

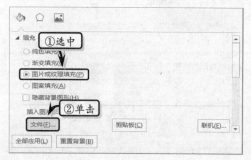

STEP|02 在弹出的【插入图片】对话框中,选择图片文件,并单击【插入】按钮,插入背景图片。

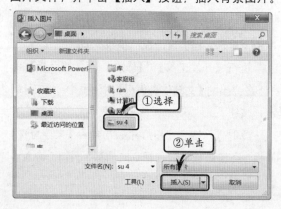

STEP|03 复制第 3 张幻灯片中的形状和文本对象，调整其位置并修改文本内容。

STEP|04 插入图片。执行【插入】|【图像】|【图片】命令，选择图片文件，单击【插入】按钮。

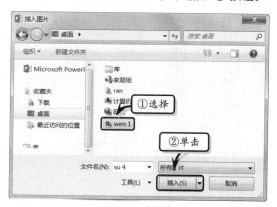

STEP|05 制作毛笔效果字。执行【插入】|【插图】|【形状】|【曲线】命令，绘制"闻"字的首要部首。

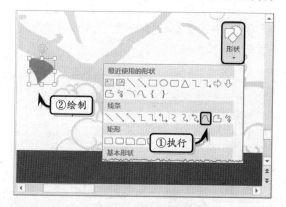

STEP|06 选择部首形状，执行【绘图工具】|【格式】|【形状样式】|【形状填充】|【其他填充颜色】命令，自定义填充颜色。使用同样的方法，设置形状轮廓颜色。

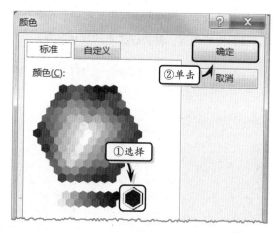

STEP|07 使用同样的方法，制作"闻"毛笔效果字的其他部首，设置部首形状样式，并排列形状。

STEP|08 添加动画效果。选择毛笔效果字的首要部首，执行【动画】|【动画】|【动画样式】|【擦除】命令，同时执行【效果选项】|【自顶部】命令，并设置【计时】选项。使用同样的方法，为其他部首添加动画效果。

STEP|09 设置说明文本。复制第5张幻灯片，调整幻灯片的位置，删除多余的图片和形状，修改文本占位符中的内容，并更改文本的显示方向。

STEP|10 插入图片。执行【插入】|【图像】|【图片】命令，选择图片文件，单击【插入】按钮。插入图片，并排列图片的位置。

STEP|11 添加动画效果。同时选择下方和下方的蝴蝶翅膀，执行【动画】|【动画样式】|【更多强调效果】命令，选择动画效果，并设置【计时】选项。

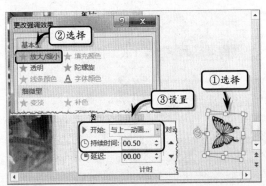

STEP|12 同时选择下方和下方的蝴蝶翅膀，执行【动画】|【高级动画】|【添加动画】|【自定义路径】命令，绘制动作路径，并设置【计时】选项。

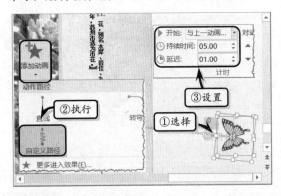

STEP|13 选择蝴蝶身体图片，执行【动画】|【动画样式】|【自定义路径】命令，绘制动作路径，并设置【计时】选项。

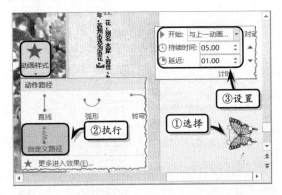

STEP|14 选择右侧的图片，执行【动画】|【动画样式】|【浮入】命令，同时执行【效果选项】|【下浮】命令，并设置【计时】选项。使用同样的方法，为其他对象添加动画效果。

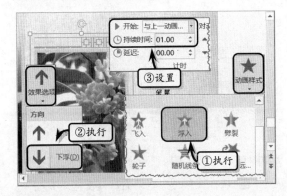

STEP|15 设置背景格式。新建空白幻灯片，执

行【设计】|【自定义】|【设置背景格式】命令，选中【图片或纹理填充】选项，并单击【文件】按钮。

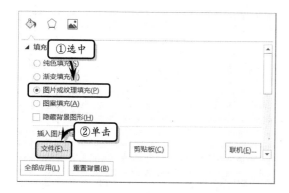

STEP|16 在弹出的【插入图片】对话框中，选择图片文件，并单击【插入】按钮，插入背景图片。

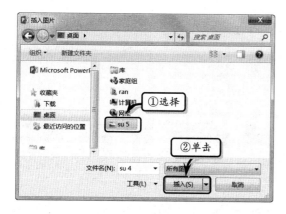

STEP|17 复制第3张幻灯片中的形状和文本对象，调整其位置并修改文本内容。

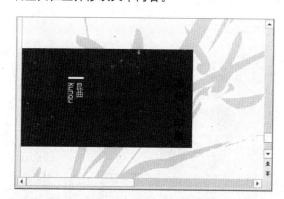

STEP|18 插入图片。执行【插入】|【图像】|【图片】命令，选择图片文件，单击【插入】按钮。

STEP|19 制作毛笔效果字。执行【插入】|【插图】|【形状】|【曲线】命令，绘制"听"字的首要部首。

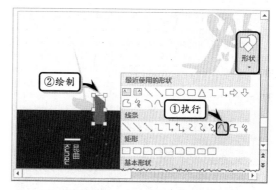

STEP|20 选择部首形状，执行【绘图工具】|【格式】|【形状样式】|【形状填充】|【其他填充颜色】命令，自定义填充颜色。使用同样的方法，设置形状轮廓颜色。

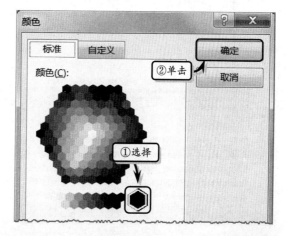

STEP|21 使用同样的方法，制作"听"毛笔效果字的其他部首，设置部首形状样式，并排列形状。

STEP|22 添加动画效果。选择毛笔效果字的首要部首，执行【动画】|【动画】|【动画样式】|【擦除】命令，同时执行【效果选项】|【自顶部】命令，并设置【计时】选项。使用同样的方法，为其他部首添加动画效果。

STEP|23 设置说明文本。复制第 5 张幻灯片，删除多余的图片和形状，修改文本占位符中的内容。同时，复制多个文本占位符，修改文本内容并排列占位符。

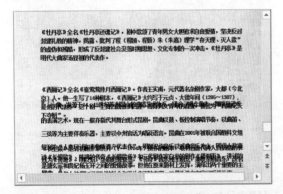

STEP|24 插入图片。执行【插入】|【图像】|【图片】命令，选择图片文件，单击【插入】按钮。插

入图片，并排列图片的位置。

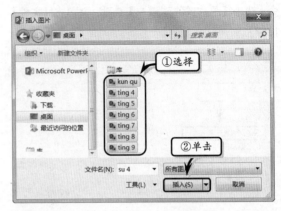

STEP|25 制作触发形状。执行【插入】|【插图】|【形状】|【矩形】命令，绘制一个矩形形状，并调整形状的大小和位置。

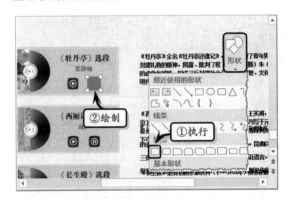

STEP|26 右击形状，执行【绘图工具】|【格式】|【形状样式】|【形状填充】|【其他填充颜色】命令，自定义填充颜色。

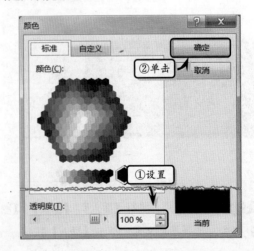

STEP|27 同时执行【形状轮廓】|【无轮廓】命令。使用同样的方法，制作其他触发形状。

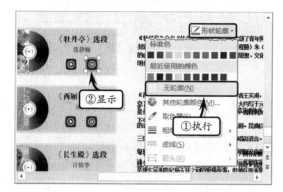

STEP|28 添加动画效果。选择底层的总概论文本占位符，执行【动画】|【动画样式】|【淡出】命令，并设置【计时】选项。

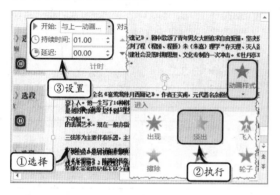

STEP|29 选择"牡丹亭"选段中的"停止"按钮上的触发形状，执行【动画】|【动画样式】|【出现】命令，并设置计时选项。

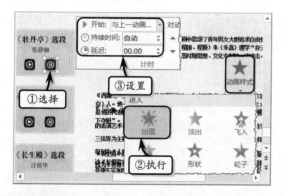

STEP|30 选择"牡丹亭"选段中的光盘图片，执行【动画】|【动画样式】|【更多进入效果】命令，选择动画效果。

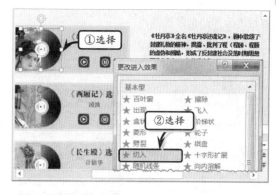

STEP|31 同时，执行【动画】|【效果选项】|【自左侧】命令，并设置【计时】选项。

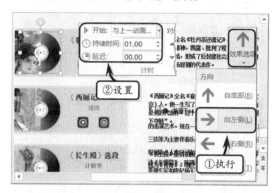

STEP|32 选择"牡丹亭"选段中的光盘图片，执行【动画】|【高级动画】|【添加动画】|【陀螺旋】命令，并设置【计时】选项。

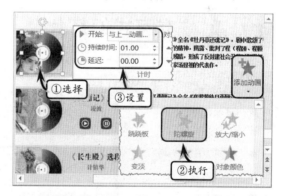

STEP|33 选择"牡丹亭"选段对应的正文占位符，执行【动画】|【动画样式】|【浮入】命令，并设置【计时】选项。

STEP|34 选择底层的总概论文本占位符，执行【动画】|【高级动画】|【添加动画】|【淡出】命令，并设置【计时】选项。使用同样的方法，分别为其

他对象添加动画效果。

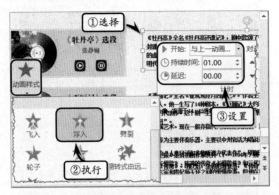

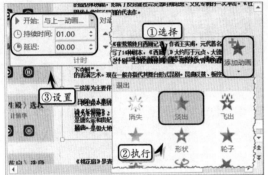

STEP|35 执行【动画】|【高级动画】|【动画窗格】命令，同时选择第 2~6 个动画效果，单击动画效果后面的下拉按钮，选择【计时】选项。

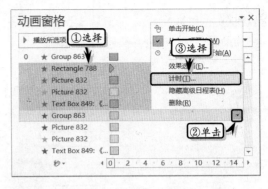

STEP|36 在【效果选项】对话框中的【计时】选项卡中，单击【触发器】按钮，选中【单击下列对象时启动效果】选项，并设置单击对象名称。使用同样的方法，为其他动画效果添加触发器。

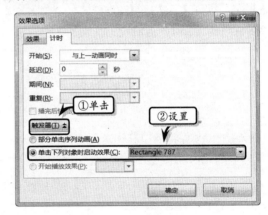

PowerPoint 16.6 交互式幻灯片

练习要点

- 插入控件
- 设置控件属性
- 使用 VBA 代码
- 添加动画效果
- 使用形状
- 设置形状样式

互动幻灯片是指各种元素之间相互影响，互为因果的作用和关系。我们可以利用 PowerPoint 中的自定义动画和 VBA 功能，制作出一个互动型的幻灯片，当用户在操作演示文稿时，自动判断答案是否正确。

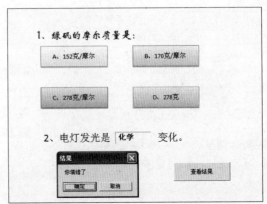

操作步骤 ▶▶▶▶

STEP|01 制作按钮。新建一张空白的演示文稿，在标题占位符中输入"1、绿矾的摩尔质量是："标题，并设置其字体格式。然后，执行【插入】|【插图】|【形状】|【动作按钮：自定义】命令，绘制形状，并选中【无动作】选项。

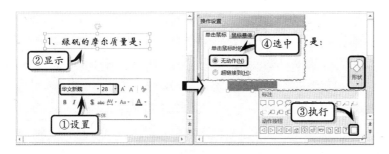

STEP|02 编辑按钮文字。右击"动作按钮"形状，执行【编辑文字】命令，输入文本并设置文本的字体格式。然后复制形状，修改形状文本并排列形状。

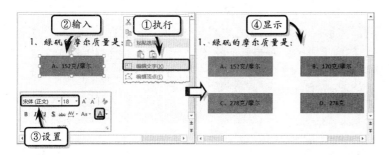

STEP|03 设置形状样式。选择第一个形状，执行【绘图工具】|【格式】|【形状样式】|【强烈效果-绿色,强调颜色 6】命令。分别运用相同的方法，对其他 3 个形状应用形状样式。然后，在每个形状下面插入文本框并输入文字。

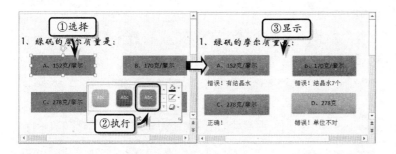

STEP|04 添加动画效果。选择"错误！有结晶水"文本框，执行【动画】|【动画】|【动画样式】|【飞入】命令，同时执行【效果选项】|【自左侧】命令，为文本添加动画效果。

提示

选择其他的 3 个形状，分别应用【强烈效果-蓝色,强调颜色 1】形状样式、【强烈效果-橙色,强调颜色 2】形状样式和【强烈效果-金色,强调颜色 4】形状样式。

提示

选择其他三个文本框，设置动画均为"飞入"动画效果；并分别执行【效果选项】命令，分别设置飞入的方向为"自右侧"；"自左下部"；"自右下部"。

提示

在为动画效果添加"触发器"效果时，也可以选择包含动画效果的对象，执行【动画】|【高级动画】|【触发】|【单击】命令，在其列表中选择对象名称即可。

提示

右击控件，执行【属性表】命令，即可弹出【属性】对话框。

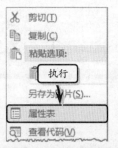

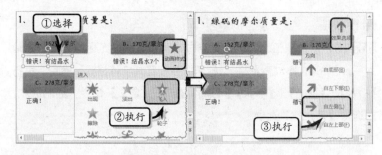

STEP|05 执行【动画】|【高级动画】|【动画窗格】命令，选择【计时】选项，单击【触发器】按钮，选中【单击下列对象时启动效果】选项，并设置对象名称。使用同样的方法，为其他文本添加动画效果。

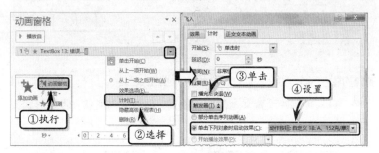

STEP|06 添加控件。插入文本框，输入"电灯发光是"文字，并设置【字号】为 28。然后，执行【开发工具】|【控件】|【文本框】命令，绘制一个"文本框"控件。执行【控件】|【属性】命令，设置控件的字体格式。

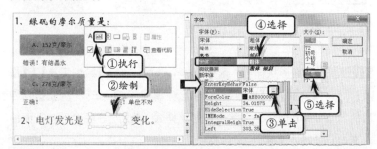

STEP|07 设置控件属性。执行【开发工具】|【控件】|【命令按钮】命令，在幻灯片中绘制该按钮。同时，执行【控件】|【属性】命令，在【属性】对话框中，修改按钮名称为"查看结果"。

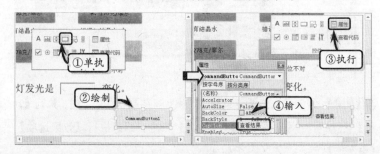

STEP|08 输入代码。双击【查看结果】按钮，弹出 VBA 编辑窗口，并在代码编辑窗口中，输入代码即可实现互动效果。

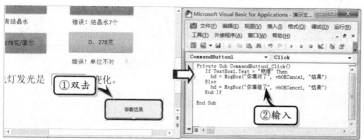

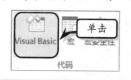
代码编辑窗中的代码如下：

```
Private Sub CommandButton1_Click()
    If TextBox1.Text = "物理" Then
        hd = MsgBox("你填对了", vbOKCancel, "结果")
    Else
        hd = MsgBox("你填错了", vbOKCancel, "结果")
    End If
End Sub
```

STEP|09 运行。按 F5 键放映幻灯片，查看效果。单击【查看结果】按钮，将弹出【结果】对话框，提示用户是否答对题目。

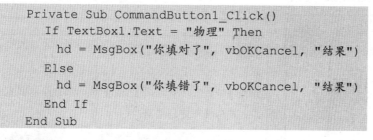

技巧

由于该演示文稿中使用了 VBA 编码，相当于使用了宏，所以在保存演示文稿时，还需要将演示文稿保存为"启用宏的演示文稿"类型。

PowerPoint

16.7 高手答疑

问题 1：如何运用代码控制控件的属性？

解答 1：使用 VBA 脚本，用户可以直接对控件的属性进行设置，定义控件的值、尺寸等，其需要在相应的事件过程中对控件的属性进行定义，其格式如下。

```
Component.Property = Value
```

在上面的格式代码中，Component 表示控件的名称，Property 表示相应的属性，而 Value 表示属性的值。

例如，需要重定义名为 acceptBtn 按钮的标签

文本为"确定"，可直接定义按钮控件的 caption 属性值，需要注意的是其值为字符串型的变量，因此需要添加引号 """。

```
acceptBtn.Caption = "确定"
```

将以上代码添加到控件的事件过程中，然后，即可根据事件触发修改。

```
Private Sub acceptBtn_Click()
    acceptBtn.Caption = "确定"
End Sub
```

问题 2：在演示 PowerPoint 课件时，如果要实现某些特殊功能，可通过键盘上的哪些快捷键来实现？

解答 2： 在播放过程中，按下键盘上的快捷键，可实现以下功能。

快 捷 键	实 现 功 能
按 B 键或>键	使屏幕突然变黑
按 2 键或<键	使屏幕突然变白
按 Ctrl+P 键	快速调出绘图笔
按 Ctrl+H 键	要快速隐藏鼠标指针

问题 3：如何设置【标签】控件的文本、字体样式和字体大小？

解答 3： 在幻灯片中选择标签控件，执行【开发工具】|【控件】|【属性】命令。在【属性】对话框中的【Caption】选项对应的文本框中输入标签内容文本。同时，单击【Font】选项中的【对话框启动器】按钮。

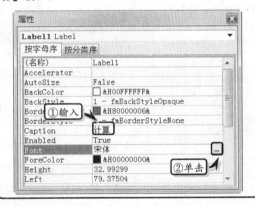

在弹出的【字体】对话框中，设置文本的字体样式、字形和字号，并单击【确定】按钮。

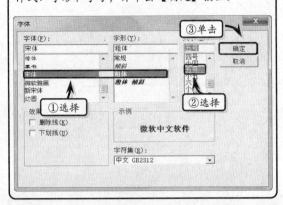

问题 4：如何创建新宏？

解答 4： 执行【开发工具】|【代码】|【宏】命令，弹出【宏】对话框。在【宏名】文本框中输入宏名称，单击【创建】按钮。

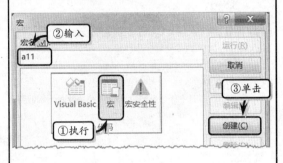

此时，系统会自动弹出 VBA 编辑窗口，便于用户编辑 VBA 代码。

16.8 新手训练营

练习 1：制作动态背景

downloads\第 16 章\新手训练营\动态背景

提示：本练习中，首先执行【视图】|【母版视图】|【幻灯片母版】命令，切换到幻灯片母版视图中。然后，选择第 2 张幻灯片，执行【插入】|【图像】|【图片】命令，选择图片文件，单击【插入】按钮，插入图片并排列图片的显示位置。最后，为背景图片和箭头形状添加"擦除"动画效果，并将【效果选项】设置为"自左侧"。

练习 2：制作调查步骤图

downloads\第 16 章\新手训练营\调查步骤图

提示：本练习中，首先，在幻灯片母版视图中，设置幻灯片的图片背景格式。切换到普通视图中，在幻灯片中插入圆角矩形形状，设置形状的填充颜色和轮廓颜色，为形状添加文本并设置文本的字体格式。然后，在圆角矩形形状中间插入右箭头形状，并设置箭头形状的样式。同时，在上下两排圆角矩形形状右侧添加肘形箭头连接符形状，并设置形状的样式。最后，为每个形状添加动画效果即可。

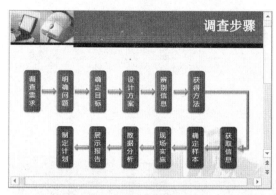

练习 3：制作知识的分类幻灯片

downloads\第 16 章\新手训练营\知识的分类

提示：本练习中，首先执行【视图】|【母版视图】|【幻灯片母版】命令，设置幻灯片母版的图片背景格式，并关闭母版视图。然后，在视图中插入图片，排列图片的位置。同时，在文本占位符中输入文本内容，复制占位符并更改文本内容，以及设置文本的字体格式。最后，在幻灯片中插入直线形状和肘形连接符形状，排列形状并设置形状的轮廓样式。最后，为各个对象添加动画效果即可。

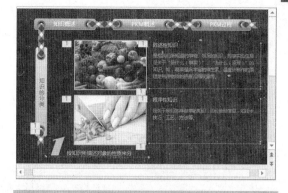

练习 4：中国元素之三

downloads\第 16 章\新手训练营\中国元素之三

提示：本练习中，首先在幻灯片中插入图片文件，并排列图片位置。在图片下方插入直线形状，并将形状的轮廓颜色设置为无轮廓颜色。同时，组合相应的图片和直线形状。然后，在幻灯片中插入圆角矩形形状，设置形状的轮廓颜色和填充颜色。同时，插入艺术字，输入文本并设置文本的字体格式。最后，排列艺术字，插入各个形状，设置形状样式并排列形状。同时，为各个对象添加动画效果即可。

第 **17** 章

幻灯片构图艺术

  幻灯片设计作为平面设计的一个分支，其适用所有平面设计的规范和原理。在设计幻灯片时结合平面设计的各种手法，可以为幻灯片营造一个艺术氛围，提高幻灯片的艺术品位。在了解了 PowerPoint 软件的使用方法后，本章将介绍平面设计的理论知识，辅助用户设计艺术化的幻灯片。

PowerPoint # 17.1　平面构图基础

平面构图是指在平面图形图像设计中,将各种基本的视觉元素组成一个完整的平面结构的过程,它是平面设计工作的一个重要组成部分。

在幻灯片设计中,平面构图就是将幻灯片内的文本、图形、图像、图标以及多媒体元素有机地排布到幻灯片画板上的操作。

在学习平面构图之前,首先应了解平面构图的各种元素。在设计中,以图形图像的形成方法可以将其分为三大类,即几何形、有机形和偶发形。

1．几何形

几何形是可以用数学方法定义的图形,亦即通常所说的矢量图形。

绝大多数图像设计软件都可以设计几何形的元素,例如,在 PowerPoint 中,用户绘制的各种形状、SmartArt 图形等均属于几何形。严格意义上讲,文本内容也是一种几何形。

2．有机形

有机形是指可以重复和再现的自由图像,包括各种照片,以及通过软件处理过的位图图像。

例如导入演示文稿的各种照片、像素素材等,其中绝大多数属于有机形。

3．偶发形

偶发形是一种特殊的图像元素,其往往以随机的方式产生,很难重复其产生的过程或每次产生的结果都不一样,例如泼墨、喷溅颜料等操作,产生的图像就是偶发形。

17.1　平面中的点

PowerPoint

从视觉形状上分析平面构图元素,则可将其划分为点、线和面三大类。其中点是构成平面图形图像的最微小的元素,也是设计和绘画的基本要素和表现手段。

1．点可表现的元素

点在艺术设计中往往可以表现具有以下特点

的元素。

❑ 表现体积

点可以表现体积微小的、分散的元素，例如沙粒、植物的种子、水珠、各种微小的缝隙等。

❑ 表现距离

点也可以表现远距离的物体，以及与大空间对比的物体等，如夜空中的星体、远处的灯火、地图上的城市、地点等。

❑ 表现交叉位置

在一些平面结构图设计中，点还可以表现各种线条的交叉位置，例如围棋棋盘、电路设计图的线路交点等。

❑ 表现力度

在表现短小而有力的笔触与痕迹时，也可以使用点元素，对笔触或痕迹进行修饰。通过与环境和背景的对比，可以着重体现这些元素。

2. 点的特征与变化

在设计演示文稿时，用户可对点元素进行各种处理，以使元素表现得更加具体，使点元素符合演示文稿的需要。

❑ 点的形态

严格意义上讲，点只有位置，没有大小和形状。但是在生活中，点往往是由一些微小的图形构成的。形态不同的点，会给用户带来迥异的视觉体验。

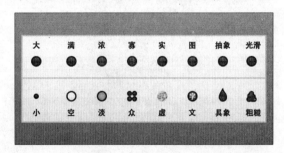

❑ 点的面积

在平面作品中，点给用户的视觉效果与其在平面作品中所占据的面积比例相关，但并非与面积呈正比或反比。过大或过小的面积比例都会影响甚至弱化用户对点的感受。

❑ 点与位置

点与平面设计作品中其他各元素的位置关系也会影响到用户的观感。在作品正中心的点会给用户以比较稳定的感觉，而在作品边缘的点则会给用户造成逃逸的倾向。

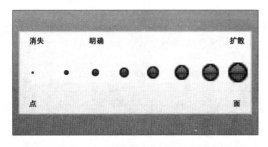

在下图中，左侧图形中的点位于图形正中央，因此给人以稳定、静止的感觉；中央图形中的点位于图形上方，会给人造成点在逃逸或下落的错觉；右侧图形中几个点的位置不同，则人的视线将在点与点之间跳跃，位于中心附近的点最容易获得人的

关注，而位于边缘的点则往往容易被忽视。

❑ **点的数量**

点的数量也是影响用户视觉效果的重要因素。通常点的数量越少，则越容易集中用户的注意力；点的数量越多，则越容易分散用户的注意力。

在下图中，左侧图形中只包含一个点，因此人在观察该图时，所有的注意力都会集中到该点上；中图内包含均匀分布的两个点，因此人在观察该图时，注意力会平均分配到这两个点上；而右侧图形中包含了随机分布的 20 个点，此时，点也就无法起到强调的作用了。

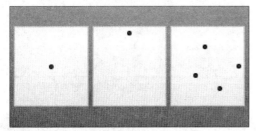

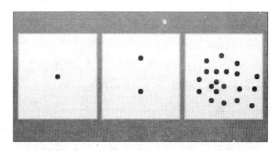

17.3 平面中的线

线也是平面构图中的重要元素，是一种具有位置、方向和长度的几何图形，可以将其理解为点运动的轨迹。

1. 线的分类

根据点的轨迹运动曲率，可以将平面线条划分为直线和曲线两大类。在直线和曲线这两类中，还可以根据线的样式，做进一步的划分。

❑ **直线**

直线是曲率为 0 的线形。根据直线的样式、类型，可以将其分为以下几种。

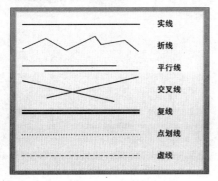

在绘制各种规划图、平面结构图时，经常需要使用到各种类型的直线。

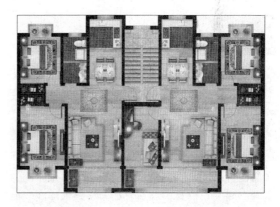

❑ **曲线**

曲线是指曲率非 0 的线形，根据曲线的流动方向，可以将其分为以下几类。

在设计平面图时，曲线的应用十分广泛，几乎所有的图形图像设置都需要应用各种曲线。

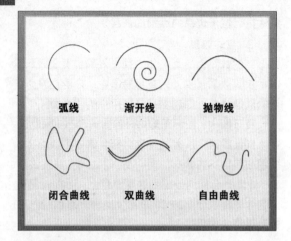

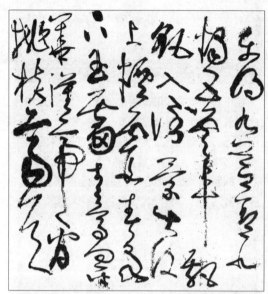

大多数线条轮廓都由平缓的曲线构成,为用户带来一种轻松惬意的视觉享受。

2.线的艺术表现

在实际生活中,绝对的线形往往并不存在,绝大多数艺术设计中的线都是对实际生活中物体的一种抽象和总结,图画、书法、文字都是线的抽象结果。

线还是一种重要的艺术表现方式,线的宽度、曲率、轨迹等变化,可以表现迥异的情绪。

通常曲率变化较大、变化频率较高的线会为用户带来兴奋而激动的情绪。例如草圣张旭的草书《古诗四帖》,用变化莫测的笔法,使作者的激情跃然于笔下。

平滑而曲率变化幅度较小的线则往往会为用户带来平和、宁静的情绪。下图中的风景,其中绝

17.4 平面中的画

按照解析几何学的解释,面是线的运动轨迹。在平面构成中,面是具有长度、宽度和形状的实体。

1.面的分类和特征

在视觉上,任何点的扩大和聚集、线的宽度增加或围合都可以构成面。面是和"形状"最密切的形式。通常可以将面分为几何图形和不规则图形两类。

2.面在设计中的应用

相比点和线,面的组成更加复杂,通常包括笔触和填充两个部分。运用面的笔触以及填充各种变化,可以表现出多样化的内容和设计思想感情。

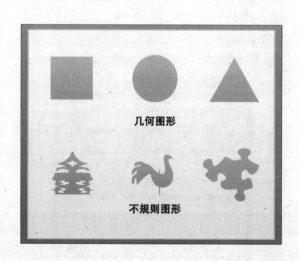

❑ 面的笔触轮廓

笔触决定了面的形状和面积，因此与线的艺术表现类似，面的轮廓平滑度将直接影响面所展示的内容。

上图中的背景大量采用了圆形与多边形，组成未来城市的风格，机器人采用了夸张的四肢图形，

突出强大的力量。

❑ 面的虚实变化

在单纯的背景上，主体形象突出的被视为实面，周围则视为虚面。将实面和虚面相结合，可以更突出这两面的冲突与对立。

PowerPoint 17.5　基本平面构成

在实际的设计过程中，通常需要面对限定的空间和大量多种类型的元素，因此，了解一些常用的元素组织方式，可以使设计得心应手。

所谓基本平面构成，其原理是将点、线和面等基本构图元素按照一定的规律有机地组成一个整体，是平面构图最基本的方式。常见的基本平面构成方式主要包括重复、渐变、特异和发射 4 种。

1．构图元素的关系

在了解基本平面构成之前，首先应了解构图元素之间的关系，其比研究构图元素自身的特征更接近于设计和构成的本质。构图元素之间的关系主要包括以下几种。

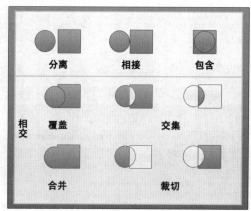

2．重复构成

重复构成是一种最常见的视觉元素组织形式，其特点在于，大量相同或非常相近的元素按照一定的规律组成一个整体。

重复构成是一种最基本的规律性构成，也是其他几种基本平面构成的基础。

在自然界中，很多物体都按照重复构成的方式组成，例如鱼的鳞片、海的波浪、由于风吹而形成的沙丘等。

在人造的各种物品中，重复的现象更是被标准化和统一化，以降低制造的成本。例如，在包装多个产品时，这些产品就以重复的方式出现在包装中；在种植业、建筑业中，也经常大量种植同类植物或建造类似的建筑物。

重复构成又可分为机械重复、骨骼变化、形体变化和近似构成 4 种类型。

❑ 机械重复

机械重复是最简单的重复构成，在这种构成下，元素自身不发生任何变化，其排列的方式也完全按照不变的机械规律进行。这种重复构成通常用于组织各种背景图案。

❑ 骨骼变化

重复的骨骼变化是指被重复显示的元素并未发生形的变化，仅仅发生了元素之间间距的变化。

通常而言，密集的骨骼排列方式往往更容易使用户注重发生的整体的黑白肌理效果，而忽视元素自身的特点。

粗疏的骨骼排列方式，则使人更注意重复后产生的黑白控件轮廓和变化，也更加注意到形态本身。

❑ 形体变化

形体变化指重复的元素发生了方向或颜色的改变，但仍按照机械的规律排列。

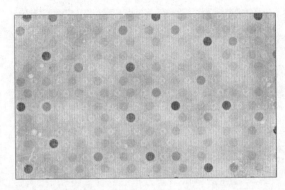

❑ 近似构成

在近似构成的重复方式下，重复的骨骼不变，元素的形状发生微小的改变。

多个样式类似的元素重复排列在一起，有时也被称作近似构成。

重复构成是设计的重要手段。在幻灯片的封面中应用重复的骨骼进行设计，可以起到强调的作用，加深在用户脑海中的印象。

同时重复也是构成各种商业标志的重要方法,其可以突出前后关联元素的特征,同时使形式整齐统一。

密集的重复构成通常应用于幻灯片的背景中,既使背景内容更丰富,同时不致影响主体内容。

3. 渐变构成

严格意义上讲,渐变构成、特异构成和发射构成不过是重复构成的一种特殊形式。

渐变构成是在重复构成的基础上,使元素的形态产生连续而有规律的变化。渐变构成更着重于演绎变化的过程,以优美的节奏和韵律,展示元素的渐进演化。

渐变构成是由形态变化和过渡形态共同构成的,其变化的基本形式主要包括以下几种。

❑ 形状渐变

形状渐变是指重复元素的大小、方向、色彩等方面有规律的变化。其属于形体变化的一个特例,这两者之间的区别在于,形体变化中元素发生的改变往往无规律;而形状渐变的元素改变则有一定的规律。

❑ 骨骼渐变

骨骼渐变是指重复元素本身形状不发生改变,但其之间的间距按照一定的规律变化。其本身属于骨骼变化的一个特例,相比骨骼变化,骨骼渐变更容易为用户创造韵律化的美感。

❑ 复杂渐变

复杂渐变是指建立在骨骼渐变、形状渐变基础上,复合了以上两种形式而构成的渐变。

形状渐变往往可以依据近大远小的视觉成像规律,展示带有三维空间特点的内容,使平面产生空间的错觉感,因此是一种重要的图形创意方式。

4. 特异构成

特异构成与重复构成和渐变构成有密切的关系,是建立在重复或渐变基础上的一种构成。

在特异构成中,绝大多数元素将按照重复构成和渐变构成的方式排列组合,同时,其中一个元素突破骨骼和形态的重复规律,以突变的方式融入到构图中，以突出该元素的显示。

特异构成通常可以归纳为大小特异、方向特异、色彩特异和形态特异等几种。

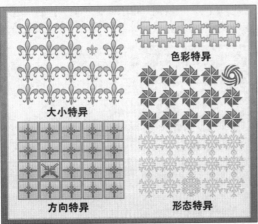

在设计幻灯片的标志时，经常会应用特异构成的方式进行构思，以实现特殊的视觉效果。在这种设计中，变化的部分会成为视觉的中心焦点。

5．发射构成

相比重复构成、渐变构成和特异构成，发射构成的内容更加复杂，其往往围绕一个指定的中心点或中心轴，向四周形态均匀地扩散，或由四周向中心收缩。

在自然界中，发射以一种非常常见的形式来表现物质的发散或坍缩。例如恒星发出的光线、雨伞、花朵、海星、海胆等，均是典型的发射态。

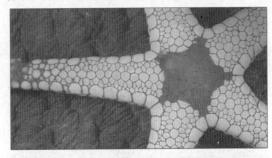

> **注意**
>
> 发射的形式包括基本的中心点发射形式、轴对称发射形式，以及根据中心点和中心轴的变化而衍生的其他各种发射形式。

在设计中，发射态既可模拟以上这些自然物体的效果，也可表现出一种圆满而完整的结构。这种应用多用于建筑设计、平面封面设计和各种炫光花纹背景设计等。

17.6　复杂平面构成

在研究并掌握了基本平面构成的方法后，即可着手了解更复杂的平面设计方法，包括平面的材质与肌理、分割和构图。

1．材质

生活中纯粹的几何图形是不存在的，任何形态都必须依附于材料之上。材质是指材料的质地，是可以体现材料的触感和表面的具象。

在设计中,应用材质,可引起用户的视觉联想,唤起用户对这些材质的触觉感受,以使设计的作品更生动。材质可分为自然材质和人工材质两大类。

❑ **自然材质**

大自然是一个取之不尽、用之不竭的宝库,各种植物、动物、矿物质,具有无数种具体形态。所有的自然物体,其质地都可以作为设计时的素材材质使用。

❑ **人工材质**

人工材质是将自然界的各种材料进行加工和处理后,形成的人造物体的质地。

2．肌理

肌理是材质中的纹理表现,是一种抽象的概念。肌理可以体现出材质的变化,可以表现材质中附带的节奏与韵律。

在上图的照片中,以鹦鹉的彩色羽毛作为材质,同时以羽毛的方向和缝隙表现材质中的肌理,体现出整体摄影的效果。

肌理对材质的影响是十分重要的。在大面积的材质中,肌理可以影响用户的视觉流动方向,因此,有效地掌握肌理与材质的应用,可以引导用户的注意力,使其向设计者所希望的方向流动。

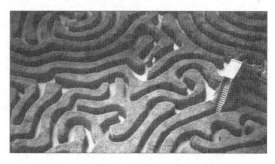

在上图的照片中,就以绿色植物为整个照片的材质,并用迷宫的通道展示材质的肌理,用圆滑的弧线肌理引导用户的视觉流动到焦点的楼梯位置。

3．分割和构图

分割和构图是处理画面中各元素空间关系的重要手法,可以决定画面整体的意志与精神。

设计都是在一定画面空间中进行的,基于不同的设计目的和构思,对画面空间的处理方式也各不相同。

例如,在设计整体标志时,需要将画面中各元素更紧凑地结合在一起,以通过这些非常抽象的元素表现企业或商品的特点。

而在设计背景、封面等作品时,则往往需要各元素的布设更具有艺术性,做到有中心,有重点,同时还要使留白与内容合理地搭配。

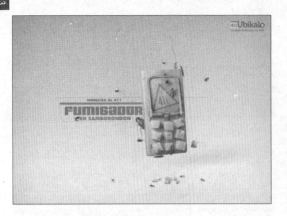

常见的构图方式包括中心构图、水平方向构图、垂直方向构图、斜线构图、边角构图、满构图和留白构图等几种。

❑ **中心构图**

中心构图可使设计作品中的核心元素突兀明确，内容直截了当，使作品的效果更加大气。

❑ **水平方向构图**

水平方向构图的效果比较平稳，同时可为用户的视觉提供类似地平线的伸展和张力。

❑ **垂直方向构图**

垂直方向的构图可以给用户一种积极向上的感触，提供奋发图强的进取精神意味，或造就一种

激昂慷慨的气氛，或造就幽默诙谐的气氛。

❑ **斜线构图**

斜线构图可以最大限度地突出作品中的动感元素，体现出作品内元素运动的趋势。其中，斜向上构图可体现元素的冲击力和气势的能量。

斜向下构图也是一种斜线构图，其特点是目标明确，体现出构图元素形成的威势。

❑ **边角构图**

边角构图可以拓展用户的视野和想象的空间，诱发用户在作品框架以外进行联想。

❑ 满构图

满构图的内容丰满匀称，信息量大，看似没有中心内容，实则错落有致，往往用于背景的设计中。

❑ 留白构图

留白构图的特点是对比强烈，更易突出设计作品中的主题，形成强烈的视觉反差。所谓的留白并不一定是白色，空白或内容较空的位置均为留白。

17.7 形式美的法则

设计是一种创造性的劳动，其目的就是创造出更富有艺术色彩的作品。在设计时，除了合理运用点、线、面、材质和肌理等构图元素外，还可以根据形式美的法则来处理设计作品的整体效果。

1. 变化和统一

变化和统一是形式美的总法则，也是所有艺术形式都需要遵循的法则。在平面设计或立体设计中，都应体现这一特点。

之前介绍的重复、渐变、特异和发射等构图方式，事实上都是通过元素的变化和统一来构成整幅作品。

在设计中，元素的变化可为整个作品提供创新和发展，使作品更加意味深长，更具有特色。同时，变化的内容往往为作品的中心，是设计师的追求和价值所在，艺术的发展就是不断地突破旧有模式，创造新的模式。

统一可以使作品中的元素更有序、更规则，防止作品中的元素杂乱无章。应用统一的元素，可使设计的风格更加纯熟和完善。

变化和统一又可以具体化为对称和均衡、对比和调和、节奏和韵律、夸张和简化 4 个方面。

2．对称和均衡

对称和均衡是平衡艺术设计作品的手法，其可以使作品中的元素分布更加均匀，使整个作品的力量互相牵制，达到平衡的视觉效果，带给用户和谐的感受。对称可分为轴对称和中心对称两种方式。

❏ **轴对称**

轴对称是以直线为对称的参考，将直线的两侧形态对称，以追求整体效果，作品表现出一种稳定的态势。

轴对称在生物和物理学上都是最完美的形态，其美是不言而喻的。轴对称也体现出庄严、严肃和保守的风格。

❏ **中心对称**

中心对称与轴对称的区别在于，其对称的参考物并非直线，而是一个抽象或具象的点。

相比轴对称，中心对称可以使整个作品的图形更加紧凑，更具有凝聚力、爆发力和张力。

对称是静止的形态，在自然界中，绝对对称的物体往往并不存在，在设计中，绝对对称的应用也并不太广泛。相比对称而言，均衡更容易实现，也有较多的应用，其可以将更多动态或变换的元素应用到作品中。

相比对称的内容，均衡的应用可使作品更活泼生动，也具有更多的变化形式。

3．对比和调和

对比和调和是变化统一法则最直接和具体的体现。变化必然造成对比，而要将诸多对比的元素统一起来，则必然需要采用调和的手法。

❏ **对比**

对比可以拉开画面的反差，增强对用户视觉的刺激。对比的手法包括许多种，例如面积、形状、材质质感、虚实、色彩、图文、疏密等。

颜色对比

应用对比时，应根据表现设计意图的需要，选择一种主要的对比方式进行应用。同时应用的对比方式越多，则画面会越杂乱。

❏ **调和**

调和的作用是冲淡对比的形状，弱化对比的力度，以降低作品的对比冲击度，改变设计的风格。

形状对比

调和的手法有许多种，例如，色彩对比强烈，可使用统一的色调进行调和；形态、大小对比强烈，通过疏密关系、共同的轮廓、材质和色彩调和；也可以通过多个形态的共同点，进行弱化对比，以使作品更加和谐。

大小不同，用材质调和

4．节奏和韵律

节奏和韵律是借用音乐的概念来描述的视觉感受。

❑ 节奏

在平面设计中，节奏是由各种设计元素之间的相互关系体现的。节奏有强弱、快慢，画面也可以通过疏密、大小和虚实等具象的方法来表现节奏。

密集的、具有动感的元素结合起来，可以给画面以快速而强烈的节奏。

上图中的浪花以及滑板等元素，都可以为用户造就激动、紧张的气氛，其紧密的结合，就造就了一种快速而强烈的节奏。

与此相反，平缓而稀疏的元素之间的结合，则往往造就一种静谧而轻柔的节奏。

上图中平稳的水波、稀疏的小岛，以及远处平淡的群山等元素，都为用户提供了舒缓而轻松的感觉，维持静谧而轻柔的节奏。

❑ 韵律

韵律是指画面整体的气势和感觉，各种风景风物均有其各自的韵律，书法作品的行笔布局也讲究韵味。

在构图和设计中，轮廓和空间组织的起伏变化、引导用户视觉的流动路径等都是设计作品的韵律。

设计时可以通过多种方式来增强艺术作品的韵律感，包括有效地进行画面空间的分割，通过点、线、面的形态位置关系引导视觉流动，通过辅助的设计元素进行引导、强调以及通过色彩的深浅、明暗、色调等予以控制。

5．夸张和简化

夸张和简化是艺术创作中的常用手法。在平面设计中，适当运用夸张或简化的手法，可以突出所描述的物品特征，加深用户的视觉印象。

❑ 夸张

夸张的特点是将事物的特征强调和凸显出来，使之更加醒目而令人印象深刻。

常见的夸张方法包括形态和数量的夸张、色彩的夸张、细节的夸张、效果和作用的夸张等。

京剧脸谱就是一种典型的应用了夸张手法的艺术，其通过多种鲜明的色彩来凸显所刻画人物的性格等特征。

夸张的手法常用在各种产品和广告的设计中，突出产品的一些特征。例如，在食品广告中可借助黏稠的带有光泽的半流体，突出食品的美味。

❑ 简化

简化则以弱化物品的细节为主要目的，将物体的繁琐细节完全删除，以防止其对物体特点的凸显进行干扰。

简化的手法还在漫画、儿童画和动漫设计方面得到了广泛的应用。著名小游戏"植物大战僵尸"中的各种植物角色就大量使用了简化的手法。

夸张和简化这两种手法虽然方式不同，但最终目的是完全相同的，都是通过特殊的处理以突出物品的特点。

在艺术设计中，必须紧抓物品的特点，才能制作出特点突出，且符合用户欣赏的作品。

第 18 章

幻灯片色彩与应用设计

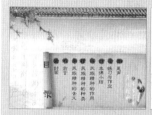   

　　在之前的章节中，介绍了 PowerPoint 软件的操作知识和平面艺术设计的理论。在具体的应用中，用户还需要掌握色彩的使用，以及各种类型幻灯片的风格设计。本章就将通过介绍色彩基础理论、色彩搭配艺术、演示文稿设计的流程和幻灯片的布局结构、内容设计等知识，拓展用户的视野，帮助用户设计出艺术化的幻灯片。

18.1 色彩基础知识

在大自然中，凡是能够发光的物体都被称作光源。人类的肉眼在观察这些光源时，会根据光的波长对这些物体进行辨识。色彩就是人类根据光的波长而总结出的抽象概念。光的波长不同，在人类肉眼中形成的色彩也不同。

1. 光与原色的概念

光是可以混合和分解的。通过对光的分解，理论上可以将绝大多数的光分解为多种色光。例如，将白色光分解，往往可以分解为 3 种光，即红光、绿光和蓝光。

红光、绿光和蓝光是 3 种特殊的光，是无法被分解的光。因此，人们称这 3 种光为原色光，而红、绿和蓝这 3 种颜色，被称作三原色。

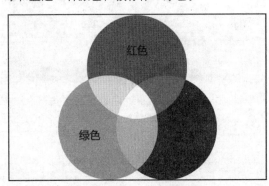

除三原色以外，所有的颜色都可由三原色混合而成。例如，当 3 种颜色以相同的比例混合时，则形成白色；而当 3 种颜色强度均为 0 时，则形成黑色。

2. 色彩的属性

任何一种色彩都会具备色相、饱和度和明度 3 种基本属性，这 3 种基本属性又被称作色彩的三要素。修改这 3 种属性中的任意一种，都会影响原色彩其他要素的变化。

❑ 色相

色相是由色彩的波长产生的属性，根据波长的长短，可以将可见光划分为 6 种基本色相，即红、橙、黄、绿、蓝和紫。根据这 6 种色相可以绘制一

个色相环，表示 6 种颜色的变化规律。

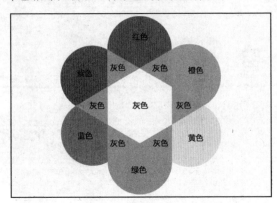

在 6 色色相环中，红、绿和蓝 3 种颜色为原色，橙、黄、紫为由三原色引申而来的颜色，被称作二级色。再对二级色进行进一步的拆分，可得出更多的三级色。

6 色色相环是最基本的色相环。如需要表现三级颜色的色彩循环结构，则需要使用到 24 色色相环。

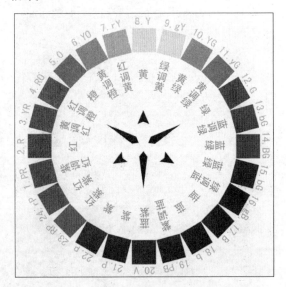

在 24 色色相环中，彼此相隔 12 个数位或者相距 180°的两个色相，均是互补色关系。互补色结合的色组，是对比最强的色组，使人的视觉产生刺

激性、不安定性。

不同的色彩能够产生一种相对冷暖的感觉,这种感觉被称为色性。冷暖感觉是基于人类长期生活积淀所产生的心理感受。例如,红黄搭配的幻灯片效果给人以热烈的感觉;蓝绿搭配的制作效果则给人以清凉的感觉。

❑ **饱和度**

饱和度是指色彩的鲜艳程度,又称彩度、纯度,代表了色彩的纯净程度。饱和度取决于该色中,含色成分和消色成分(灰色)的比例。含色成分越大,饱和度越大;消色成分越大,饱和度越小。

纯色是饱和度最高的一级。光谱中红、橙、黄、绿、蓝、紫等色光是最纯的高饱和度的光。其中,红色的饱和度最高,橙、黄、紫等饱和度较高,蓝、绿则饱和度较低。

色彩的饱和度越高,则色相越明确,反之则越弱。饱和度取决于可见光波波长的单纯程度。

❑ **明度**

明度是指色彩的明暗程度,也称光度、深浅度,来自于光波中振幅的大小。色彩的明度越高,则颜色越明亮,反之则越阴暗。明度通常用0%(黑)~100%(白)来度量。

明度是全部色彩都具有的属性,明度关系是搭配色彩的基础。

明度在三要素中具有较强的独立性,其可以不带任何色相特征,仅通过黑白灰的关系单独呈现出来。在无彩色中,明度最高的颜色为白色,明度最低的颜色为黑色,中间存在着一个从亮到暗的灰色系列。

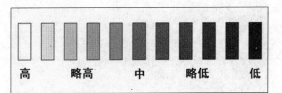

高　略高　中　略低　低

3. 色彩与人类视觉感受

人类本身并不能从色彩上得到什么视觉或心理的感受。所谓人对色彩的感觉,是人类自身在进行各种生产、生活活动时积累的各种与色彩相关的经验而造成的体验。

这些经验使人在观察到某种颜色或某种色彩搭配而引起的、与这种颜色有关的物体所带来的联想。

例如,当看到黄色和橘红色,通常会联想到火焰、太阳,因此,人类会从这两种颜色中感受到温暖、炽热。相反当看到深绿色和淡蓝色时,则会联想到深邃的湖水、冰川,从而感受到凉爽甚至冰冷。

色彩在引起联想具体印象的同时,还会引起与这些联想相关的抽象印象。

色相	具 体 联 想	抽 象 联 想
红	太阳、火焰、血液等	喜庆、热忱、警告、革命、热情等
橙	橙子、芒果、麦子等	成熟、健康、愉快、温暖等
黄	灯光、月亮、向日葵等	辉煌、灿烂、轻快、光明、希望等
绿	草原、树叶等	生命、青春、活力、和平等
蓝	大海、天空等	平静、理智、深远、科技等
紫	丁香花、葡萄、紫罗兰等	优雅、神秘、高贵等
黑	夜晚、煤炭、墨汁等	严肃、刚毅、信仰、恐怖等
白	雪、白云、面粉等	纯净、神圣、安静等
灰	灰尘、水泥、乌云等	平凡、谦和、中庸等

在设计幻灯片而选择色彩时，不能过于依赖与其相关的情感含义，因为其间的联系并不是固定不变的，在不同的文化背景下，这种感情含义是可以变化的。

18.2 色彩搭配艺术

在平面设计中，色彩搭配的艺术是以灵活运用色彩为基础的，而色彩的运用不外乎两大原则，即色彩的调和与对比。

1. 色彩的调和

平面设计中，往往需要确立一个核心的主色调，以该色调为基础进行色彩的选择。

所谓调和就是通过对主色调进行各种变化，以求出与之相符的颜色，并将这些颜色应用到平面设计中，以追求色彩的和谐效果。

调和色彩的依据就是主色调，主色调越明显，则作品的协调感越强，而主色调越不明显，则作品的协调感就越弱。

色彩的调和依靠的是各种色彩因素的积累，以及色彩属性的相近。调和的方式主要包括以下几种。

❑ 色相近似调和

在平面作品中，除素描作品以外，通常至少包含两种以上的色相。在设计平面作品时，使用的色彩在色相环上越相近，则色相就越类似，甚至趋于同一种色相。这种取色方式，就是色相近似调和。

上图中的麦田怪圈照片，主色调为黄绿色，辅助的颜色为黄褐色、绿色以及棕黄色等，整体上色相就非常相近。

以色相近似的方式调和，通常需要借助色彩明度的差异化来形成画面层次感。

❑ 明度近似调和

在有些平面设计作品中，可能使用了多种色相的颜色。此时，可对这些色彩进行处理，使用近似的明度，以降低各种颜色的对比因素，使其调和。

在使用明度近似调和时，需注意各颜色的饱和度不可太高。各种高饱和度的色彩即使明度近似，如不使用其他调和色彩的话也会造成色相的对立，影响整体的调和效果。

❑ 低饱和度色彩调和

饱和度较低的颜色会给人以整体偏灰暗的感觉，因此，大量应用这类的色彩，在画面的色彩组合上就一定是调和的。

这种低纯度的色彩在视觉上并没有什么冲击力，趋向于中性，因此也就无法产生色彩的对立。

❑ **主色调比例悬殊调和**

在平面设计中,如果主色调所占比例成分有绝对的优势,则通常这幅作品的整体色彩就是较为协调和统一的,其统一的程度与主色调和其他色调之间面积的比值成正比,即比值越大,则调和的程度越高;反之,则会由于色彩的激烈冲突而产生严重的对立。

这种基于色调比例理论的调和,就被称作主色调比例悬殊调和。

上图的照片在选景上就采用了大量紫色与蓝色色调做为主色调,通过主色调的展示来体现整体的色彩使用。

在了解了 4 种基本的调和方法后,即可根据这些调和色彩的原则,设计演示文稿中所采用的色调以及搭配的色彩。

2．色彩的对比

色彩的调和是决定平面设计作品稳定性的关键。而如果需要平面作品展示色彩的冲击力,赋予作品激情,丰富作品的内涵,则需要使用到对比的手法。

所谓对比,其手法与调和完全相反,需要通过差异较大的两种或更多鲜明的色彩来形成。对比的方式主要包括 4 种。

❑ **色相对比**

色相是区别颜色的重要标志之一。多种色相对比强烈的颜色出现在同一设计作品中时,本身就会产生强烈的对比效果。两种色彩在色相环上的距离越远,则对比的感觉越强烈。

在进行中国传统风格设计时,有时会大量使用饱和度非常高的绿色与红色、黄色与红色,以突出民俗或喜庆的风格,此时就需要运用到色相对比的

方式。

在摄影、绘画、计算机界面设计中,色相对比的手法应用非常广泛,使作品中色彩的运用更鲜明而突出。

❑ **饱和度对比**

在采用同一色调或同一色相来描述设计作品时,如需要体现出色彩的对比效果,则往往可使用饱和度对比的手法。

在使用饱和度对比的手法时,主要侧重于将同一种色相中不同饱和度的色彩进行比较,以形成强烈的对照,使画面更富有空间感和层次感。

❑ **明度对比**

明度对比也是一种重要的色彩对比手法。在平面色彩设计时,使用同一色相和饱和度的色彩,可以用明度来区分色彩中的内容。

相比之前的两种对比方法,明度对比通常用于凸显光照对物体的影响,或物体表面的质感等特点。

❏ 色性对比

色性也是色彩的一种重要属性,是人类根据颜色形成的关于冷暖触觉的联想。在之前介绍的 24 色色相环中,位置越靠上的色彩就给人以更温暖的感觉,而位置越靠下的色彩则给人以更寒冷的感觉。

色性的对比是色相对比的一个分支,也是一种冲击力较强的对比。通过两种色性的颜色塑造,可以使平面作品的画面更具有空间感和立体感。处理到位的冷暖色彩,将使得画面充满着色彩的活力和

生机。

在使用对比的手法处理色彩时,还应注意人的肉眼在观察色彩时还会受到两种色彩之间距离因素的影响。

当两种对比颜色距离较近时,受到的对比冲击力会更强,而当两种对比颜色距离较远时,则受到的对比冲击力会因距离的增加而逐渐减弱。

> **提示**
>
> 调和与对比两种手法是一种既对立又共存、相辅相成的关系。单纯使用调和的手法,设计出的作品趋于保守而无冲击力;单纯使用对比的手法,则设计出的作品容易过于冲突而造成用户的视觉疲劳。

18.3 演示文稿的设计流程

设计演示文稿是一个系统性的工程,包括前期的准备工作、收集资料、策划布局方式与配色等工序。

1. 确定演示文稿类型

在设计演示文稿之前,首先应确定演示文稿的类型,然后才能确立整体的设计风格。通常演示文稿包括演讲稿型、内容展示型和交互型 3 种。

❏ 演讲稿型

演讲稿型演示文稿的作用是作为演讲者的提纲和板书内容,可以为演讲者提供演讲内容的提示,同时辅助收听者更方便地进行收听和记录。常见的演讲稿型演示文稿包括各种课件、会议报告、工作总结等。

在设计演讲稿型演示文稿时,应多添加各种翔实的演讲内容、数据资料等,充实演示文稿的内容,

增强演示文稿的说服力。

因此,在设计这种演示文稿时,需要展示大量的文本资料,并通过绘制各种形状,制作流程图和结构图。必要时,可使用 SmartArt 图形以增强效果。

❏ 内容展示型

内容展示型演示文稿的作用仅是单纯地向用户展示各种图像或文本的内容。常见的内容展示型演示文稿包括产品简介、企业信息简介、个人简介等介绍性的多媒体演示程序。

在设计这种演示文稿时,除了附上展示的图像或文本信息外,还需要为幻灯片之间的切换添加各种特效,并设置幻灯片为自动播放功能,通过大量的特效吸引用户的注意力。

与演讲稿型不同,在设计内容展示型演示文稿时,需要将更多的精力放在演示文稿的界面设计中,须知设计美观、具有艺术性的演示文稿才能为用户提供一个良好的印象。

❏ 交互型

PowerPoint 不仅可以制作静态的演示文稿,还可以通过超链接、动作、VBA 脚本和宏等功能,为用户提供具有交互性的演示文稿。常见的交互型演示文稿包括各种学习资料、简单的应用程序等。

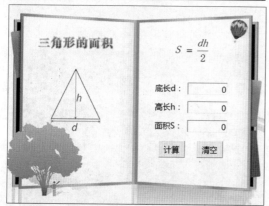

2. 收集演示文稿素材和内容

在确定了演示文稿的类型之后,即可着手为演示文稿收集素材内容,通常包括以下几种。

❏ 文本内容

文本内容是各种幻灯片中均包含的重要内容。收集文本内容的途径主要包括自行撰写和从他人的文章中摘录两种方式。

在自行撰写文本内容时,需要注意文本的逻辑结构关系,以及语法、用字等。从他人的文章中摘录内容,需要对内容进行二次加工,根据演示文稿的实际需要进行改写。

❏ 图像内容

图像也是演示文稿的重要组成部分,主要分为背景图像和内容图像两种。

演示文稿所使用的背景图像通常包括封面、内容和封底 3 种,在选取或制作这 3 种背景图像时,应保持其之间的色调一致。演示文稿的正文部分应尽量采用相同的背景图像,以保持整体风格更加和谐。

在选择内容图像时,应精心挑选符合演示文稿主题且美观大方,可以吸引用户注意力的图像。必要时,可以使用图像处理软件对图像进行美化处理。

❑ 逻辑关系内容

在展示演示文稿中的内容结构时，往往需要组织一些图形来清晰地展示其之间的关系。此时，可使用 Microsoft Visio 等软件绘制结构图或流程图。

在设计演示文稿时，既可以直接将这些图形粘贴到演示文稿中，也可以通过 SmartArt 技术对图形进行重绘，以增强图形的表现力。

❑ 多媒体内容

在使用 PowerPoint 制作演示文稿时，用户还可以准备一些多媒体素材内容，包括各种声音、视频等。

声音可以在播放时吸引用户的注意力，应用到

幻灯片的切换和播放背景中；视频可以更加生动的方式展示幻灯片所讲述的内容。

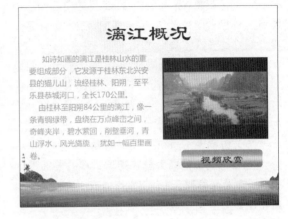

❑ 数据内容

数据内容也是演示文稿展示的一种重要内容。在 PowerPoint 中，用户可以插入 Microsoft Excel 和 Microsoft Access 等格式的数据，并根据这些数据，制作数据表格与图表等内容。

3．制作演示文稿

制作演示文稿是演示文稿的设计与实施阶段。在该阶段，用户可先设计演示文稿的母版，应用背景图像，然后再根据母版创建各幻灯片，插入内容。除此之外，用户也可直接为每个幻灯片设置背景，分别选取版式并插入内容。

18.4 幻灯片的布局结构

在设计演示文稿的幻灯片时，用户可为其应用多种布局版式，以利于排布其中的内容。

1．单一布局结构

单一布局结构是最简单的幻灯片布局结构，在该布局结构中，往往只单纯地应用一个占位符或内容。

这种布局结构通常应用于封面、封底或内容较单一的幻灯片中，通过单个内容展示富有个性的视觉效果。

构成单一布局结构幻灯片的内容往往是简单的文本内容，在设计单一布局结构的幻灯片时，应注意文本内容与整个背景图像的协调性，包括色彩的搭配以及位置的分布等。

2．上下布局结构

上下布局结构是最常见的幻灯片布局结构。在该布局结构中，包含了两个部分，即标题部分和内容部分。在默认状态下创建的幻灯片大多数都是这种结构。

上下布局结构的适应性较强，既可以应用于封面、封底，也可以应用于绝大多数的幻灯片中。

在封面或封底中应用上下布局，可以显示演示文稿的标题、作者等信息。

而在其他幻灯片中应用上下布局，则可以同时显示标题以及幻灯片的内容部分，在上方插入标题，并在下方添加各种文本、表格、图表、图形或图像。

3．左右布局结构

左右布局是一种较为个性化的幻灯片布局结构。在该布局中，各部分内容以左右分列的方式排列。

左右布局结构通常应用于一些中国古典风格的或突出艺术氛围的幻灯片中。在中国古典风格的左右布局幻灯片中，其内容通常以自右至左的方向显示。

而对于一些追求个性化效果的现代风格幻灯片而言，则通常以自左至右的方向显示内容。

4．混合布局结构

除了以上3种布局结构之外，在幻灯片的设计中，还可以混合使用上下布局结构和左右布局结构，用多元化的方式展示更丰富的内容。

上图中的幻灯片就采用了上下布局结合左右布局的混合结构模式，以期展示更多的图片内容。

除了混合多种排列方式外，在处理图文混排的内容时，还可以根据图像的尺寸，设置文本的流动方式，使图文结合得更加紧密。

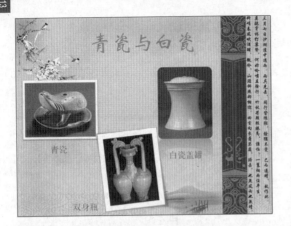

18.5 幻灯片内容设计

在为幻灯片确立了布局版式后，即可着手为幻灯片添加内容，并设计内容的样式。

1. 标题的设计

标题是幻灯片的纲目，其通常由简短的文本组成，以体现幻灯片的主题、概括幻灯片的主要内容。

设计幻灯片的标题，可以为其添加前景、背景以及各种三维效果。具体到幻灯片设计中，主要包括以下几种。

❑ 文本格式

文本格式包括文本的字体、字号、加粗/倾斜/下划线/阴影/删除线等样式。幻灯片标题的文本格式需要与整体幻灯片相适应。

例如，在设计古典风格的幻灯片时，可使用篆书、楷书、仿宋、隶书或行书等风格的字体，适当地对其进行加粗处理，使得标题更具有古典意味。

在设计上图的幻灯片时，就采用了具有书法风格的华文隶书字体，并对标题文本进行了加粗处理，以使其更趋向于传统书法。

❑ 艺术字样式

艺术字也是一种重要的突出标题文本的手法，可为标题文本添加填充色、边框色并增加投影等特效。

在设计上图中的标题时，就采用了浅色的填充和深色的边框色，通过填充色和边框色的对比，突

出标题的内容。

❑ 形状样式

形状样式的作用是为标题文本设置一个边框范围，并添加背景和各种特效。使用形状样式可以

以更直接的方式将标题文本与幻灯片的背景图像区分开来，对标题进行进一步的凸显处理。

上图中的标题本身色彩与背景颜色并未形成较大的对比，因此，只能通过标题的形状样式，为标题增加一个图形背景，以凸显标题内容。

2. 文本内容的设计

幻灯片中的文本内容通常包括两种，即段落文本和列表文本。

❑ 段落文本

段落文本用于显示大量的文本内容，以表达一个完整的意思或显示由多个句子组成的句群。

在排版的过程中，通常需要对段首进行差异化处理，通过段首缩进、段首突出和首字放大等手法，凸显段落的分界。上图中的幻灯片就采用了段首缩进的方式。

❑ 列表文本

列表文本主要用于显示多项并列的简短内容，通过项目符号对这些内容进行排序，多用于显示幻灯片的目录、项目等。

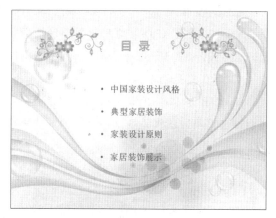

上图的幻灯片就是通过圆点"•"项目符号来显示幻灯片的目录内容的。除了圆点"•"外，用户还可使用方点"◆"、字母、数字等符号。

3. 表格的设计

如需要显示大量有序的数据，则可使用表格工具。表格是由单元格组成的，其通常包括表头和内容两类单元格。

在设计表格时，用户既可以应用已有的主题样式，也可重新设计表格的边框、背景以及各单元格中字体的样式，通过这些属性，将表格的表头和普通单元格区分开来，使表格的数据更加清晰明了。

4. 图表的设计

如需要显示表格数据的变化趋势，还可以使用图表工具，通过图形来展示数据。在设计图表时，

用户可根据数据的具体分类来选择图表所使用的
主题颜色和图表的类型。

5. 图形的设计

PowerPoint 幻灯片中的图形主要包括形状
SmartArt 图形。普通形状用于显示一些复杂的结
构，或展示矢量图形信息。

SmartArt 是 PowerPoint 预置的形状，其可以
展示一些简单的逻辑关系，并展示预置的色彩
风格。

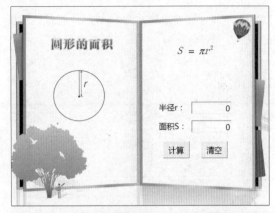